Logistica e tecnologia RFID

Antonio Rizzi • Roberto Montanari • Massimo Bertolini
Eleonora Bottani • Andrea Volpi

Logistica e tecnologia RFID

Creare valore nella filiera alimentare e nel largo consumo

 Springer

Antonio Rizzi
Logistica Industriale
e Supply Chain Management
Dipartimento di Ingegneria Industriale
Università degli Studi di Parma

Massimo Bertolini
Gestione della Produzione
Dipartimento di Ingegneria Industriale
Università degli Studi di Parma

Andrea Volpi
Servizi Generali di Impianto
Dipartimento di Ingegneria Industriale
Università degli Studi di Parma

Roberto Montanari
Impianti Industriali
e Simulazione dei Sistemi Logistici
Dipartimento di Ingegneria Industriale
Università degli Studi di Parma

Eleonora Bottani
Logistica Industriale
e Supply Chain Management
Dipartimento di Ingegneria Industriale
Università degli Studi di Parma

ISBN 978-88-470-1928-7
DOI 10.1007/978-88-470-1929-4

ISBN 978-88-470-1929-4 (eBook)

Springer fa parte di Springer Science+Business Media
springer.com

Realizzazione editoriale: Scienzaperta, Novate Milanese (MI)
Copertina: Simona Colombo, Milano
Stampa: Grafiche Porpora, Segrate (MI)

Springer-Verlag Italia S.r.l., Via Decembrio 28, I-20137 Milano

Prefazione

Questo libro ha origine da un'esperienza di ricerca unica in Italia, quella di RFID Lab, ed è anche la testimonianza di come sia possibile sviluppare ricerca scientifica in perfetta simbiosi con il mondo industriale, partendo dalle specifiche esigenze di un settore economico, nella fattispecie quello alimentare e del largo consumo, per produrre da un lato trasferimento tecnologico, a vantaggio delle aziende, e dall'altro spostamento in avanti della frontiera della conoscenza, ossia ricerca scientifica, e trasferimento del sapere a giovani laureandi, cioè formazione.

Il nostro obiettivo è fornire agli operatori, ai ricercatori e agli studenti una visione d'insieme e trasmettere loro la nostra esperienza, affinché possano mutuarne gli aspetti positivi, e magari riproporne il modello – modificato, adattato e migliorato – nei propri ambiti di lavoro e di ricerca.

Il seme di RFID Lab nasce nel 2003 all'interno dell'Università degli Studi di Parma grazie a un gruppo di ricercatori universitari, rappresentato dagli altri autori di questo libro che ho avuto il privilegio di coordinare direttamente con il costante sostegno del Prof. Ferretti, Magnifico Rettore dell'Università di Parma. In quegli anni il gruppo aveva sviluppato specifiche competenze nei settori della logistica industriale, dell'*operations management* e del *supply chain management*, iniziando a occuparsi delle possibili applicazioni della tecnologia RFID (Radio Frequency Identification) per ottimizzare i processi logistici e di supply chain nel settore alimentare e del largo consumo.

Iniziavano allora a consolidarsi i paradigmi del supply chain management, che in estrema sintesi teorizzavano già dagli anni Novanta come fosse possibile incrementare l'efficienza e l'efficacia dell'intera filiera se gli attori della supply chain avessero operato in maniera coordinata; la chiave era la condivisione delle informazioni relative ai flussi fisici di prodotto a tutti i livelli, e in particolare dei dati di domanda. Inoltre, all'inizio del nuovo millennio le aziende del settore food si trovavano a dover rispondere alle prescrizioni del Regolamento CE 178/2002 in materia di tracciabilità degli alimenti, per garantire la possibilità di ritirare dal mercato i prodotti alimentari qualora se ne presentasse la necessità.

Qualche anno prima, al MIT di Boston erano nati gli Auto Id Labs e l'Auto Id Centre. La *vision* dell'Auto-ID Centre era innanzi tutto quella di sviluppare gli standard di un mondo in cui fosse possibile identificare univocamente gli oggetti mediante un codice numerico (EPC, Electronic Product Code), programmato in un microchip RFID che li accompagnasse. Le informazioni relative ai flussi fisici degli oggetti sarebbero state quindi acquisibili in maniera totalmente automatizzata attraverso la lettura del tag RFID, e rese disponibili attraverso Internet, in maniera trasparente ai diversi *stakeholders*. Nasceva così l'*Internet degli oggetti*, che permetteva di conoscere in tempo reale alcuni dati chiave, come quelli relativi a tracciabilità, consumi, giacenze e stato delle consegne. Grazie a queste informazioni sarebbe stato possibile gestire i processi non in base a una "previsione" di ciò che probabilmente sarebbe accaduto, ma in base a ciò che stava realmente accadendo nella supply chain. Ricordo ancora oggi il momento in cui, alla fine del 2002, fummo chiamati da un'importante multinazionale parmense del settore alimentare a sviluppare un sistema di tracciabilità che fosse non solo rispettoso degli obblighi di legge, ma anche strumento di ottimizzazione dei processi logistici. L'analisi della letteratura ci portò allora ad approfondire quanto si stava sviluppando al MIT. Per noi, che a quel tempo leggevamo e scrivevamo di come rendere operativi i paradigmi del supply chain management, quella *vision* era semplicemente il modo per trasformare tutte quelle teorie in realtà.

Una volta consolidata la tematica di ricerca, il primo step fu rappresentato dal progetto "L'impatto della tecnologia RFID nella supply chain alimentare e del largo consumo". Lanciato a fine 2004, e sviluppato nel 2005 in collaborazione con Indicod-ECR, tale progetto rappresentava all'epoca il primo tentativo di quantificare il ritorno dell'investimento in tecnologia RFID e dell'Internet degli oggetti per la gestione della supply chian alimentare. A quel progetto parteciparono alcune aziende di primissimo piano, come Auchan, Campari, Carrefour, Conad, Finiper, Gruppo Pam, Heineken, Nestlè, Sony, L'Oréal, Procter & Gamble, che ci permisero di mappare in maniera analitica i loro processi distributivi, dall'uscita del prodotto a fine linea di produzione sino alla sua vendita al consumatore finale. I processi mappati vennero reingegnerizzati in un'ottica RFID, quantificando puntualmente per ognuno di essi, per ogni attore e per la supply chain nel suo complesso, gli indicatori di convenienza economica dell'investimento. I risultati della ricerca furono presentati per la prima volta nel 2005 e sono sintetizzati nel capitolo 4. Già allora risultavano evidenti i notevoli benefici economici conseguenti all'applicazione della tecnologia RFID presso i diversi attori della supply chain, con un effetto esponenziale nel caso di applicazione estesa a tutta la filiera.

Al termine del progetto, verso la fine del 2005, si poneva la questione di come proseguire la ricerca. In fondo tutti i modelli sviluppati nel progetto erano ancora puramente teorici e richiedevano una sperimentazione pratica per poter essere validati. Appariva quindi evidente la necessità di un laboratorio, in cui testare sul campo se le ipotesi formulate fossero realmente applicabili e se le prestazioni ipotizzate fossero confermate nella realtà. Da questa esigenza è nato il progetto RFID Lab.

Ma il progetto RFID Lab non aveva come unico scopo la sperimentazione pratica dei processi logistici in chiave RFID: i suoi obiettivi erano molto più ambiziosi. L'idea era creare un centro di competenza in cui sviluppare: 1) ricerca scientifica, capace di contribuire al progresso del sapere in materia di applicazioni della tecnologia RFID ai processi di business; 2) formazione, erogando attività didattiche dirette e indirette agli studenti di ingegneria dell'Università di Parma; 3) trasferimento tecnologico, attraverso il recepimento delle esigenze di ricerca dal mondo industriale e il trasferimento delle conoscenze sviluppate in ambito accademico al settore medesimo. Attorno a questi pilastri è stato sviluppato, a cavallo tra il 2005 e il 2006, il business plan di RFID Lab.

In particolare, per lo sviluppo del trasferimento tecnologico si è scelto di costituire due gruppi di supporto ben distinti, rappresentanti le due anime degli stakeholders: da un lato i partner tecnologici e dall'altro gli utilizzatori finali di tecnologia RFID.

Per quanto riguarda i partner tecnologici, vale la pena di ricordare che nel Dipartimento di Ingegneria Industriale si disponeva a quel tempo di competenze principalmente gestionali, mentre mancava la capacità tecnica di trasformare i modelli sviluppati in applicazioni funzionanti attraverso l'integrazione hardware e software. A questo fine un supporto fondamentale è venuto dall'Università tramite il suo spinoff Id-Solutions, una società tecnologica che si proponeva come primo integratore di soluzioni di tracciabilità e di ottimizzazione della supply chain basate sulla tecnologia RFID. Fondata all'inizio del 2005, nei primi mesi del 2006 Id-Solutions aveva visto l'ingresso nella compagine sociale di un *venture capitalist* privato disposto a finanziarne lo start-up. Proprio per sottolineare la genesi e il legame con l'accademia, il nuovo board di Id-Solutions decise di stipulare una partnership con l'Università stessa e il Dipartimento. Secondo l'accordo, l'Università metteva a disposizione gli spazi del Dipartimento e le competenze gestionali del nostro gruppo di ricerca, mentre Id-Solutions metteva a disposizione le risorse tecniche ed economiche per il funzionamento del laboratorio e le competenze tecniche di sviluppatori software e integratori hardware. Il rapporto, che dura ancora oggi, si è rivelato sin dall'inizio vincente per entrambe le parti, poiché attraverso RFID Lab l'Università ha assolto alla sua missione di didattica e ricerca, mentre Id-Solutions ha sviluppato, a partire dai progetti di ricerca supportati in RFID Lab, un know-how di eccellenza che ancora oggi la contraddistingue.

Id-Solutions è stata quindi affiancata da una serie di partner tecnologici. Si tratta di aziende del settore, che hannno messo a disposizione del laboratorio i propri dispositivi RFID, in particolare tag, lettori fissi e mobili, stampanti, ma anche piattaforme software. Attualmente i partner tecnologici del laboratorio sono circa una trentina e variano da grandi multinazionali a piccole aziende di eccellenza per specifiche applicazioni di nicchia.

Per quanto riguarda invece gli utilizzatori, si è scelto innanzi tutto di fare riferimento a un settore ben definito, quello alimentare e del largo consumo. Tale orientamento è derivato sia dal percorso di ricerca descritto in precedenza, sia dalle applicazioni che in quegli anni si sviluppavano negli Stati Uniti, prima tra tutte quella adottata da Walmart. Il modello di trasferimento tecnologico che si decise di proporre a un panel di aziende alimentari del largo consumo e della distribuzione era basato su un assunto molto semplice. Nel breve periodo, tutte queste aziende sarebbero state interessate dall'introduzione della tecnologia RFID, e quindi avevano tutte l'esigenza di esplorarne le potenzialità nei diversi ambiti. Quest'attività avrebbe potuto essere svolta dall'azienda in autonomia, attrezzando laboratori interni, formando risorse e finanziando per intero le corrispondenti ricerche. In alternativa, le attività di ricerca e sperimentazione potevano essere terziarizzate a un ente preposto, come l'Università, in grado di fornire al gruppo di partecipanti tutte le necessarie competenze a un livello superiore e a un costo più contenuto. In base a tale modello, partecipando al *board of advisors* di RFID Lab, un'azienda avrebbe potuto concorrere a indirizzare l'attività di ricerca scegliendo di anno in anno quali progetti avviare, decidendo a quali e a quante risorse far seguire la sperimentazione, e acquisendo al termine della sperimentazione i risultati dell'attività sviluppata. Inoltre, la partecipazione al *board* rappresentava anche uno strumento interessante di *benchmarching* con le aziende concorrenti e di relazione con i possibili partner. Nella primavera del 2006 il progetto RFID Lab e la proposta di partecipazione al *board of advisors* furono presentati a Parma a una trentina di aziende utilizzatrici finali. Di queste aziende, 21 aderirono alla proposta di collaborazione con l'Università: Auchan, Coop, Conad, Lavazza, CPR System, Number1 Logistics Group, Barilla, Carapelli, Cecchi Logistica, Seda, Goglio Cofibox, Danone, Nestlè, Parmalat, Parmacotto, Chep, Gruppo Marconi, Cavalieri Logistica, Apo Conerpo, Grandi Salumifici italiani, Gran Milano. Era nato il *board of advisors FMCG* (Fast Moving Consumer Goods) di RFID Lab, e con esso prendeva formalmente il via l'attività di ricerca del laboratorio, i cui risultati sono sintetizzati in questo libro.

I primi due capitoli del presente volume sono introduttivi e affrontano, rispettivamente, i fondamenti della tecnologia RFID e alcuni principi generali di logistica e supply chain management. Nel primo capitolo si richiamano brevemente i concetti di fisica su cui si basa il funzionamento della tecnologia RFID, e si illustrano quindi le diverse tipologie di tag e di lettori, mettendo in evidenza gli aspetti specifici di ciascuno (ambiti di applicazione, frequenze e standard, prestazioni e limiti di impiego). Sempre nel primo capitolo sono delineati l'architettura informatica dell'EPC network (l'Internet degli oggetti) e gli schemi di codifica delle informazioni attraverso cui gli attori della filiera possono condividere in maniera standard i dati relativi ai flussi fisici di prodotto. Nel secondo capitolo si affrontano invece i temi principali della logistica e del supply chain management, soffermandosi su alcuni argomenti preliminari per fornire al lettore le conoscenze necessarie per una migliore comprensione del resto della trattazione. Tra i temi trattati: le attività logistiche, il concetto di costo totale logistico, gli imballaggi e le relative modalità di identificazione. Viene infine fornita una panoramica generale per inquadrare il ruolo della tecnologia RFID nella risoluzione delle problematiche di natura logistica affrontate nei capitoli successivi.

Il terzo capitolo si basa sui risultati del progetto di ricerca "Test tecnologici", il primo avviato in RFID Lab. Fin dalla prima riunione del *board* apparve infatti chiaro che era necessario sgombrare il campo da false aspettative sulla tecnologia, e valutare le reali prestazioni ottenibili da tag e lettori RFID attraverso una campagna di sperimentazione mirata, razionale e oggettiva. Con questo obiettivo venne progettata una campagna sperimentale che permettesse di testare differenti tipologie di tag e lettori, sia in aria libera sia con diverse tipologie di prodotti e imballaggi. I test sono stati sviluppati secondo le linee guida EPC Global, che tengono conto degli ambiti applicativi. Il capitolo riporta anche le direttive ISO per la valutazione delle prestazioni di sistemi RFID in condizioni di laboratorio.

Anche il quarto capitolo fa riferimento a un'attività di ricerca sviluppata durante il primo anno di attività di RFID lab, tra il 2006 e il 2007. Si tratta del progetto RFID Warehouse, nel quale sono stati sviluppati a livello di laboratorio dei prototipi di processi logistici di magazzino nel settore food e largo consumo funzionanti attraverso tecnologia RFID. Si tratta a tutti gli effetti della sperimentazione di laboratorio dei modelli ingegnerizzati durante la già citata ricerca del 2004, da cui ebbe origine l'idea del laboratorio. I modelli sviluppati sono stati però condivisi e riadattati dall'intero *board of advisors* di RFID Lab attraverso una serie di workshop tematici. I risultati ottenuti dal progetto hanno di fatto confermato dal punto di vista sperimentale come sia possibile recuperare efficacia ed efficienza attraverso l'introduzione della tecnologia RFID per identificare imballaggi secondari e terziari, e come si possano generare informazioni a valore aggiunto dal punto di vista logistico attraverso la raccolta dati sistematica dal campo. Nel capitolo sono riportati in dettaglio i modelli di processi condivisi dal *board* e i principali benefici acquisibili attraverso la tecnologia RFID.

Il quinto capitolo fa riferimento a un tema molto sentito nel settore alimentare, quello relativo alla tracciabilità del prodotto food. In tale ambito il principale beneficio dell'introduzione della tecnologia è quello di abilitare sistemi di tracciabilità estremamente selettivi, accurati e puntuali, a garanzia della sicurezza della supply chain ma anche del consumatore finale. Nel capitolo vengono riportati i risultati del terzo e ultimo progetto di ricerca svolto nel primo anno di attività del *board*, in cui si è analizzato l'impatto della tecnologia in termini di efficacia ed efficienza sul ritiro di un prodotto alimentare. Il modello presentato viene validato attraverso un case study relativo ad alcune realtà rappresentate nel *board*.

Un ambito applicativo in cui l'impatto della tecnologia RFID è immediato è quello relativo alla tracciabilità degli asset logistici (quali pallet, roll, casse e in generale tutti i contenitori a rendere) utilizzati per la movimentazione interna ed esterna di prodotti alimentari. Gli asset logistici sono in generale caratterizzati da elevato valore ed elevato tasso di reintegro, a causa di furti e smarrimenti, e richiedono sistemi di tracciabilità onerosi per gestirne i flussi. Il progetto "Asset tracking" programmato dal *board* per il secondo anno di attività di RFID lab intendeva coprire i diversi aspetti connessi con l'applicazione della tecnologia

RFID alla gestione degli asset. È stata ingegnerizzata e condotta una campagna sperimentale per valutare le prestazioni tecnologiche, con diverse tipologie di asset e in diverse condizioni operative, ed è stato inoltre sviluppato un business case relativo al caso pallet, per valutare il ritorno economico dell'investimento. Dopo una breve descrizione degli asset logistici, il sesto capitolo riporta i principali risultati del progetto e si conclude con il business case relativo a una tipica supply chain del comparto alimentare, composta da un produttore, un retailer e una società fornitrice di asset.

Nel settimo capitolo si affronta uno dei temi centrali per l'applicazione della tecnologia RFID nel settore del largo consumo, quello dell'impatto sull'operatività del punto vendita in generale, e sul problema dell'out-of-stock in particolare. Le attività del *board of advisors* di RFID Lab sono focalizzate su questi aspetti già da alcuni anni, attraverso sperimentazioni sul campo tese a misurare il fenomeno dell'out-of-stock e a valutarne le possibili riduzioni grazie alle informazioni generate dall'impiego della tecnologia RFID. Oltre ad affrontare il problema della presenza del prodotto a scaffale, il capitolo illustra un modello teorico (applicabile a prodotti sia continuativi sia promozionali) sviluppato per valutare la perdita di fatturato subita dai diversi attori e dalla supply chain nel suo insieme.

Il capitolo conclusivo, relativo alle applicazioni di cold chain management, fa riferimento a un progetto di ricerca interregionale multidisciplinare finanziato nel 2007 dalla Regione Emilia-Romagna e relativo alla fase post raccolta della frutticoltura. RFID Lab e alcune aziende del board sono stati coinvolti in questo progetto per affrontare gli aspetti relativi al monitoraggio e alla gestione della catena del freddo. Le attività di ricerca si sono svolte secondo due assi principali. Nel primo è stato sviluppato un modello per la scelta della soluzione tecnologica ottimale di cold chain management, mettendo a confronto due approcci alternativi (euleriano e lagrangiano). Nel secondo è stato realizzato un progetto pilota che ha visto coinvolte direttamente due aziende del *board*: Apo Conerpo e Nordiconad. Nella campagna 2007 è stata monitorata la cold chain delle ciliegie di Vignola, prodotte da Apo Conerpo e distribuite su sei punti vendita Conad, attraverso l'utilizzo di tag semi-passivi con sensori di temperatura, evidenziando potenzialità, criticità e limiti.

A conclusione di questa prefazione è doveroso ringraziare tutte le persone che hanno reso possibile RFID Lab e contribuito a vario titolo alla realizzazione delle sue attività di ricerca. Vorrei ringraziarli uno per uno, ma rischierei di dimenticare qualche nome. A tutti va quindi il nostro ringraziamento più sentito e a loro è dedicato questo volume.

Parma, marzo 2011 Antonio Rizzi

Indice

Capitolo 1
La tecnologia RFID

1.1 Introduzione

In questo capitolo di apertura vengono delineate le caratteristiche generali di un sistema RFID. Dopo una breve parentesi iniziale, che offre alcuni richiami di fisica delle onde elettromagnetiche e risulta essenziale per capire il funzionamento di un sistema di identificazione in radio frequenza, si analizzano in dettaglio le caratteristiche dei principali elementi costitutivi. In particolare si approfondiscono aspetti tecnologici legati ai dispositivi di identificazione, quali tag, reader, antenne, e quelli infrastrutturali relativi all'internet degli oggetti, analizzando in dettaglio standard e relativi protocolli.

1.2 La fisica dei sistemi RFID

1.2.1 Richiami di elettromagnetismo

In un sistema RFID il colloquio tra tag e lettore avviene per mezzo di un accoppiamento a radiofrequenza (RF), soggetto alle leggi che regolano i fenomeni di propagazione delle onde elettromagnetiche nelle comunicazioni radio. I fenomeni fisici che consentono lo scambio di energia e di informazioni tra tag e lettore sono diversi a seconda della frequenza operativa a cui si fa riferimento; per capirne la ragione occorre fare riferimento sia alla frequenza f del segnale sia alla sua lunghezza d'onda λ, che sono legate dalla relazione $v = \lambda f$, dove v rappresenta la velocità di propagazione delle onde elettromagnetiche nel mezzo trasmissivo (nel vuoto pari alla velocità della luce c). Per irradiare un'onda elettromagnetica che possa propagarsi liberamente nello spazio per distanze significative, occorre una struttura adeguata, ovvero un'antenna, il cui dimensionamento e progettazione devono essere correlati alla lunghezza d'onda del segnale che si vuole trasmettere; la comunicazione tra tag e reader avviene mediante le rispettive antenne, che sfruttano principi fisici diversi a seconda della frequenza nella quale operano.

In un accoppiamento induttivo, il campo magnetico generato dall'antenna del lettore, che svolge il compito di avvolgimento primario, si accoppia magneticamente con l'avvolgimento secondario, che è rappresentato dall'antenna del tag. Questo accoppiamento magnetico consente sia il trasferimento di energia verso il tag, così come avviene nei trasformatori, sia lo scambio bidirezionale dei dati. Alle alte frequenze di 13,56 MHz l'antenna del tag è rappresentata da un avvolgimento di rame; nel caso di dispositivi per bassa frequenza, a 125 kHz, questo avvolgimento è alquanto voluminoso e talvolta posto su un piccolo nucleo di ferrite che ha il compito di convogliare il flusso magnetico proveniente dall'antenna del lettore. Su un piccolo circuito stampato è invece assemblato il circuito integrato, parte "intelligente" del tag, assieme al condensatore che funge da accumulatore dell'energia proveniente dall'antenna. Essendo il campo magnetico dell'antenna un campo vettoriale, caratterizzato quindi da intensità, direzione e verso, l'accoppiamento tra tag e lettore dipende non solo dalla distanza ma anche dall'orientamento reciproco e dalla superficie racchiusa dalle spire dell'antenna concatenante il flusso magnetico.

La porzione di spazio nell'intorno dell'antenna in cui questa emette radiazione elettromagnetica è chiamata *lobo di emissione* e viene rappresentata graficamente nel diagramma di irradiazione; essa dipende dalle caratteristiche costruttive del dispositivo. La radiazione elettromagnetica emessa dall'antenna è costituita da un campo elettrico variabile nel tempo che genera, in direzione perpendicolare a se stesso, un campo magnetico variabile il quale, a sua volta, sostiene il campo elettrico. Il meccanismo di concatenazione reciproca dei due campi permette appunto la diffusione dell'onda elettromagnetica. In prossimità dell'antenna, ovvero nella regione di *near field*, il campo elettrico ha intensità molto minore del campo magnetico, e dunque l'accoppiamento tra l'antenna del reader e del tag è magnetico. Oltre una certa distanza dalla sorgente, nella regione di *far field*, il rapporto tra campo elettrico e magnetico rimane costante, e l'accoppiamento avviene per via elettromagnetica. La delimitazione non è netta e convenzionalmente si assume come distanza di transizione $R = \lambda / 2n$, dove n rappresenta una dimensione caratteristica dell'antenna trasmittente.

Nella regione near field l'intensità del campo magnetico è inversamente proporzionale al cubo della distanza dalla sorgente; in particolare l'intensità del flusso magnetico trasferito tra reader e tag dipende dalla geometria dell'antenna, dal numero di spire, dal grado di accoppiamento tra le due antenne e dalle proprietà magnetiche del mezzo. I tag operanti nella banda di frequenza LF a 125 kHz e HF a 13,56 MHz sfruttano le proprietà del campo near field, recentemente sono stati sviluppati tag e antenne in banda UHF a 865 MHz in grado di operare secondo i medesimi principi (vedi par. 1.3.1).

Nella regione far field l'intensità del campo elettromagnetico è inversamente proporzionale al quadrato della distanza, mentre il campo irradiato si propaga sotto forma di onda piana, caratterizzata quindi da una determinata polarizzazione. Le dimensioni delle antenne sono comparabili alla lunghezza d'onda della radiazione, tipicamente $\lambda / 2$ o $\lambda / 4$, e la massima intensità di segnale trasmesso si ha quando le antenne del reader e del tag presentano lo stesso orientamento. I sistemi RFID operanti nella banda di frequenza UHF a 865 MHz sfruttano le proprietà del campo far field. I sistemi di identificazione automatica che operano nelle frequenze UHF sfruttano la radiazione elettromagnetica per comunicare dati e comandi e, nel caso di tag RFID passivi, anche per fornire energia ai tag. In questi sistemi l'antenna del lettore emette un campo che si propaga, con un fronte che dipende dalle caratteristiche dell'antenna, così come la luce di una lampadina a incandescenza si propaga dal filamento. Il campo è rappresentabile dai due vettori campo magnetico e campo elettrico, tra loro ortogonali, concatenati e di forma sinusoidale (Finkenzeller, 2003).

Al fine di poter interrogare tag passivi situati a una distanza ragionevole, il lettore deve poter produrre in antenna una potenza adeguata. L'attuale normativa sulle emissioni a radiofrequenza regolamenta la potenza emessa; in banda UHF le massime potenze ammissibili sono di 4 W EIRP (Effective Isotropic Radiated Power) negli Stati Uniti, corrispondenti a 2,5 W ERP (Effective Radiated Power), secondo la normativa FCC, e di 2 W ERP in Europa, corrispondenti a 3,2 W EIRP secondo la normativa ETSI (vedi par. 1.5.1). Le forme assunte dalle antenne dei tag UHF possono essere, con una progettazione attenta, ulteriormente accorciate

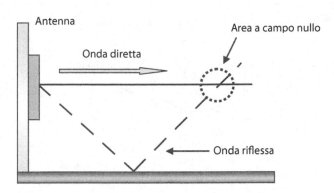

Fig. 1.1 Riflessione di un'onda elettromagnetica

rispetto al valore di $\lambda/2$, anche se una riduzione della loro lunghezza può renderle facilmente soggette all'effetto di desintonizzazione che riduce la potenza del segnale captato.

Un fenomeno fisico legato alle onde radio di particolare rilievo è rappresentato dalla riflessione, è importante sottolineare come all'aumentare della frequenza le onde radio si comportino in modo simile alla luce, dando luogo a fenomeni di interferenza che possono determinare problemi nella distribuzione del campo elettromagnetico generato dalle antenne dei lettori. Nelle bande LF e HF questi fenomeni sono poco avvertiti mentre si manifestano più compiutamente nella banda UHF. Le onde elettromagnetiche possono essere riflesse da ogni superficie conduttiva o parzialmente conduttiva, come quelle di metalli, acqua, cemento armato. Anche se il fenomeno può in alcuni casi avere effetti positivi, estendendo il campo del lettore anche al di là di ostacoli che formano normalmente una barriera, è più frequentemente causa di effetti negativi. Onde dirette e riflesse possono sommarsi in una condizione di opposizione di fase, dovuta al diverso percorso seguito, causando un annullamento del campo elettromagnetico risultante (interferenza distruttiva). In questi casi possono crearsi delle zone a "campo nullo" anche in posizioni ben illuminate dall'antenna del lettore. Nel caso in cui, invece, le onde si sommino in fase si può avere un locale rafforzamento dell'intensità del segnale (interferenza costruttiva).

1.2.2 *Frequenza portante, modulazione e banda*

Al fine di inviare informazioni al tag, un lettore RFID trasmette un'onda sinusoidale di base, caratterizzata da una frequenza definita portante, alla quale deve essere sovrapposto un segnale modulante. Per esempio nella modulazione di ampiezza viene variata l'ampiezza della portante in modo proporzionale all'informazione da trasmettere. Il processo di modulazione fa in modo che si generino nell'intorno della portante delle bande laterali, correlate con la frequenza del segnale modulante, che occupano lo spettro elettromagnetico. La *frequenza centrale* a cui avviene la trasmissione e la *banda*, ovvero l'ampiezza dello spettro assegnata alla comunicazione, sono due parametri fondamentali nei sistemi RFID per motivi sia pratici sia logistici. Frequenza e banda definiscono il canale di comunicazione. Per esempio un canale UHF assegnato dall'ETSI ai sistemi RFID è rappresentato dalla portante di 865,1 MHz e dai 200 kHz di banda che la contornano: il canale copre quindi da 865,0 a 865,2 MHz (vedi par. 1.5.1), come illustrato nella figura seguente. Le bande laterali vengono generate a partire dalla frequenza centrale portante per effetto della sua modulazione, ovvero della variazione di una o più proprietà caratterizzanti (ampiezza, fase, frequenza).

Fig. 1.2 Frequenza portante e bande laterali

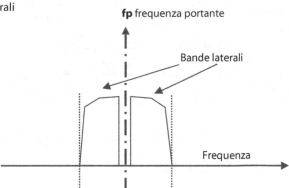

Un altro parametro influenzato dalla frequenza della portante è la velocità con cui può avvenire lo scambio dei dati tra lettore e tag; maggiore è la frequenza della portante e più alta è la velocità di trasferimento dei dati che è possibile realizzare. Così un sistema operante a bassa frequenza, nell'intorno dei 125 kHz, può avere una velocità di comunicazione di 200 bit/s e arrivare al massimo a 4 kbit/s, mentre si possono raggiungere i 100 kbit/s nei sistemi a microonde. La velocità di trasferimento dei dati viene normalmente riferita al processo di lettura essendo questo l'aspetto più significativo, corrispondente alla necessità da parte del lettore di portare a termine la raccolta delle informazioni sui tag che normalmente sono in movimento rapido rispetto al lettore.

1.3 L'architettura di un sistema RFID

Un sistema RFID si basa essenzialmente su quattro elementi, che compongono la configurazione più semplice di un sistema basato sulla tecnologia a radiofrequenza. Gli elementi costitutivi sono il *tag* (o transponder), il *reader*, l'*antenna*, l'*host computer* (o server).
- Il *tag* costituisce il supporto fisico di identificazione automatica. A differenza degli altri componenti del sistema, il tag non è fisso, bensì solidale all'oggetto da identificare. All'interno del tag vengono memorizzate le informazioni che si vogliono far pervenire ai vari livelli della supply chain (vedi cap. 2). Una volta attivato dagli altri elementi del sistema attraverso un campo elettrico o magnetico, il tag è in grado di trasmettere le informazioni in esso contenute. Tali informazioni possono essere non solo lette, ma anche modificate attraverso operazioni di scrittura. La capacità di memorizzazione delle informazioni è estremamente variabile a seconda del tipo di tag: si va da pochi bit per le applicazioni EPC (Electronic Product Code, vedi parr. 1.4.2 e 1.5.5), in cui nel tag è registrato unicamente un seriale di riconoscimento e le informazioni di tracciabilità sono gestite tramite sistema informativo, ad alcuni kbit per applicazioni proprietarie nel caso in cui invece le informazioni di tracciabilità vengano memorizzate direttamente nel tag.
- L'*antenna* trasmittente collegata al reader è l'elemento preposto a fornire energia al tag e a ricevere il segnale radio emesso dallo stesso. Anche il tag è dotato di un'antenna, generalmente integrata nello stesso supporto che costituisce l'etichetta. I tag vengono attivati e alimentati tramite il campo elettromagnetico emesso dalle antenne presenti all'interno

del sistema, e ritornano un segnale modulato in radiofrequenza che viene ricevuto tramite le medesime antenne.

- Il *reader* è l'elemento del sistema cui è deputato il compito di leggere e filtrare le informazioni presenti sui tag e captate dalle antenne. In alcuni casi, tramite i reader è possibile modificare le informazioni presenti sul tag stesso. Se da un lato il reader si interfaccia tramite le antenne ai tag, dall'altro esso dialoga con l'host computer, al quale trasmette i dati letti e dal quale riceve le istruzioni di lettura/scrittura.
- L'*host computer* o (server), infine, è l'elemento del sistema che raccoglie in modo strutturato e rende visibili al resto del sistema informativo aziendale l'insieme delle informazioni raccolte sul campo dai reader. È quindi l'elemento di collegamento tra il sistema RFID propriamente detto e il resto del sistema informativo aziendale (Talone, Russo, 2008).

1.3.1 Le frequenze

I sistemi RFID operano in bande di frequenza assegnate e regolamentate a livello internazionale; le differenti frequenze operative nei diversi paesi richiedono che i reader trasmettano sulle bande ammesse e che le antenne dei tag siano sintonizzate correttamente. Le bande assegnate sono dettagliate nel seguito (Finkenzeller, 2008).

1.3.1.1 Bassa frequenza (banda 120 - 145 kHz)

Le basse frequenze (LF) si trovano nella parte inferiore dello spettro delle radiofrequenze e sono state le prime utilizzate per l'identificazione automatica. Queste frequenze detengono ancora oggi una presenza significativa nel mercato. Nel caso di tag passivi la distanza operativa è all'incirca pari al diametro dell'antenna del lettore e varia dai 30 cm al metro, al di là di questa distanza l'intensità del campo magnetico si riduce molto rapidamente in maniera inversamente proporzionale al cubo della distanza. Anche per questo motivo la distanza di scrittura, operazione che richiede un maggior consumo di energia da parte del chip che equipaggia il tag, è tipicamente la metà di quella di lettura. Tag in bassa frequenza sono molto utilizzati nella tracciabilità animale, per la bassissima influenza che l'acqua e i tessuti hanno sulla trasmissione. La propagazione attraverso liquidi e tessuti organici avviene, infatti, senza impedimenti significativi, mentre la lettura è particolarmente sensibile all'orientamento tra tag e antenne del lettore. All'interno della banda LF sono due le frequenze operative più utilizzate, quella di 125,5 kHz, principalmente nel settore automotive, e quella di 134,2 kHz impiegata nell'identificazione animale.

Le principali caratteristiche dei sistemi LF sono le seguenti:
- *accoppiamento*: magnetico;
- *raggio di copertura*: per tag passivi si va dal "contatto" fino a 70-80 cm, a seconda della potenza emessa dal lettore e della forma e delle dimensioni delle antenne; per tag attivi si possono raggiungere facilmente i 2 m;
- *capacità di trasporto dati*: da 64 bit fino a 2 kbit;
- *velocità di trasferimento dati*: bassa velocità di trasferimento, tipicamente intorno a 1 kbit/s, che può scendere a 200 bit/s;
- *letture multiple*: disponibili sia per lettura del singolo tag sia per letture multiple. Più tag possono essere inventariati simultaneamente grazie agli algoritmi di anticollisione che permettono al reader di singolarizzare ogni tag;
- *formati*: sono disponibili in package e in formati diversi; generalmente incapsulati in vetro e/o ceramica per la tracciabilità animale e in diversi package plastici per usi industriali.

Tabella 1.1 Caratteristiche delle bande di radiofrequenza

Banda	Nomenclatura	Frequenza	Lunghezza d'onda
LF	Low frequency	da 30 kHz a 300 kHz	da 10 km a 1 km
MF	Medium frequency	da 300 kHz a 3 MHz	da 1 km a 100 m
HF	High frequency	da 3 MHz a 30 MHz	da 100 m a 10 m
VHF	Very high frequency	da 30 MHz a 300 MHz	da 10 m a 1 m
UHF	Ultra high frequency	da 300 MHz a 3 GHz	da 1 m a 10 cm
SHF	Super high frequency	da 3 GHz a 30 GHz	da 10 cm a 1 cm

1.3.1.2 Alta frequenza (banda 13,56 MHz)

L'alta frequenza (HF) è stata liberalizzata per applicazioni di identificazione automatica da tutti gli enti normativi mondiali e questo ne ha fatto nel tempo la frequenza più diffusa per diverse tipologie di identificazione automatica. Reader e tag HF, questi ultimi noti anche come "Smart Card contactless" ovvero card intelligenti senza contatti rappresentano il settore RFID più presidiato dai produttori di hardware.

Il chip, che costituisce il cuore intelligente del tag, offre una capacità di memoria che può andare da pochi kilobyte fino al megabyte; alcune card HF, oltre alla memoria, contengono un microprocessore integrato che consente impieghi multifunzionali e protezioni con algoritmi crittografici.

In un sistema HF l'accoppiamento lettore-tag avviene per via induttiva, lo stesso principio fisico dei tag LF. Anche la banda a 13,56 MHz non è quindi particolarmente influenzata dall'acqua o dai tessuti del corpo umano. La configurazione tipica prevede comunque un'antenna formata da un avvolgimento (normalmente in rame o alluminio): la dimensione e il numero di spire determinano la sensibilità e il raggio di lettura, che dipende comunque anche dalla potenza emessa dall'antenna del lettore. in ogni caso i range di lettura tipici si aggirano su un ordine di grandezza di alcune decine di centimetri. Le applicazioni tipiche prevedono servizi di consegna, ticketing, smistamento bagagli, tracciabilità in produzione, controllo accessi. Proprio la distanza di lettura limitata, unita alla ridotta velocità di trasferimento dati, ha fatto sì che per applicazioni di logistica questa frequenza sia stata soppiantata dalla frequenza UHF.

Le principali caratteristiche dei sistemi HF sono le seguenti:
- *accoppiamento*: magnetico;
- *raggio di operatività*: nella stragrande maggioranza sono passivi e possono operare fino a 1 m;
- *capacità di trasporto dati*: da 64 bit fino ad alcuni kbit;
- *velocità di trasferimento dati*: nell'intorno di 25 kbit/s;
- *letture multiple*: sono quasi sempre contemplati meccanismi di anti-collisione che consentono di arrivare alla lettura di circa 20-30 tag/s a seconda delle caratteristiche del sistema e degli algoritmi impiegati.

1.3.1.3 Altissima frequenza (banda 860 - 950 MHz)

L'evoluzione tecnologica dei semiconduttori che ha portato alla realizzazione di chip particolarmente parsimoniosi nel consumo energetico ha consentito la realizzazione di etichette

RFID operanti ad altissima frequenza (UHF) e con range di operatività molto più estesi di quanto non fosse consentito con LF e HF. Un raggio di azione di almeno 5 metri è ormai standard ma sempre più spesso estensibile verso otto e più metri. Grazie a questo l'UHF è destinata sicuramente a confermarsi come la tecnologia predominante della logistica, benché alcune problematiche, a oggi risolte, ne abbiano in un primo tempo rallentato l'introduzione. Le frequenze allocate in USA, Europa e Asia alle applicazioni RFID UHF sono differenti, in quanto alcune bande erano già occupate precedentemente dalla telefonia cellulare. Ciò nonostante, tag UHF sono in grado di funzionare con ottime performance in tutto il mondo. Anche da un punto di vista degli standard di comunicazione tra tag e reader, esiste oggi sostanzialmente un unico standard mondiale di largo impiego, rappresentato dallo standard ISO 180006-C o EPC Class1 Gen2, a garanzia di interoperabilità. A queste frequenze ci si scontra con problematiche più complesse di quanto non si abbia con le frequenze inferiori, a causa delle interferenze dovute ai fenomeni di riflessione del segnale da parte delle superfici e oggetti metallici e a causa dell'assorbimento da parte dell'acqua e altri liquidi a elevata costante dielettrica delle onde elettromagnetiche. La velocità di trasmissione dati è superiore a tutte le frequenze precedenti e in grado di gestire letture multiple contemporanee mediante gli algoritmi di anticollisione, arrivando a leggere più di 100 tag al secondo. Grazie a queste prestazioni, le applicazioni RFID UHF tipiche ricadono in ambito logistico, produttivo e di supply chain.

A causa dell'accoppiamento elettromagnetico, le prestazioni sono molto influenzate dalla presenza di metalli, acqua, liquidi o altri materiali a elevata costante dielettrica, tessuti organici e umidità.

Le principali caratteristiche dei sistemi UHF sono le seguenti:

– *accoppiamento*: elettromagnetico;
– *raggio di operatività*: 2-7 m in lettura per i tag passivi, fino a 18 m per i tag attivi;
– *capacità di trasporto dati*: da 96 bit fino a qualche kbit;
– *velocità di trasferimento dati*: fino a 640 kbit/s.

A livello globale la porzione di spettro in banda UHF assegnata per l'impiego con applicazioni RFID non è univocamente definita. In Europa, Africa e ex Unione Sovietica le comunicazioni in banda UHF fanno riferimento al protocollo ETSI 302 208 (par. 1.5.1) che identifica come range di frequenze sostanzialmente utilizzabili quello compreso tra gli 865,6 e gli 867,6 MHz; mentre nel Nord e Sud America le comunicazioni avvengono a frequenze comprese tra i 902 e i 928 MHz. in Giappone, la banda di frequenza si colloca a 956 Mhz.

1.3.1.4 Microonde (bande 2,4 e 5,8 GHz)

Le microonde (SHF) hanno comportamento e caratteristiche molto simili alle frequenze UHF e, poiché hanno lunghezze d'onda inferiori, consentono di impiegare nei tag antenne più piccole, permettendo un'ulteriore miniaturizzazione del dispositivo di identificazione. Il campo elettromagnetico può essere più facilmente orientato grazie ad antenne direzionali. Le funzionalità non si discostano da quelle dei tag UHF. Tra le applicazioni tipiche delle microonde, si ricordano il pagamento dei pedaggi autostradali, grazie all'elevatissima affidabilità quando la lettura deve essere eseguita a distanza su oggetti in movimento estremamente veloce, il controllo accessi, la localizzazione in tempo reale e la logistica militare.

Le principali caratteristiche dei sistemi a microonde sono le seguenti:

– *accoppiamento*: elettromagnetico;
– *raggio di operatività*: 2-5 m per tag passivi, fino a 30-50 m se attivi;

- *capacità di trasporto dati*: sia passivi sia attivi portano da 128 bit ad alcuni kbit;
- *velocità trasferimento dati*: può arrivare fino a 1 Mbit/s, ma i valori tipici sono tra 100 e 250 kbit/s;
- *tempo di lettura*: molto ridotto, bastano 0,05 s per leggere alcune decine di tag a 128 bit;
- *letture multiple*: vi sono dispositivi sia per la lettura singola sia per la lettura multipla.

1.3.2 Il tag

Il tag, o transponder, costituisce il supporto fisico per le informazioni di identificazione dell'item cui viene associato; esso viaggia solidale con l'oggetto da identificare, e mediante l'antenna di cui è dotato, capta il segnale a radiofrequenza generato dal reader. Generalmente il campo elettromagnetico emesso dal reader e ricevuto dal tag veicola l'energia per alimentare il tag e le informazioni scambiate.

A seconda della fonte di alimentazione del chip, i tag si possono classificare in quattro grandi categorie (Talone, Russo, 2008)

- *Tag passivi*: sono caratterizzati dal non avere alimentazione propria. L'energia che consente al chip di attivarsi e rispondere viene ricevuta dal campo elettromagnetico captato nell'area di influenza dell'antenna del lettore. Poiché l'intensità del campo generato dal lettore diminuisce con il quadrato della distanza, il range di funzionamento è inferiore a quello dei tag attivi, generalmente meno di una decina di metri.
- *Tag attivi*: hanno una sorgente di alimentazione interna, cioè una batteria che fornisce energia per alimentare i circuiti e lo stadio trasmettitore. Poiché la loro alimentazione non dipende dall'energia emessa dal lettore, possono trasmettere le informazioni di identificazione anche in assenza di interrogazione del reader. Le distanze operative possono essere molto elevate, anche dell'ordine del centinaio di metri. Per contro necessitano di regolare manutenzione (sostituzione della batteria o dell'intero tag) e hanno dimensioni superiori a quelle dei tag passivi.
- *Tag semi-passivi*: sono tag dotati di una batteria interna che alimenta permanentemente i circuiti. Tale batteria non viene però impiegata per alimentare lo stadio trasmettitore, ma consente al chip di realizzare funzioni più complesse rispetto al tag puramente passivo, per esempio implementando maggiore memoria oppure controllando mediante sensori alcuni parametri ambientali, come umidità e/o temperatura. La trasmissione del segnale avviene solo quando il tag si trova nel campo di azione del reader, la cui energia irradiata viene impiegata per lo stadio trasmettitore del tag.
- *Tag semi-attivi*: in questo caso il tag è dotato di batteria che viene impiegata per potenziare lo stadio trasmettitore. Si tratta di tag estremamente sensibili, in quanto sono sufficienti deboli segnali emessi dal reader a elevate distanze per attivare il tag; a quel punto la trasmissione dal tag al reader avviene per mezzo della batteria interna del tag. Utilizzando tag semi-attivi si possono raggiungere distanze superiori a quelle raggiunte con tag passivi. Sono soggetti al deperimento della batteria, anche se il fenomeno è meno sensibile che per i tag attivi, dal momento che il tag non si trova in costante trasmissione (RFID Journal, 20 luglio 2007).

Si analizzeranno ora gli elementi strutturali dei tag passivi operanti in banda UHF secondo lo standard Gen2, che di fatto rappresentano oggi sul mercato la tecnologia di riferimento per il settore della logistica della grande distribuzione e del food. I tag passivi sono costituiti da diverse componenti laminate a sandwich:

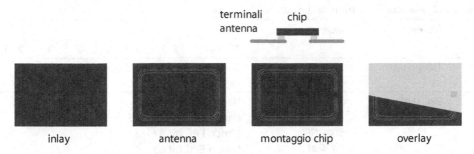

Fig. 1.3 Schema delle fasi di realizzazione di un tag passivo

- un substrato o inlay di materiale trasparente alla radiazione elettromagnetica, come PET o PVC, che funge da supporto, e che può essere adesivo per permettere l'applicazione diretta del tag sul prodotto;
- sul substrato viene ricavata l'antenna, mediante stampa con inchiostri conduttori o mediante deposizione di metallo, come rame o alluminio; essa ha la funzione di captare le onde in radiofrequenza trasmesse dalle antenne trasmittenti, permettendo così l'alimentazione del chip;
- sull'antenna viene incollato il chip con inchiostri più o meno conduttori;
- viene poi aggiunto uno strato protettivo per il chip e l'antenna, overlay o facing material, che può essere plastico o cartaceo per la stampa termica. Tale rivestimento protegge il tag da abrasioni, corrosione, urti, acqua e umidità.

In generale, quanto maggiori sono le prestazioni richieste dal tag in termini di distanza di lettura e quanto minore è la frequenza di funzionamento, tanto maggiori saranno le dimensioni dell'antenna e quindi del tag, presentando il chip dimensioni ridottissime.

Il chip, che costituisce l'intelligenza del tag, contiene lo stadio di alimentazione e trasmissione del segnale (mediante la variazione di un parametro caratteristico della propria antenna ricetrasmittente, chiamato coefficiente di riflessione), la logica di controllo e la memoria. La memoria di un tag UHF Gen2 è suddivisa in quattro banchi, dei quali tre sempre presenti e uno

Fig. 1.4 Esempi di tag RFID passivi UHF Gen2

Tabella 1.2 Mappa della memoria di un tag UHF Gen2

Banco	Nome	Indirizzo	Bit
			15 14 13 12 11 10 9 8 7 6 5 4 3 2 1 0
10$_b$	TID (ROM)	10$_h$ – 1F$_h$	Codice univoco del chip a 32 bit
		00$_h$ – 0F$_h$	
01$_b$	EPC (NVM)	70$_h$ – 7F$_h$	banco EPC bit 15 – 0
		60$_h$ – 6F$_h$	banco EPC bit 31 – 16
		50$_h$ – 5F$_h$	banco EPC bit 47 – 32
		40$_h$ – 4F$_h$	banco EPC bit 63 – 48
		30$_h$ – 3F$_h$	banco EPC bit 79 – 64
		20$_h$ – 2F$_h$	banco EPC bit 95 – 80
		10$_h$ – 1F$_h$	bit di controllo del protocollo
		00$_h$ – 0F$_h$	CRC – 16
00$_b$	Reserved (NVM)	40$_h$ – 4F$_h$	bit mascherati di lock, kill
		30$_h$ – 3F$_h$	Access password bit 15 – 0
		20$_h$ – 2F$_h$	Access password bit 31 – 16
		10$_h$ – 1F$_h$	Kill password bit 15 – 0
		00$_h$ – 0F$_h$	Kill password bit 31 – 16

opzionale, presente solo sui tag dotati di una user memory di tipo EEPROM. I primi tre banchi sono adibiti a contenere la numerazione EPC, le password lock e di kill, le informazioni del produttore del tag, mentre il quarto banco, quello opzionale, è destinato a un'eventuale ulteriore memoria. Alcuni produttori riportano in questo banco che viene impostato per la sola lettura, un seriale univoco identificativo del singolo chip prodotto. I quattro banchi possono essere suddivisi in diverse sezioni in cui vengono inseriti diversi tipi di informazioni (Impinj, 2010).

– TID (Tag ID): un codice univoco relativo al chip e al produttore che può essere unicamente letto, in quanto scritto in ROM (Read Only Memory) durante il processo di fabbricazione del chip. Alcuni produttori, oltre al proprio codice univoco, riportano in questo banco anche un seriale univoco identificativo del singolo chip prodotto. Questo banco, per le caratteristiche di sola lettura e di univocità, viene solitamente utilizzato per scopi di anticontraffazione, come si vedrà in dettaglio nel seguito.
– EPC: in questo banco vengono riportati il codice EPC programmato nel tag, generalmente di 96 bit secondo gli standard descritti nel paragrafo 1.5.5, e il codice CRC di controllo usato dal reader per la validazione della lettura. Generalmente l'utente accede durante nelle operazioni di scrittura al solo banco EPC.
– Reserved: in questo banco di memoria vengono memorizzate le password, definite dall'utente, impiegate per l'esecuzione delle funzioni di lock e kill; tali funzioni permettono rispettivamente di proteggere il tag da scrittura (in maniera temporanea e reversibile oppure permanentemente) oppure di disattivarlo irreversibilmente.

Al fine di permettere l'impiego di tag RFID quali dispositivi di antitaccheggio, alcuni produttori di chip hanno integrato un'apposita funzionalità, denominata EAS (Electronic Article Surveillance) che consente a un reader di rilevare con rapidità ed efficacia tag che non hanno subito il processo di disattivazione presso il punto cassa. Le funzionalità EAS sono disponibili anche senza il collegamento ad alcun database, a vantaggio dell'immediatezza di esecuzione. come accennato precedentemente, un'altra funzionalità che può essere implementata mediante l'impiego di tag RFID è la protezione anticontraffazione. Ciò risulta possibile grazie alla presenza nel chip di due aree distinte di memoria, una recante un seriale identificativo univoco del chip, e quindi del tag, e una liberamente scrivibile dall'utente. La protezione anticontraffazione avviene in una duplice modalità: mediante la registrazione in un database aziendale del seriale univoco del tag associato al codice del prodotto (memorizzato nel banco EPC), e mediante l'impiego di un algoritmo di cifratura dei dati che generi, partendo dal codice seriale univoco, una chiave che viene poi memorizzata nella memoria scrivibile del tag. La prima soluzione consente di effettuare la verifica di autenticità solo mediante interrogazione di un database; per la seconda soluzione è sufficiente la lettura del tag e la verifica dell'algoritmo di cifratura; ovviamente le due soluzioni possono essere implementate simultaneamente.

I vantaggi della tecnologia RFID si manifestano compiutamente mediante la possibilità di eseguire letture simultanee di prodotti in massa; con particolare riferimento al protocollo EPC Gen2, questa funzionalità è stata notevolmente migliorata rispetto agli standard precedenti mediante l'impiego di un algoritmo, denominato Q algorithm, altamente efficiente e sicuro. Come risultato è possibile leggere centinaia di tag attraverso un varco pressoché istantaneamente.

Le condizioni ambientali operative di un tag prevedono valori di temperatura ammessi compresi tra −40 °C e +85 °C, compatibili con i prodotti food a temperatura controllata, sia freschi sia surgelati. Il mantenimento della memoria del tag è garantito, in assenza di alimentazione, per almeno 10 anni (UPM Raflatac, 2008).

Una tecnologia costruttiva che promette una rivoluzione nel mondo dell'elettronica, e quindi anche del RFID, è quella della stampa con materiali organici. Componenti elettronici di uso comune quali circuiti integrati e memorie, celle fotovoltaiche e batterie, led e display, resistenze e condensatori possono essere realizzati mediante un processo di stampa multistrato. Un supporto flessibile, plastico, viene impiegato come base per la realizzazione dei componenti elettronici; tali componenti vengono letteralmente "stampati" mediante inchiostri organici conduttori, semiconduttori o dielettrici. Le tecniche impiegate per la stampa sono la stampa ink-jet, la litografia e la stampa offset. I vantaggi derivanti dall'impiego di tale tecnologia sono evidenti: spessore ridottissimo del circuito, leggerezza, flessibilità, elevata compatibilità ambientale. Tale tecnologia apre la strada alla realizzazione di tag RFID direttamente stampati sull'etichetta del prodotto a costi ridottissimi (Organic Electronics Association, 2007).

A oggi sono disponibili i primi prototipi di tag realizzati mediante materiale organico semiconduttore. Tali tag operano in banda HF e hanno una memoria di pochi bit. si tratta di dispositivi a base di carbonio anziché di silicio, realizzati mediante un processo di stampa roll to roll, ossia di stampa del tag organico direttamente su supporto plastico. I tag organici presentano oggi prestazioni di lettura e di accuratezza inferiori rispetto ai tag a base di silicio, e le esplorazioni sono a oggi limitate alle applicazioni HF. Si prevede comunque che nel giro di pochi anni si potranno ottenere i primi prototipi di tag UHF Class1 Gen2. Anche in questo caso le prestazioni saranno presumibilmente limitate e non paragonabili a quelle degli attuali tag, ma comunque compatibili con l'identificazione di un imballaggio primario sulla cassa di un punto di vendita. Ciò che rende tali tag particolarmente interessanti è, infatti, la possibilità di abbattere drasticamente i costi produttivi a frazioni di centesimo, rendendo il tag compatibile da un punto di vista economico con applicazioni di item level tagging in un settore come l'alimentare in cui i flussi di oggetti da identificare sono enormi.

1.3.3 Il reader e l'antenna

In un sistema RFID i reader sono gli elementi a cui spetta il compito di interfacciarsi via radio con il tag per leggere e/o scrivere le informazioni associate, e via rete con il middleware RFID che governa il processo ed è integrato con il sistema gestionale aziendale. Per quanto riguarda la comunicazione con i tag, ai reader è deputato il compito di leggere le informazioni presenti sui tag ed eventualmente di modificarle. Tale operazione avviene fisicamente tramite le antenne ricetrasmittenti. Nella comunicazione con il sistema informativo aziendale al reader spetta il compito di fornire al sistema stesso delle informazioni strutturate e non ridondanti. Questo implica che al reader debba essere affiancato un opportuno strato software, denominato *middleware*, in grado di filtrare e interpretare l'insieme delle letture prima dell'invio al gestionale.

In generale, i reader sono apparecchiature elettroniche costituite dai seguenti elementi.

– *Sezione di interfaccia*, adibita all'interscambio di informazioni con il computer host, su cui risiede il middleware o il software applicativo adibito alla raccolta delle letture.
– *Sezione logica*, adibita al controllo delle funzionalità del dispositivo e alla gestione del protocollo di comunicazione con i tag in conformità con gli standard RFID (per esempio il protocollo Gen2). Il software a bordo, denominato firmware, è in genere aggiornabile, e consente di tradurre i comandi pervenuti dall'host in segnali verso le antenne e di operare il processo inverso trasferendo le informazioni ricevute dalle antenne verso l'host (per esempio durante l'*inventory* dei tag letti).
– *Sezione in radiofrequenza*, adibita all'interfacciamento in radiofrequenza con le antenne nella specifica banda di frequenze utilizzata. Costituisce la parte critica dell'apparato da cui dipendono le prestazioni di lettura, in termini di sensibilità in lettura e potenza di trasmissione.

Esistono diverse tipologie di reader, ciascuna delle quali trova impiego in applicazioni specifiche. I reader portatili sono comunemente integrati in dispositivi brandeggiabili di tipo *handheld*, che possono essere maneggiati da un operatore; il loro aspetto è del tutto simile a un lettore barcode, ma sono riconoscibili per la presenza dell'antenna RFID. Alcuni terminali sono dotati di display per la visualizzazione delle letture, mentre altri sono dotati di altri dispositivi di segnalazione, ottici e/o acustici. Possono essere connessi alla rete aziendale mediante collegamento wireless, oppure possono dialogare con un computer mediante collegamento bluetooth o USB.

I reader fissi sono solitamente impiegati nelle configurazioni a gate, portale, totem, o tunnel, e sono connessi alla rete aziendale. Possono inoltre essere dotati di modem GPRS integrato per la gestione e l'invio delle letture; oppure disporre di connessione seriale o bus di campo per interfacciarsi con l'automazione industriale.

Ulteriori aspetti e funzionalità caratteristiche sono i seguenti.

– *Potenza di trasmissione* Le potenze massime di trasmissione sono condizionate dalle normative di riferimento armonizzate da ciascun paese, la normativa ETSI è illustrata nel paragrafo 1.5.1. Gli apparati di minor potenza sono utilizzati per sistemi contactless o inseriti in altri apparati, come palmari, stampanti, lettori da desktop per computer.
– *Interfaccia di input e output* Generalmente tutti i reader dispongono di diverse linee di input e output digitali in grado di interfacciarli verso la sensoristica e i sistemi di automazione industriale di campo. Mediante gli output è possibile comandare segnalatori ottici a conferma di avvenuta lettura, piuttosto che scambiare segnali con un PLC; gli input possono invece fungere da *trigger* per la lettura, se collegati per esempio a un sensore di prossimità.

Il reader RFID può, infatti, essere posto in lettura continua, con alcune problematiche relative all'impiego della frequenza, come descritto nel paragrafo 1.5.1, oppure può essere attivato in lettura solo al verificarsi di un evento che agisce su uno specifico input.

– *Numero di antenne collegabili* Il reader può essere collegato a una o più antenne, solitamente quattro, a seconda del numero di porte di cui dispone, per consentire letture pluridirezionali, come nei varchi industriali, o per identificare tag in locazioni o posizioni diverse, per esempio durante le fasi di produzione. A livello software, nel *middleware*, ciascuna antenna fisica può essere associata a un *tracking point* logico differente, pertanto è possibile impiegare un solo reader con quattro antenne per realizzare due varchi ciascuno con due antenne.

I reader fissi vengono posizionati in tutti quei punti presso i quali è necessario effettuare la lettura o scrittura dei tag su cartone o pallet; pertanto generalmente si trovano:

– integrati o vicino alla stampante, prima che l'etichetta sia applicata, per programmare il tag e verificarne il funzionamento;
– presso i punti di ingresso e di uscita delle merci, in strutture a varco, quali per esempio le banchine di carico e scarico dei veicoli, le porte del centro di distribuzione o del magazzino, le zone di consolidamento per la palletizzazione dei prodotti.

In un sistema RFID sono presenti le antenne integrate nei tag, solidali con l'etichetta e il microchip, e le antenne ricetrasmittenti collegate ai reader. Queste ultime hanno la funzione di emettere le onde in radiofrequenza, alimentando il tag e ricevendone la risposta. Ogni reader può governare simultaneamente una o più antenne mediante un sistema di *multiplexing*, dal momento che dispone di un solo stadio trasmittente e di un solo stadio ricevente. Per raggiungere la massima sensibilità in ricezione, alcuni reader dispongono di connessioni separate per le antenne di trasmissione e per quelle di ricezione; in questo modo però raddoppia il numero di antenne richieste.

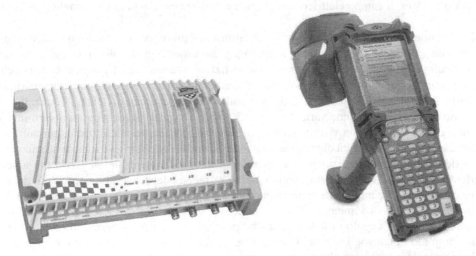

Fig. 1.5 Lettore RFID per installazione fissa (a sinistra) e terminale portatile dotato di lettore RFID e antenna integrati (a destra)

Fig. 1.6 Diagramma di radiazione di un'antenna a dipolo

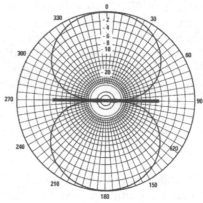

Le caratteristiche principali delle antenne sono le seguenti:

– *direttività*, ovvero la capacità di concentrare le emissioni in radiofrequenza in una direzione precisa;
– *guadagno*, rappresenta il coefficiente prestazionale dell'antenna e viene misurato in rapporto a un'antenna ideale che irradia con la stessa energia nello spazio circostante;
– *apertura*, ovvero l'angolo sotteso alla direzione di massimo guadagno nel quale il guadagno si dimezza; è rappresentata graficamente nel diagramma di radiazione. La Fig. 1.6 riporta a titolo esemplificativo il diagramma di radiazione di un'antenna a dipolo;
– *polarizzazione*, che deve essere scelta in base alla posizione e all'antenna dei tag da riconoscere. Sono possibili due tipi di polarizzazione: lineare e circolare. Un'antenna con polarizzazione lineare genera un campo elettromagnetico in cui la componente elettrica e quella magnetica, tra di loro sempre ortogonali, restano sempre parallele a se stesse e perpendicolari alla direzione di propagazione dell'onda; in un'antenna polarizzata circolarmente, destra o sinistra, il campo elettrico compie una rotazione completa in una lunghezza d'onda.

Le antenne lineari presentano un range di lettura maggiore, però richiedono un orientamento costante e ottimale del tag; l'antenna del tag, generalmente un dipolo, deve essere orientata come quella del lettore. Queste antenne sono utilizzate quando si ha l'assoluta certezza che il tag si presenterà sempre nello stesso modo. Le antenne polarizzate circolarmente sono meno soggette ai problemi di lettura dovuti alla variabilità nell'orientamento del tag, in quanto anche il campo emesso dall'antenna varia direzione. Per massimizzare le prestazioni di lettura, è opportuno che ciascun tag sia visibile da più antenne sotto differenti angolazioni, per aumentare statisticamente la probabilità di avere un matching locale tra la polarizzazione delle antenne del tag e del reader. Tale condizione può essere realizzata fisicamente impiegando più antenne, piuttosto che imponendo un moto relativo tra tag e antenna del reader. Le prestazioni delle antenne possono essere migliorate creando particolari configurazioni attraverso l'aggregazione di più antenne, al fine di aumentare il tempo di permanenza del tag in moto nel campo di emissione, o variando l'angolo di lettura; è anche possibile impiegare schermi riflettenti o schermanti in grado di convogliare le radiazioni emesse dalle antenne in una determinata area.

Un particolare problema che può verificarsi in un sistema RFID è quello relativo alle *ghost reads*, ovvero letture di tag fantasma, inesistenti o indesiderate. Nel primo caso il reader RFID

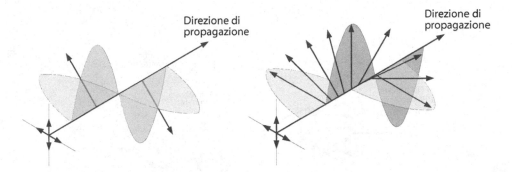

Fig. 1.7 Andamento del campo in un'onda a polarizzazione lineare (a sinistra) o circolare (a destra)

interpreta il rumore di fondo in radiofrequenza come un tag valido; ciò accadeva raramente con gli standard ISO 18000-6B e Gen1, mentre non accade più con il protocollo Gen2 che migliora l'impiego del codice CRC (Cyclic Redundancy Check). Nel secondo caso il reader legge un tag reale ma situato all'esterno del campo presunto di lettura; ciò può accadere con i sistemi UHF a causa delle prestazioni di lettura e della riflessione delle onde radio da parte di tutti gli oggetti metallici presenti nel campo di azione del reader. Per ovviare a tale inconveniente, è possibile impiegare strutture schermanti, che contengano al proprio interno la radiazione emessa, oppure strutture assorbenti in grado di assorbire senza riflettere l'onda elettromagnetica incidente. Un'opportuna taratura della potenza di trasmissione, e l'impiego di strutture schermanti, permette, durante la fase di *fine tuning* del progetto, di ottimizzarne le prestazioni in relazione all'ambiente operativo.

Recentemente è stato realizzato un sistema RFID UHF basato su tag passivi Gen2 proprietario che consente non solo la lettura, e quindi l'inventory, dei tag presenti nel raggio di azione, ma anche la loro localizzazione con una certa approssimazione. Tale sistema si basa su una sola antenna ricevente, dotata di eccezionale sensibilità, in grado di rilevare i principali parametri caratteristici dell'onda elettromagnetica di risposta del tag – quali fase, polarizzazione e direzione – mediante i quali riesce a localizzare spazialmente il tag entro un raggio di 200 metri). L'alimentazione viene invece fornita ai tag mediante una serie di antenne trasmittenti tradizionali disposte in maniera tale da coprire l'intero volume di interesse; ogni antenna è in grado di alimentare un tag a una distanza massima di circa 10 m (Mojix, 2008).

Fig. 1.8 Antenna patch RFID a polarizzazione circolare

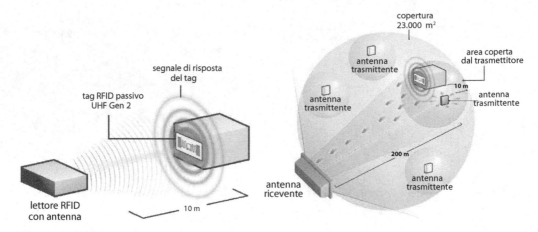

Fig.1.9 Schema strutturale di un sistema RFID tradizionale (a sinistra) e di un sistema RFID con inventory e localizzazione dei tag (a destra)

1.4 L'infrastruttura di rete – Internet of things

1.4.1 La storia: dall'Auto-ID Centre a EPCglobal

L'Auto-ID Centre è un'organizzazione di ricerca globale, indipendente e no profit, con sede presso il Massachusetts Institute of Technology (MIT). I promotori sono stati l'Uniform Code Council (UCC), Gillette e Procter & Gamble. L'EAN International ha partecipato su invito ai lavori. Costituito nel 1999, la visione dell'Auto-ID Centre è un mondo in cui i computer sono in grado di identificare istantaneamente qualsiasi oggetto, ovunque esso sia. La missione dell'Auto-ID Centre si estende inoltre alla progettazione dell'infrastruttura per la creazione di una rete universale e aperta per l'identificazione dei singoli prodotti e per la relativa tracciabilità lungo la supply chain globale. Il Centro dispone di laboratori affiliati presso le università di Cambridge in Inghilterra, Adelaide in Australia, Keio in Giappone, Fudan in Cina e San Gallen in Svizzera. Questi laboratori hanno collaborato per delineare i blocchi costitutivi e gli standard per creare un'*internet degli oggetti*, o *internet of things*.

Dall'esperienza maturata in seno all'Auto-ID Centre è nata EPCglobal, una joint venture senza scopo di lucro, formata da GS1 e dall'UCC, con il compito di sviluppare e mantenere l'insieme di standard globali alla base del funzionamento dell'EPCglobal Network e guidare l'adozione delle sue componenti. Il concetto di EPCglobal Network e lo standard EPC sono stati sviluppati inizialmente dall'Auto-ID Centre al MIT; le funzioni amministrative dell'Auto-ID Centre sono ufficialmente terminate nel 2003 e le attività di ricerca sono state trasferite agli Auto-ID Labs, che EPCglobal ha continuato a sponsorizzare per migliorare la tecnologia, nel rispetto delle esigenze aziendali degli utenti. Per portare avanti la sua missione, EPCglobal si avvale del lavoro di gruppi di esperti, quali aziende utenti e fornitori di tecnologie, che volontariamente contribuiscono allo sviluppo dei protocolli di comunicazione e delle interfacce del sistema EPCglobal Network.

EPCglobal sta sviluppando una rete basata sugli standard, in modo da permettere il supporto della tecnologia RFID a livello globale. Se i dati sono stati sincronizzati efficacemente, la tecnologia RFID consente ai partner commerciali di individuare i prodotti e di condividere le relative informazioni, compresa la loro posizione. Su richiesta, queste informazioni sono messe a disposizione anche di altri partner commerciali. Su scala mondiale EPCglobal opera mediante le organizzazioni nazionali, in Italia Indicod-Ecr, che coordinano la diffusione e l'implementazione degli standard EPC e il processo di sottoscrizione ai servizi di EPCglobal delle aziende utenti e dei fornitori di tecnologie.

L'EPC è l'elemento chiave della rete RFID; è basato sui tag RFID e può identificare e localizzare prodotti specifici mediante EPCglobal network durante il loro spostamento da un luogo all'altro. Fornendo un sistema standard per unire le informazioni ai prodotti, il codice EPC consente alle aziende di condividere più efficacemente le informazioni. Inoltre, aumenta la rapidità di esecuzione delle operazioni lungo la supply chain, poiché consente di riconoscere facilmente e rapidamente tutti i prodotti su scala mondiale. Mentre il codice a barre permette di identificare esclusivamente una categoria di prodotto, il codice EPC permette di serializzare, e quindi identificare, il singolo item, associandolo a eventi specifici correlati ai processi che subisce.

1.4.2 L'EPCglobal Network

Prima di esaminare in dettaglio la struttura della rete, è importante ricordare i tre cardini sui quali si fonda l'internet degli oggetti.

- *Intellectual Property Policy* Per garantire che gli standard dell'EPCglobal Network (EPCglobal, 2010b) siano assolutamente royalty-free, EPCglobal ha definito un'Intellectual Property Policy cui devono obbligatoriamente aderire tutte le aziende (utenti e fornitori di tecnologie) che partecipano ai gruppi di lavoro hardware e software e ai Business Action Group. Aderendo all'Intellectual Property Policy, le aziende si impegnano a non ostacolare la diffusione delle specifiche tecniche EPCglobal attraverso l'imposizione dell'acquisto di licenze; favorendo pertanto le aziende utenti, che possono beneficiare di standard globali e aperti.
- *Sicurezza* La struttura dell'EPCglobal Network è stata sviluppata per garantire un ambiente informativo sicuro sia all'interno sia all'esterno dell'azienda utente. Le funzionalità di sicurezza sono già previste nelle specifiche tecniche, al fine di conciliare l'esigenza degli utenti di proteggere informazioni confidenziali e la possibilità offerta dall'EPCglobal Network di scambiare e recuperare informazioni relative alle transazioni commerciali e agli oggetti movimentati nella supply chain.
- *Privacy* L'EPCglobal Public Policy Steering Committee (PPSC) è responsabile della stesura delle attuali linee guida sulla privacy per l'EPCglobal Network. Queste prevedono che ogni prodotto sul quale è apposto un tag EPC riporti il logo EPC sulla confezione per indicarne inequivocabilmente la presenza; che il consumatore venga informato delle modalità per procedere alla rimozione o disabilitazione dei tag presenti sui prodotti acquistati; che tutte le aziende utilizzatrici della tecnologia RFID comunichino attraverso una campagna di informazione le caratteristiche della tecnologia e i suoi benefici; che il tag EPC non registri dati personali ma soltanto i codici di identificazione dei prodotti, come già avviene con l'attuale codice a barre. L'EPCglobal PPSC continua a lavorare per aggiornare queste linee guida in conformità alle normative sulla privacy.

L'elemento fondamentale per l'implementazione di una soluzione RFID nella supply chain resta l'utilizzo di protocolli di interfaccia standard; EPCglobal garantisce a livello internazionale lo sviluppo e la manutenzione degli standard alla base di un sistema integrato RFID.

L'EPCglobal Architecture Framework definisce la struttura di tale sistema mediante la definizione di standard relativi a hardware, software e interfacce dati, che operano assieme ai servizi centrali che sono operati da EPCglobal e i suoi delegati ("EPCglobal Core Services"). L'intero sistema è volto alla realizzazione di un fine comune: migliorare la supply chain attraverso l'uso dei codici EPC; infatti gli abbonati di EPCglobal che interagiscono con EPC-global e usano l'uno con l'altro elementi dell'EPCglobal Architecture Framework creano ciò che è chiamata la EPCglobal Network.

Lo scambio fisico di un bene identificato tramite EPC determina a livello logico – attraverso lo standard EPCIS (EPC Information Services) – uno scambio di dati e informazioni correlati al bene, che ne incrementano la visibilità. Tale scambio avviene a livello informativo mediante una EPC Infrastructure, con la quale ogni sottoscrittore rende note le proprie operazioni al di fuori della propria azienda, creando così EPC per nuovi oggetti, dando loro un significato e raccogliendo tali informazioni in una banca dati comune.

La Fig. 1.10 illustra tutti gli aspetti di EPCglobal Architecture Framework; di seguito vengono analizzati nel dettaglio i ruoli e le interfacce mostrate nel diagramma.

- *RFID Tag*: possiede un codice EPC; può possedere un codice immutabile che fornisce informazioni sul prodotto, inclusa l'identità del fabbricante e il numero di serie del prodotto; può contenere dati di utente supplementari al codice EPC e avere ulteriori caratteristiche come funzioni di *lock*, *kill* e controllo di accesso.
- *EPC Tag Data Specification*: definisce la struttura complessiva dell'EPC, incluso il meccanismo per condividere schemi di codifica diversi (vedi par. 1.5.5).
- *Tag Protocol Interface*: definisce i comandi e le informazioni scambiati tra tag e reader RFID; attualmente il più diffuso in ambito UHF è il protocollo EPC Class 1 Generation 2 (vedi par. 1.5.2).
- *RFID Reader*: legge l'EPC dei tag RFID da una o più antenne e li riporta a un host; può offrire processi supplementari, come filtraggio di EPC e aggregazione di letture.
- *Reader Protocol*: permette la comunicazione tra reader RFID e host computer, definendo i comandi per inventariare, leggere e scrivere i tag, gestire le funzioni di *kill* e *lock*, controllare aspetti relativi alla radiofrequenza delle operazioni del lettore RFID, incluso il controllo dell'utilizzo dello spettro RF (vedi par. 1.5.3).
- *Filtering & Collection*: coordina le attività di uno o più lettori RFID che occupano lo stesso spazio fisico, riceve letture da uno o più lettori RFID, estrapola i processi in modo da ridurre il volume dei dati EPC, trasformando le letture grezze (*raw*) dei tag in un flusso di eventi più appropriato per la logica (per esempio filtrando classi di EPC non attesi, aggregando gli EPC letti in un intervallo di tempo specifico, contando gli EPC letti). Inoltre codifica i dati *raw* dei tag letti in rappresentazioni di URI (Uniform Resource Identifier) definite da EPC Tag Data Standard.
- *EPCIS Capturing Application*: riconosce il verificarsi di eventi di business relativi a rilevazioni di codici EPC e consegna le letture all'EPC Information Services (EPCIS).
- *EPCIS Capture Interface*: fornisce un percorso per comunicare gli eventi generati da EPCIS Capturing Application agli altri ruoli che li richiedono, incluso EPCIS Repository e EPCIS Accessing Applications sia interni sia di altri attori.
- *EPCIS Query Interface*: fornisce gli strumenti con cui una EPCIS Accessing Application richiede dati EPC a un EPCIS Repository o un EPCIS Capturing Application, e le modalità con le quali restituire il risultato; fornisce anche i mezzi per l'autenticazione reciproca delle due parti.

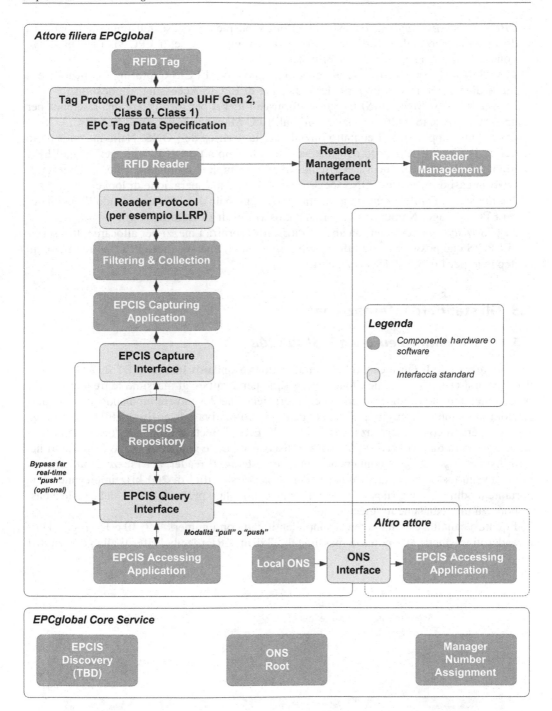

Fig. 1.10 Architettura della rete EPCglobal

– *EPCIS Accessing Application*: estrapola l'intero business process dell'impresa, proponendo in un cruscotto di facile consultazione i dati aggregati degli EPC visti nei processi, nonché indicatori sintetici di performance.
– *EPCIS Repository*: registra eventi generati da uno o più EPCIS Capturing Application e li rende disponibili in seguito a richieste da parte di EPCIS Accessing Application.
– *Object Name Service (ONS) Interface*: fornisce i mezzi per localizzare una referenza per un servizio EPCIS o altri servizi forniti dall'EPC Manager di uno specifico EPC.
– *ONS Root*: rappresenta il contatto iniziale per la verifica dell'ONS. Nella maggior parte dei casi esso delega il resto dell'operazione di lookup a un ONS locale gestito dall'EPC Manager che ha generato l'EPC richiesto; può adempiere completamente le richieste di ONS in casi dove non c'è ONS locale a cui delegare un'operazione di lookup.
– *Manager Number Assignment*: assicura l'unicità globale di EPC mantenendo l'unicità degli EPC Manager Number assegnati ai sottoscrittori di EPCglobal.
– *EPCIS Discovery Service* (non ancora ratificato): fornirà i mezzi per allocare tutti i servizi EPCIS che possono avere informazioni riguardanti uno specifico EPC, potrà offrire un deposito per i dati EPCIS selezionati.

1.5 Gli standard internazionali

1.5.1 La normativa europea ETSI 302 208

La normativa ETSI, European Telecommunications Standards Institute (ETSI, 2009), stabilisce le caratteristiche minime ritenute necessarie per sfruttare al massimo le frequenze a disposizione; non indica dunque tutte le caratteristiche che deve avere un dispositivo o le prestazioni massime raggiungibili. Sono soggetti alla normativa i dispositivi RFID *short-range device*, operanti con una potenza massima di 2 W ERP (Effective Radiated Power) nella banda di frequenza da 865 MHz a 868 MHz. I dispositivi, tag e reader, vengono considerati nel loro insieme, operanti congiuntamente come un sistema. Il reader, per mezzo di un'antenna integrata piuttosto che esterna, trasmette in 4 canali specifici di 200 kHz impiegando una portante modulata; il tag risponde con un segnale modulato preferibilmente nel canale a bassa potenza immediatamente precedente.

I quattro canali a elevata potenza sono identificati con i numeri 4, 7, 10 e 13 (Fig. 1.11) e il reader vi trasmette alla potenza massima di 33 dBm ERP (decibel riferiti alla potenza di 1

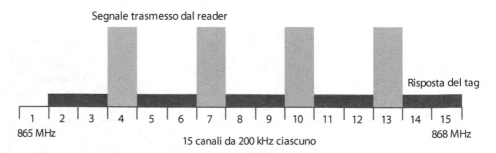

Fig. 1.11 Suddivisione della banda in canali

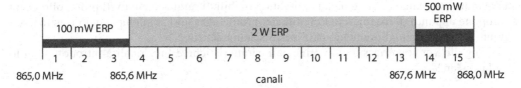

Fig. 1.12 Limiti di potenza trasmessa

milliwatt), equivalenti a 2 W ERP. La banda complessiva si estende da 865 MHz a 868 MHz, la larghezza di banda di ciascun canale è di 200 kHz e la frequenza centrale del canale a frequenza inferiore è di 865,7 MHz; i restanti tre canali sono equispaziati a intervalli di 600 kHz.

La Fig. 1.12 illustra la massima potenza ammissibile nell'intera banda a uso RFID da 865 MHz a 868 MHz.

Il reader può trasmettere in continuazione su un canale a elevata potenza per un periodo non superiore a 4 s, al termine del quale non può trasmettere sullo stesso canale prima che siano trascorsi almeno 100 ms. In alternativa il reader può sintonizzarsi su un altro canale a elevata potenza e continuare la trasmissione senza necessità di osservare la pausa, continuando il processo di salto tra i canali per un tempo indefinito.

Nella modalità *dense reader* il tag risponde sul canale inferiore adiacente a quello sul quale trasmette il reader, con il vantaggio di una separazione tra le frequenze impiegate dai reader e quelle impiegate dai tag, massimizzando le prestazioni dell'intero sistema e minimizzando la generazione di intermodulazioni.

Il reader deve supportare la modalità di lettura su trigger all'arrivo del prodotto taggato, mediante fotocellula o altro tipo di sensore; indipendentemente dall'applicazione che lo governa, il reader deve interrompere la trasmissione dopo 20 s dalla rilevazione dell'ultimo tag.

Il reader può anche operare nella modalità *presence sensing mode*, nella quale trasmette a intervalli regolari per individuare l'eventuale presenza di tag nel campo di lettura. La durata delle trasmissioni esplorative deve essere inferiore a 1 s con un intervallo di 100 ms; una volta che il reader ha rilevato dei tag, può iniziare la routine di lettura.

L'impiego della modalità LBT (*Listen Before Talk*) è opzionale; tale modalità prevede che il reader sondi il canale nel quale intende trasmettere per capire se questo è attualmente impiegato da un altro reader, in caso affermativo viene impiegato un altro canale. Prima di trasmettere, il reader deve quindi monitorare il canale selezionato per almeno 5 ms, con una sensibilità variabile in funzione della potenza trasmessa da –96 dBm ERP a –83 dBm ERP. Nel caso il reader rilevi un segnale, indicativo della presenza di un altro dispositivo operante nella stessa frequenza, deve ripetere la procedura monitorando il successivo canale a elevata potenza, finché non trova un canale libero.

1.5.2 Il protocollo EPC Class 1 Generation 2 e ISO 18000 – 6C

Il protocollo denominato EPCglobal Class1 Generation2 UHF Air Interface Protocol, o più comunemente Gen2, rilasciato da EPCglobal (EPCglobal, 2008; Motorola, 2007), rappresenta la naturale evoluzione del protocollo Gen1, che è stato il punto di riferimento per il mercato nascente del RFID.

Infatti, il protocollo Gen1 ha permesso ai produttori di hardware di realizzare e commercializzare i primi prodotti RFID, che dopo diversi test sul campo, in progetti di dimensioni anche notevoli, hanno rivelato alcune criticità possibili di miglioramento. Il protocollo Gen2 si propone appunto di raccogliere l'eredità del protocollo Gen1 implementando funzionalità aggiuntive volte al miglioramento dell'intero sistema RFID.

Di seguito vengono riassunte le principali caratteristiche e funzionalità introdotte con lo standard Gen2.

- *Standard internazionale* Il protocollo Gen2 definito da EPCglobal rappresenta il punto di convergenza degli standard EPC e ISO, essendo stato recepito nella normativa ISO 18000-6C. In passato le due organizzazioni avevano promosso i propri standard, come i protocolli EPC Gen1 e ISO 18000-6B, senza unificarli.
- *Dense-reader mode* Le modalità con le quali un lettore RFID può operare sono diverse, a seconda dell'ambiente nel quale viene inserito. La modalità Single-reader massimizza le prestazioni di lettura di un singolo lettore RFID nei confronti di una popolazione di tag, comportando però notevoli interferenze reciproche qualora più reader si trovassero a operare contemporaneamente con questa modalità in aree contigue. Poiché tutti i lettori devono necessariamente condividere la stessa banda complessiva di frequenza regolamentata dalle normative vigenti (ETSI per l'Europa), la modalità Dense-reader permette di massimizzare le performance di un sistema RFID composto da più lettori attivi simultaneamente in aree adiacenti, minimizzando le interferenze reciproche. Tale obiettivo viene raggiunto suddividendo la banda disponibile in diversi canali, alcuni dei quali sono riservati ai reader per trasmettere e altri ai tag per rispondere, evitando così la sovrapposizione dei segnali di reader e tag.
- *Velocità di lettura* Mentre il protocollo Gen1 prevede una velocità massima di trasferimento dati in lettura e interrogazione tra tag e reader di 140 kbps, il protocollo Gen2 permette di scambiare dati a 640 kbps. Anche in scrittura le prestazioni migliorano, con un tempo medio di scrittura tag in condizioni normali inferiore ai 20 ms.
- *Differenti codifiche* Lo standard Gen2 prevede che il reader possa cambiare al volo la codifica impiegata nella comunicazione con il tag, scegliendo tra le codifiche FM0 e Miller la migliore in base allo scenario nel quale opera. La codifica FM0 rappresenta la prima scelta per l'elevata velocità di scambio dati, ma presenta dei limiti in ambienti rumorosi dal punto di vista della radiofrequenza e non è compatibile con la modalità *dense reader*. Al contrario, la codifica Miller con sottoportante, seppure più lenta, consente di veicolare la risposta del tag in maniera più "robusta" su una sottoportante RF, e rappresenta pertanto la scelta ottimale in ambienti rumorosi oppure nella modalità *dense reader*.
- *Aumento della memoria del tag e del livello di sicurezza* La memoria di un tag Gen2 è suddivisa in quattro banchi (EPC code, Tag ID, Password e User Memory opzionale), ognuno dei quali può essere individualmente protetto da password in modalità reversibile o permanentemente, al fine di evitarne la sovrascrittura e/o l'accesso. Le funzioni di *lock* (protezione di un'area di memoria) e di *kill* (disattivazione permanente del tag) sono accessibili mediante password a 32 bit, con un livello di sicurezza più elevato rispetto allo standard Gen1. Inoltre le operazioni di invio password e di scrittura sul tag sono cifrate mediante mascheratura, rendendo quindi inutile l'intercettazione della comunicazione.
- *Codifica delle informazioni del tag* Al fine di singolarizzare ciascun tag per iniziare la comunicazione, il protocollo Gen1 prevede che il reader trasmetta interamente l'EPC code a 96 bit del tag. Invece con l'algoritmo Q, previsto dal protocollo Gen2, non è necessario inviare l'EPC code per instaurare la comunicazione individuale tra reader e tag, poiché questa avviene mediante l'assunzione e l'invio di due numeri casuali a 16 bit da parte del tag, a vantaggio della sicurezza e dell'immunità ai disturbi della comunicazione.

– *Sessioni e simmetria AB* Una popolazione di tag può essere letta da diversi reader operanti contemporaneamente fianco a fianco grazie alle diverse sessioni (da S0 a S3) nelle quali ciascun tag può essere inventariato da un reader, evitando le reciproche interferenze. Così, per esempio, un reader fisso e uno mobile possono inventariare la stessa popolazione di tag senza interferire reciprocamente, operando il primo sulla sessione S0 e il secondo sulla sessione S2. Nel protocollo Gen1 il reader, dopo avere inventariato un tag, lo pone in uno stato di *sleep* per evitare che interferisca con il prosieguo dell'inventario dei tag non ancora letti. Tale operazione però ne impedisce l'immediata lettura da parte di un altro lettore. Nel protocollo Gen2, al contrario, un reader inventaria tutti i tag che, nella propria sessione, si trovano in un determinato stato (per esempio, A), e man mano che li inventaria ne cambia lo stato (da A a B). Al successivo ciclo di lettura il reader inventaria tutti i tag che hanno stato B, portandoli nello stato A. Questo meccanismo fa sì che ogni tag sia perfettamente autonomo nei confronti di ciascun reader, massimizzando le prestazioni.

– *Miglioramento della verifica del tag* Al fine di minimizzare le *ghost reads*, ovvero le letture spurie di tag inesistenti derivanti da un'errata interpretazione del rumore RF di fondo, il protocollo Gen2 prevede diversi meccanismi di validazione del tag. In particolare, vengono valutati il tempo di risposta del tag, che deve essere compreso in un determinato intervallo, e le stringhe di bit ricevute dal reader (costituite da: preambolo che apre la comunicazione, codice EPC e codice di ridondanza ciclico) che devono essere valide in termini sia di lunghezza sia di contenuto.

1.5.3 Il Low Level Reader Protocol LLRP 1.0.1

Il Low Level Reader Protocol (LLRP) (EPCglobal, 2010a) ha lo scopo di stabilire un'interfaccia comune di comunicazione a basso livello, e indipendente dall'interfaccia fisica di collegamento, tra il Middleware RFID e il dispositivo fisico di lettura, ovvero il reader. Generalmente un reader RFID è un dispositivo di rete dotato, come un normale personal computer, di un proprio indirizzo IP, che gli permette di comunicare con altri dispositivi all'interno della rete nella quale opera.

Il documento definisce un set di comandi standard che il Middleware RFID, o più genericamente un software di controllo, deve inviare al reader per impostarne i parametri di funzionamento e ottenerne i dati dei tag letti, come illustrato nella Fig. 1.13. Tale interfaccia implementa funzionalità volte a perseguire i seguenti obiettivi:

– fornire un mezzo per pilotare un reader RFID per inventariare i tag (sia nel formato EPC sia nel formato non-EPC), per scrivere i tag, per eseguire le funzioni di *lock* e *kill*, nonché altri comandi specifici del protocollo Gen2;
– permettere il monitoraggio costante dello stato del dispositivo e una gestione precisa e puntuale dei possibili codici di errore;
– inviare al reader in modalità standard le password necessarie per l'esecuzione dei comandi di *lock* e *kill*;
– controllare la comunicazione RF tra reader e tag, al fine di gestire la potenza RF emessa dal reader e l'utilizzo della banda disponibile, evitando interferenze reciproche in una configurazione *dense reader*;
– controllare il protocollo di comunicazione tra reader e tag e i parametri associati;
– facilitare l'identificazione di un reader e recuperare le funzionalità supportate;
– rendere intercambiabili a livello hardware i device RFID prodotti da diversi vendor.

Fig. 1.13 Rappresentazione funzionale del-
l'interfaccia LLRP

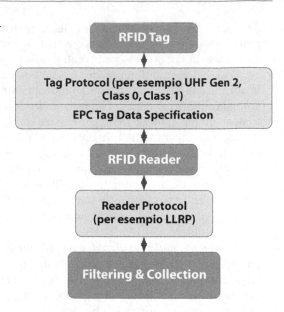

1.5.4 Gli standard EPC Information Services EPCIS 1.0.1

L'obiettivo dell'EPCglobal Network è garantire la tracciabilità e la rintracciabilità dei prodotti e delle merci dotate di tag EPC movimentate lungo la supply chain (EPCglobal, 2007).
Poiché l'infrastruttura di rete non può essere vincolata alla particolare tecnologia impiegata,
sono stati sviluppati degli standard aventi lo scopo di facilitare lo scambio di informazioni e
merci nella supply chain, facilitare lo sviluppo di un mercato aperto e competitivo per tutte
le componenti del sistema e incoraggiare l'innovazione.

Il network definito si compone di cinque elementi principali, descritti nel seguito.

- *EPC*: rappresenta il codice numerico universale utilizzato per identificare mediante tecnologia RFID gli oggetti che si muovono lungo una supply chain.
- *ID System*: rappresenta il sistema di identificazione, basato sui dispositivi fisici: i tag applicati agli oggetti movimentati nella filiera (pallet, colli ecc.) letti mediante reader RFID
  (fissi o portatili).
- *Middleware*: è un elemento che funge da trait d'union tra i device fisici di basso livello
  (hardware) e la human interface di alto livello (software). Il *Middleware* ha dunque un
  ruolo basilare nell'integrazione di questi due livelli. Permette di ricevere le segnalazioni
  RFID dai lettori distribuiti nella supply chain, controllare le informazioni ricevute (filtrare dati, eliminare i duplicati ecc.), memorizzare le informazioni sul database aziendale ed
  elaborare le informazioni ricevute.
- *Discovery Services* (DS) e *Object Naming Service* (ONS): l'ONS, che fa parte a sua volta dei Discovery Service, agisce in maniera analoga a un DNS (Domain Name System),
  indirizzando i sistemi informatici al fine di localizzare in rete le informazioni relative a
  un oggetto cui è associato un particolare EPC.
- *EPCIS*: rappresenta l'insieme delle risorse informative che si occupano della registrazione delle informazioni relative agli oggetti associati a un EPC e che rendono possibile la

condivisione di queste informazioni tra gli attori della supply chain attraverso l'EPCglobal Network.

• EPCglobal ha sviluppato lo standard EPCIS in modo da fornire agli utilizzatori di una filiera basata sulla tecnologia RFID un sistema per standardizzare e uniformare i dati e il loro scambio tra i diversi attori della supply chain. Lo standard EPCIS prevede cinque tipi principali di eventi (*event type*), ciascuno dei quali rappresenta particolari informazioni EPCIS. Tali informazioni sono solitamente generate da una EPCIS Capturing Application. I cinque eventi sono

   – *EPCIS event*: generica classe di base per tutti i tipi di eventi;
   – *object event*: rappresenta un evento accaduto a uno o più oggetti denotati da un codice EPC;
   – *aggregation event*: rappresenta un evento accaduto a uno o più oggetti, denotati da un codice EPC, fisicamente aggregati tra loro;
   – *quantity event*: rappresenta un evento riferito a una quantità di oggetti che condividono una classe EPC comune, in cui le identità individuali dei singoli oggetti non sono specificate;
   – *transaction event*: rappresenta un evento in cui uno o più oggetti denotati da un codice EPC vengono associati o dissociati con una o più transazioni aziendali identificate.

Ciascun evento (a esclusione del generico EPCIS event) ha dei campi che rappresentano quattro dimensioni chiave di ogni evento EPCIS, corrispondenti alle quattro W (*what*, gli oggetti o altre entità soggette all'evento; *when*, la data e l'ora; *where*, la locazione dell'evento; *why*, il contesto di business).

La dimensione "what" varia a seconda del tipo di evento, mentre le dimensioni "where" e "why" presentano due aspetti: uno "prospettivo" e uno "retrospettivo", rappresentati da differenti campi. In aggiunta ai campi delle quattro dimensioni principali, gli eventi possono portare ulteriori informazioni descrittive in campi aggiuntivi. Lo standard EPCIS riporta un solo campo descrittivo, *bizTransactionList*, che indica il particolare contesto aziendale all'interno del quale si è verificato l'evento.

Lo standard EPCIS definisce le tipologie di dati da inserire nei campi delle diverse tabelle, nonché le specifiche sintattiche da adottare per il loro inserimento.

– *Primitive*: le tipologie di primitive descritte dallo standard sono tre: *int* (definisce un numero intero), *time* (denota una timestamp che restituisce una data e un'ora in una precisa timezone) ed EPC (indica un EPC).
– *Dati di tipo Action*: esprimono la relazione tra l'evento e il ciclo di vita dell'entità descritta. Tale campo può assumere soltanto tre precisi valori: *add* (l'entità in questione è stata creata o aggiunta), *observe* (l'entità in questione non ha subito mutamenti; non è stata né creata, né aggiunta, né distrutta o rimossa), *delete* (l'entità in questione è stata rimossa o distrutta).
– *Dati di tipo Location*: *ReadPointID* (è un luogo fisico in cui si registra il più specifico evento di tipo EPCIS, ed è determinato dalla EPCIS Capturing Application); *BusinessLocationID* (è definita in modo univoco e rappresenta il luogo in cui si succedono una serie di eventi EPCIS finché non si passa a una Business Location successiva).
– *Dati legati al reader*: *PhisicalReaderID* (reader inteso in quanto unità fisica); *LogicalReaderID* (reader inteso come unità logica, in quanto il singolo varco può essere attrezzato con uno o più reader fisici).
– *BusinessStep*: denota uno step all'interno di un processo di business. Un esempio può essere un identificativo che indica lo *shipping* o il *receiving*. Pertanto il campo BusinessStep specifica il contesto in cui ha avuto luogo un evento, rispondendo alla domanda: quale processo aveva luogo nel momento in cui è stato catturato l'evento?

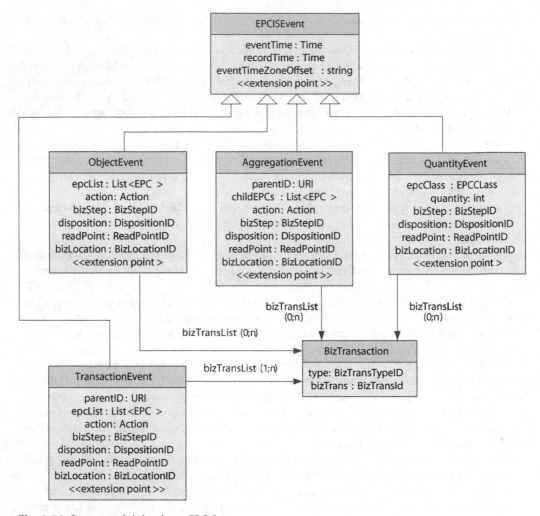

Fig. 1.14 Struttura del database EPCIS

- *Disposition*: denota lo stato di un oggetto, per esempio *in stock* o *sold*; specifica pertanto la condizione, successiva all'evento, degli oggetti coinvolti nell'evento.
- *BusinessTransaction*: identifica una particolare transazione (Business Transaction), per esempio una bolla d'ordine, ed è costituita da una coppia di identificatori: BusinessTransactionTypeID, che denota la specifica tipologia di transazione (per esempio un ordine d'acquisto) e BusinessTransactionID, che identifica la singola transazione.

1.5.5 EPC Tag Data Standard 1.4

Il documento definisce sette tipologie di identità EPC, derivate direttamente dal sistema EAN.UCC (EPCglobal, 2010c; Kleist, et al., 2004). Il sistema dei codici EAN.UCC prevede una struttura comune, caratterizzata da un numero fisso di cifre decimali che codificano l'identità, più una cifra addizionale di controllo (*check digit*), calcolata mediante un algoritmo applicato alle altre cifre. Le cifre che codificano l'identità sono suddivise in due campi: il *Company Prefix* assegnato all'azienda e un campo generico, il cui nome varia a seconda del tipo di identità che si sta taggando (per esempio Item Reference, Serial Reference, Location Reference ecc.). La suddivisione tra Company Prefix e i rimanenti campi tradotti in forma binaria è implicita nella struttura degli EPC, perciò la traduzione di un tradizionale codice EAN.UCC in un EPC presuppone la conoscenza della lunghezza del campo Company Prefix. Il check digit non è compreso negli EPC, perciò quando questi vengono convertiti in una tradizionale forma decimale deve essere ricalcolato.

Gli standard EPCglobal Network forniscono la struttura e il formato dei codici identificativi EPC (data standard) e i meccanismi attraverso i quali le informazioni vengono scambiate (information exchange). Gli standard EPCglobal definiscono le interfacce tra i componenti della rete garantendo l'interoperabilità delle componenti hardware e software prodotte dai diversi fornitori di tecnologie o sviluppate internamente alle aziende utenti, in modo tale che gli utilizzatori siano in grado di scegliere liberamente come implementare i sistemi informativi. Sono stati creati con l'obiettivo di facilitare lo scambio di informazioni e merci nella supply chain indispensabile per poter comunicare usando formati standard condivisi.

L'EPC è uno schema per l'identificazione univoca di oggetti fisici attraverso tag RFID e altri strumenti. I dati standard EPC sono costituiti da un EPC Identifier, che identifica univocamente un singolo oggetto, e da un Filter Value per l'efficace ed efficiente lettura del tag. Gli standard EPC definiscono la lunghezza e l'esatta posizione di questi dati, senza definirne il contenuto. L'EPC Identifier è uno schema di codifica progettato per supportare i bisogni di vari settori industriali, utilizzando codifiche esistenti e creandone, ove necessario, delle nuove. Lo standard EPC prevede un sistema di numerazione a 96 bit o 64 bit. Per evidenziare la potenza degli standard EPC, si pensi per esempio che la codifica delle informazioni a 96 bit fornisce un unico numero identificativo a 268 milioni di aziende, ognuna delle quali ha a disposizione 16 milioni di categorie e 68 miliardi di numeri seriali per ciascuna categoria di prodotto. EPCglobal ha stabilito gli standard di identificazione per la memorizzazione dei dati all'interno dei tag, definendo una tipologia generica più sette tipologie particolari di identità EPC codificabili:

– GID: General IDentifier per unità generiche;
– SGTIN: Serialized Global Trade Item Number per le unità consumatore;
– SSCC: Serial Shipping Container Code per le unità logistiche;
– SGLN: Serialized Global Location Number per le entità fisiche, giuridiche e funzionali;
– GRAI: Global Returnable Asset Identifier per i beni a rendere;
– GIAI: Global Individual Asset Identifier per i beni individuali;
– GSRN: Global Service Relation Number per gli individui;
– GDTI: Global Document Type Identifier per i documenti.

I codici più comunemente impiegati in ambito logistico sono SGTIN e SSCC, che sono pertanto esaminati in dettaglio di seguito.

1.5.5.1 Serialized Global Trade Item Number (SGTIN)

Il Serialized Global Trade Item Number è un modello identificativo basato sul Global Trade Item Number (GTIN) definito da EAN.UCC. Di per se stesso, un GTIN non è compatibile con la codifica EPC, poiché non identifica in maniera univoca un singolo oggetto fisico, ma una determinata classe di oggetti, come un particolare tipo di prodotto. Per creare una codifica

Tabella 1.3 Schema di codifica di un codice SGTIN

	Header	Filter	Partition	Company prefix	Item reference	Serial number
Numero bit	8	3	3	$20 - 40$	$24 - 4$	38
Valori	00110000_b	vedi Tabella 1.4	vedi Tabella 1.5	$10^6 - 10^{12}$ (*)	$10^7 - 10^1$ (*)	256×10^9 (*)

(*) Massimo valore decimale.

Tabella 1.4 Valori del parametro filter

Tipo di unità logistica	Valore del parametro Filter
Tutti gli altri casi	000_b
Unità di vendita	001_b
Colli destinati al trasporto	010_b
Riservato	011_b
Prodotti interni all'unità di vendita raggruppati per le movimentazioni	100_b
Riservato	101_b
Unità di carico	110_b
Componenti interni all'unità di vendita non destinati a essere venduti singolarmente	111_b

univoca, al GTIN viene aggiunto un numero seriale. La combinazione del GTIN e del numero seriale costituisce il codice SGTIN, costituito dalle seguenti partizioni (Tabella 1.3).

- *Header*: è composto da 8 bits e ha valore 00110000.
- *Filter Value*: non fa parte del GTIN o dell'EPC Identifier, ma è utilizzato per filtrare velocemente le diverse tipologie di unità logistiche (Tabella 1.4).
- *Partition*: indica il numero di bit assegnati al Company Prefix e quelli assegnati all'Item Reference. Tale organizzazione numerica corrisponde alla struttura dell'EAN.UCC GTIN, nella quale il Company Prefix e l'Item Reference totalizzano 13 digits. I valori disponibili per il campo Partition sono illustrati nella Tabella 1.5.

Tabella 1.5 Valori del parametro partition

Valore del parametro Partition	Company prefix		Item reference & Indicator digit	
	bit	cifre	bit	cifre
0	40	12	4	1
1	37	11	7	2
2	34	10	10	3
3	30	9	14	4
4	27	8	17	5
5	24	7	20	6
6	20	6	24	7

- *Company Prefix*: assegnato da GS1 all'azienda, è lo stesso Company Prefix di un GTIN.
- *Item Reference*: è assegnato a una determinata classe di oggetti e viene derivato dal GTIN concatenando le cifre dell'Indicator Digit del GTIN e le cifre dell'Item Reference; il risultato viene trattato come un singolo intero.
- *Serial Number*: assegnato dall'azienda al singolo oggetto, non è parte del GTIN ma è formalmente parte del SGTIN.

1.5.5.2 Serial Shipping Container Code (SSCC)

Il Serial Shipping Container Code viene definito dalle specifiche EAN.UCC, ed è già predisposto all'identificazione univoca di oggetti essendo già dotato di codice seriale. Il SSCC è formato dalle seguenti partizioni (Tabella 1.6).

- *Header*: è composto da 8 bits e ha valore 00110001.
- *Filter Value*: non fa parte del GTIN o dell'EPC Identifier, ma è utilizzato per filtrare velocemente le diverse tipologie di unità logistiche (Tabella 1.7).
- *Partition*: indica il numero di bit assegnati al Company Prefix e quelli assegnati al Serial Reference. Tale organizzazione numerica corrisponde alla struttura del SSCC di EAN.UCC, nella quale il Company Prefix e il Serial Reference totalizzano 17 digits. I valori disponibili per il campo Partition sono illustrati nella Tabella 1.8.
- *Company Prefix*: assegnato da GS1 all'azienda. Il Company Prefix è lo stesso di un SSCC decimale.
- *Serial Reference*: viene assegnato in modo univoco dall'azienda a una determinata unità logistica. Per essere conforme agli standard EPC, il Serial Reference è ottenuto concatenando

Tabella 1.6 Schema di codifica di un codice SSCC

	Header	Filter	Partition	Company prefix	Serial reference	Non allocato
Numero bit	8	3	3	20 – 40	38 – 18	24
Valori	00110001_b	Vedi Tabella 1.7	Vedi Tabella 1.8	$10^6 - 10^{12}$ (*)	$10^{11} - 10^5$ (*)	Non usato

(*) Massimo valore decimale.

Tabella1.7 Valori del parametro filter

Tipo di unità logistica	Valore del parametro Filter
Tutti gli altri casi	000_b
Riservato	001_b
Colli destinati al trasporto	010_b
Riservato	011_b
Riservato	100_b
Riservato	101_b
Unità di carico	110_b
Riservato	111_b

Tabella 1.8 Valori del parametro partition

Valore del parametro Partition	Company prefix		Serial reference & Indicator digit	
	bit	cifre	bit	cifre
0	40	12	18	5
1	37	11	21	6
2	34	10	24	7
3	30	9	28	8
4	27	8	31	9
5	24	7	34	10
6	20	6	38	11

le cifre dell'*Extension Digit* e del Serial Reference del SSCC di EAN.UCC, e trattando il risultato ottenuto come un singolo intero.

– *Non allocato*: è inutilizzato. Questo campo deve contenere un numero di zeri pari a quelli necessari per essere conforme alle specifiche.

Bibliografia

EPCglobal (2007) EPC Information Services (EPCIS), Version 1.0.1 specification. http://www.gs1.org/gsmp/kc/epcglobal/epcis/epcis_1_0_1-standard-20070921.pdf

EPCglobal (2008) EPC Radio-Frequency Identity Protocols Class-1 Generation-2 UHF RFID Protocol for Communications at 860 MHz – 960 MHz, Version 1.2.0. http://www.gs1.org/gsmp/kc/epcglobal/uhfc1g2/uhfc1g2_1_2_0-standard-20080511.pdf

EPCglobal (2010a) Low Level Reader Protocol (LLRP), Version 1.1. http://www.gs1.org/gsmp/kc/epcglobal/llrp/llrp_1_1-standard-20101013.pdf

EPCglobal (2010b) The EPCglobal Architecture Framework, Version 1.4. http://www.gs1.org/gsmp/kc/epcglobal/architecture/architecture_1_4-framework-20101215.pdf

EPCglobal (2010c) EPCglobal Tag Data Standards, Version 1.5. http://www.gs1.org/gsmp/kc/epcglobal/tds/tds_1_5-standard-20100818.pdf

ETSI (2009) ETSI EN 302 208-1 V1.3.1: Electromagnetic compatibility and Radio spectrum Matters (ERM); Radio Frequency Identification Equipment operating in the band 865 MHz to 868 MHz with power levels up to 2 W; Part 1: Technical requirements and methods of measurement. http://www.etsi.org/deliver/etsi_en/302200_302299/30220801/01.03.01_20/en_30220801v010301c.pdf

Finkenzeller K (2003) RFID Handbook, 2nd edn. John Wiley & Sons

Impinj Inc (2010) Monza 3 Tag Chip Datasheet, Rev 3.0. http://www.impinj.com/WorkArea/linkit.aspx?LinkIdentifier=id&ItemID=4157

Kleist RA, Chapman TA, Sakai DA, Jarvis BS (2004) RFID Labeling, 2nd edn. Banta Book Group

Mojix Inc (2008) Mojix STAR 1000: System overview and specifications

Motorola (2007) Understanding Gen 2: what it is, how you will benefit and criteria for vendor assessment. Motorola white paper, Part number WP-GEN2RFID

Organic Electronics Association (2007) Organic Electronics, 2nd edn

RFID Journal (2007) New Battery Could Drive Semi-active RFID Growth. http://www.rfidjournal.com/article/view/6781

Talone P, Russo G (2008) RFID: Tecnologia e applicazioni, fondamenti delle tecniche e cenni sulle applicazioni di una tecnologia silenziosamente pervasiva. Fondazione Ugo Bordoni

UPM Raflatac (2008) UPM Dogbone Wet Inlay product specifications, Version 1.0

Capitolo 2
Introduzione alla logistica
e al supply chain management

2.1 Introduzione

Questo capitolo fornisce alcuni concetti basilari necessari per la comprensione degli argomenti affrontati nel prosieguo della trattazione. Dopo un'introduzione alle principali tematiche di logistica e supply chain management, viene presentato il concetto di costo totale logistico, con le relative componenti, rappresentate dai costi delle singole attività logistiche. Sono quindi descritti gli imballaggi e le relative modalità di identificazione. Il capitolo fornisce, infine, una panoramica delle tematiche discusse nel resto del volume, accennando al ruolo della tecnologia RFID nella risoluzione delle problematiche di natura logistica affrontate nei capitoli successivi.

2.2 Logistica e supply chain management

2.2.1 Le attività logistiche

La logistica è una funzione aziendale preposta allo svolgimento di una serie di attività, quali:

- trasporto;
- movimentazione;
- stoccaggio;
- gestione scorte;
- produzione;
- gestione delle informazioni.

La prima attività che rientra tra quelle di pertinenza della logistica è il *trasporto*, che rappresenta il processo mediante il quale i beni vengono spostati da un luogo all'altro all'interno di un sistema logistico. Si tratta di un trasferimento in senso spaziale, poiché il luogo fisico di origine e quello di destinazione non coincidono. Il trasporto genera valore aggiunto tramite la variazione dell'ubicazione fisica di un prodotto (*place utility*). L'attività di trasporto può essere eseguita impiegando diverse tipologie di modalità e mezzi, ciascuna delle quali comporta costi diversi e ha un impatto diverso in termini di efficienza e prestazioni del sistema. Tra le modalità di trasporto si distinguono: strada, ferrovia, mare, vie interne navigabili, trasporto aereo, condotte e trasporto intermodale, intendendo con quest'ultimo un trasporto di unità di carico che avviene tramite la combinazione di due o più modalità di trasporto.

A seconda della modalità di trasporto utilizzata, variano non solo i mezzi di trasporto, le attrezzature ausiliarie e il tipo di infrastrutture di nodo o di rete utilizzate, ma soprattutto i costi di trasporto e il livello di servizio generato. Infatti, l'attività di trasporto genera, oltre a una place utility, anche una *time utility*, nel senso che il trasferimento deve essere effettuato in modo da ridurre possibilmente i *lead time* di approvvigionamento, e deve comunque rendere disponibile il prodotto nel luogo richiesto ma soprattutto quando richiesto. In linea generale, la scelta della modalità di trasporto deve quindi combinare esigenze antitetiche di massimizzazione del servizio al minimo costo, tenendo conto anche di eventuali vincoli tecnici (quali distanza del collegamento, tipologia di merce da movimentare, infrastrutture disponibili), economici (disponibilità finanziarie) o aspetti ambientali che possano favorire la scelta di una modalità rispetto a un'altra. Per esempio, un'azienda che effettua corrispondenza e basa la propria strategia competitiva sul tempo di consegna dovrebbe avvalersi per i propri trasporti di un corriere espresso, garantendo un'elevata puntualità e rapidità di consegna. Per le elevate prestazioni che fornisce, il costo di tale soluzione è altrettanto elevato, ma è molto probabile che i clienti finali cui l'azienda si rivolge siano disposti a riconoscere per tale livello di servizio un prezzo più alto; per contro, un'azienda che basa la propria strategia competitiva sul prezzo del prodotto finale dovrebbe optare per una modalità di trasporto meno rapida ma più economica, ottenendo una maggiore efficienza del canale logistico, benché il livello di servizio fornito al cliente possa peggiorare.

Un'attività affine al trasporto è la *movimentazione*, cioè il trasferimento di merce all'interno della stessa ubicazione della filiera, come la movimentazione di semilavorati tra i reparti produttivi di un'azienda, o il "versamento" dei prodotti finiti da una linea di produzione verso il magazzino. L'attività di movimentazione materiali (*material handling*) ha l'obiettivo di rendere disponibile la giusta quantità di materiale nel posto giusto all'interno di un sistema logistico, rispettandone le condizioni e minimizzando il costo complessivo della movimentazione.

Un'ulteriore attività di pertinenza della funzione logistica è quella di *immagazzinamento e stoccaggio* delle merci. Tramite le funzioni di immagazzinamento e stoccaggio la logistica genera valore attraverso una *time utility*, consistente nello sfasamento tra flussi in ingresso e flussi in uscita da un anello del sistema. Grazie a tale sfasamento, le merci vengono rese disponibili nell'esatto momento in cui vengono richieste per l'utilizzo o il consumo, svincolandole dal relativo approvvigionamento. Per esempio, tramite lo stoccaggio è possibile anticipare la produzione di un bene prima che si verifichi la domanda, in modo da avere il prodotto disponibile quando verrà richiesto.

Accanto all'attività di immagazzinamento e stoccaggio, la logistica svolge anche una funzione di *gestione delle scorte*, normalmente indicata con l'espressione *inventory management*. L'attività di inventory management concerne la gestione delle giacenze dei prodotti all'interno di un sistema logistico e la definizione delle relative politiche di approvvigionamento. Attraverso l'inventory management, la logistica genera valore in termini economici, in particolare minimizzando le voci di costo connesse alle scorte (par. 2.2.2). Si precisa che all'interno di un sistema logistico possono essere presenti diversi tipi di scorte; i principali sono la *scorta di ciclo*, che è determinata in base alla politica di gestione scorte adottata e serve a far fronte alla domanda in attesa di un nuovo rifornimento di prodotti, e la *scorta di sicurezza*, che serve a cautelarsi nei confronti di errori o stocasticità nei rifornimenti o nella stima della domanda. La gestione delle scorte ha, quindi, un impatto diretto sul verificarsi di una rottura di stock (*stock-out* o *out-of-stock*), in seguito alla mancanza di prodotto richiesto presso uno degli attori. Allo stesso tempo, scorte elevate implicano un elevato costo di mantenimento e rischi di obsolescenza, con relativo deprezzamento del prodotto (*markdown*). Una corretta gestione delle scorte deve quindi avere come obiettivo quello di ottimizzare le diverse componenti di costo a esse connesse, quali stock-out e perdita di ordini, mantenimento, deprezzamento, costi amministrativi di emissione dell'ordine.

Infine, rientrano nelle attività logistiche, seppure in senso lato, i processi produttivi, siano essi di fabbricazione o montaggio. In questo caso il valore aggiunto generato dall'attività consiste nella trasformazione dei componenti o delle materie prime in prodotti finiti.

È inoltre riconducibile alla funzione logistica una serie di processi complementari alle attività principali fin qui descritte. Tali processi sono relativi alla raccolta e, soprattutto, alla gestione e all'elaborazione delle informazioni a supporto delle attività logistiche illustrate. Benché di pertinenza non solo logistica, il processo di raccolta e analisi delle informazioni è particolarmente rilevante per la funzione logistica, in quanto la disponibilità di informazioni selettive, puntuali e accurate sui flussi fisici di prodotto assicura la corretta gestione delle attività logistiche propriamente dette. La gestione delle informazioni genera valore aggiunto, per esempio, fornendo una precisa conoscenza circa la posizione di un prodotto nel sistema logistico, lo stato del processo di fabbricazione, la domanda di prodotti finiti da parte del mercato o le quantità ordinate di un prodotto. Per esempio, le informazioni ricavabili da un'adeguata attività di raccolta ed elaborazione dati permettono al responsabile della logistica di coordinare i flussi di prodotti tra i diversi elementi del sistema logistico.

L'utilizzo del termine "flusso" in riferimento alla logistica non è casuale, in quanto per rappresentare l'insieme delle attività logistiche si ricorre spesso al concetto di "flusso". Il termine evidenzia come il compito della funzione logistica sia assimilabile a quello degli elementi di una tubazione, quali tubi e valvole (che rappresentano le attività di trasporto e movimentazione), serbatoi polmone (immagazzinamento e stoccaggio), sistemi di controllo (gestione delle scorte e flussi delle informazioni). Tali elementi guidano e regolano il flusso di beni da un luogo fisico di origine delle materie prime e dei componenti a un altro dove i prodotti finiti devono essere resi disponibili. L'insieme delle attività logistiche connesse al flusso prevalente dei materiali e delle informazioni all'interno dell'azienda è riportato in Fig. 2.1. Oltre a quelli rappresentati in figura, vi sono flussi informativi che si muovono dai fornitori verso i clienti finali, e flussi di materiali – quali imballaggi e dismessi – che percorrono a ritroso il sistema.

La domanda D di prodotto da parte del mercato soddisfatta dal sistema logistico, espressa per esempio in unità/gg, rappresenta il flusso di prodotto che attraversa il sistema. Il flusso è quindi tanto più elevato quanto maggiore è la domanda soddisfatta dal sistema e quindi il fatturato del sistema medesimo (par. 2.2.4).

Un parametro particolarmente rilevante rispetto al flusso logistico è il tempo di attraversamento (TA) o *supply chain lead time*. TA rappresenta il tempo complessivo che un item

Fig. 2.1 Esempi di flussi di un sistema logistico

impiega a percorrere la pipeline logistica, da quando vi entra sotto forma di materia prima a quando ne esce per essere venduto al cliente finale sotto forma di prodotto finito. Il tempo di attraversamento è ovviamente proporzionale alla lunghezza della "tubazione" interessata al flusso logistico, e inversamente proporzionale alla velocità di attraversamento della stessa. Fissata la lunghezza del sistema, il tempo di attraversamento e la velocità sono quindi in corrispondenza biunivoca.

Se si indica con *I* la quantità totale di scorte presente nel sistema, espressa in unità di prodotto coerenti con *D*, il rapporto *I/D* consente di stimare il tempo di attraversamento:

$$TA = \frac{I}{D} [unità]$$

Un sistema che soddisfa una domanda di 500 unità/gg e che ha scorte per 1500 unità di prodotto, ha tempi di attraversamento di 3 gg. Il prodotto si muove quindi con una velocità di 0,333 $[gg^{-1}]$.

La semplice relazione permette di osservare come, a parità di flusso logistico e quindi di domanda finale soddisfatta dal sistema, il tempo di attraversamento è tanto più piccolo quanto più basse sono le scorte nel sistema. In altri termini, un sistema caratterizzato da bassi tempi di attraversamento è anche in grado di rispondere a una medesima domanda *D* da parte del mercato con livelli di scorte più bassi, e quindi minori costi. Occorre, infatti, evidenziare, come si analizzerà meglio nel seguito, che le scorte nel sistema logistico rappresentano un costo per il sistema stesso, in termini sia di capitale immobilizzato sia di potenziale deprezzamento (par. 2.2.2). Quest'ultimo aspetto è particolarmente rilevante per prodotti alimentari deperibili o stagionali, o per prodotti soggetti a obsolescenza tecnologica/di mercato, quali elettronica e abbigliamento. In conclusione, a parità di domanda soddisfatta e quindi di flusso logistico, per ridurre i costi connessi con le scorte presenti nella pipeline logistica è necessario ridurre i tempi di attraversamento, e quindi aumentare la velocità con la quale il prodotto si muove nel sistema.

La disponibilità di informazioni a basso costo, accurate, puntuali e selettive relative ai flussi fisici di prodotto e trasversali all'intero sistema, come quelle messe a disposizione da sistemi RFID e dall'internet degli oggetti, rappresenta la chiave fondamentale per la riduzione del tempo di attraversamento nella filiera e per la riduzione delle scorte. Grazie alla disponibilità di tali informazioni è infatti possibile ridurre la durata dei processi che sottendono ai flussi logistici, diminuendo i tempi di attraversamento. Un semplice esempio può aiutare a chiarire questo basilare concetto. Essere a conoscenza che nei magazzini del cliente vi è un basso livello di giacenza consente a un fornitore di prevedere l'emissione di un ordine in termini di tempi e quantità, e quindi di avviare la produzione o di approvvigionarsi in anticipo, facendo in modo che al momento dell'emissione dell'ordine da parte del cliente sia disponibile l'esatta quantità richiesta, annullando le scorte e minimizzando il lead time e dunque il tempo di attraversamento. Al contrario, il fornitore che non dispone di informazioni sulle giacenze del cliente a fronte di un ordine impiega lead time superiori per l'evasione, in quanto all'atto dell'emissione dell'ordine da parte del cliente deve approvvigionarsi a monte ovvero deve avviare un processo produttivo. Lo stesso risultato in termini di lead time si potrebbe ottenere mediante la presenza di scorte, ma il prezzo da pagare per avere le medesime prestazioni sarebbe rappresentato dal costo delle scorte. Come si è detto, oltre al costo di immobilizzo, deve essere considerato il rischio che la quantità a scorta – stimata in base a previsioni di domanda che per quanto accurate sono per loro natura aleatorie – possa essere inferiore all'ordine, con conseguente *stock-out*, o superiore, con conseguente *markdown*.

Un altro aspetto particolarmente rilevante connesso con il tempo di attraversamento è il concetto di agilità (*agility*) del sistema logistico. Per "agile" si intende un sistema in grado di rispondere in tempi rapidi a variazioni di richiesta da parte del mercato (Christopher, 2000). Con l'accorciarsi del ciclo di vita dei prodotti e la repentina variazione dei bisogni/gusti dei consumatori, tale aspetto sta diventando sempre più importante. Se un sistema è caratterizzato da un tempo di attraversamento ridotto, e quindi da basse scorte, sarà anche agile, in quanto in grado di rispondere in tempi rapidi alle variazioni di richiesta da parte del mercato finale, approvvigionando le materie prime necessarie, producendo e distribuendo il prodotto richiesto. Per contro, un sistema caratterizzato da elevati tempi di attraversamento, e quindi da elevati livelli di scorte, impiegherà un tempo maggiore per recepire le variazioni di domanda da parte del mercato e per soddisfare le nuove richieste. Anche in questo caso, la disponibilità di informazioni come quelle fornite dai sistemi RFID e dall'internet degli oggetti rappresenta un elemento essenziale per conferire *agility* al sistema, anche in presenza di flussi elevati. Un sistema in cui l'informazione sui flussi fisici di prodotto è totalmente trasparente è in grado di identificare prima i segnali di mutamento del mercato e può quindi rispondere molto più velocemente a tali variazioni. Per contro, un sistema in cui tali informazioni si trasmettono verso monte mediante il meccanismo dell'ordine e sono ritardate dalle scorte presenti impiega molto più tempo a rispondere alle nuove esigenze.

Gli aspetti sopra menzionati spiegano il ruolo centrale della tecnologia RFID e dell'internet degli oggetti nell'ottimizzare i processi logistici in maniera trasversale su diverse filiere, tra cui anche quella alimentare.

2.2.2 Costi logistici e valutazione di redditività degli investimenti industriali

Per essere realizzate, le attività logistiche descritte generano costi, sia per l'acquisto di attrezzature, impianti produttivi e magazzini sia per la loro gestione operativa. Allo scopo di quantificare i costi derivanti dalle attività logistiche, in questo paragrafo saranno prima fornite alcune definizioni in materia di costi, quindi sarà illustrata la correlazione tra costi di impianto e costi di esercizio e le modalità per la valutazione di un investimento industriale, e infine saranno descritte le principali voci di costo che interessano le attività logistiche.

2.2.2.1 Costi di impianto e di esercizio

In economia esistono numerose possibili definizioni e tipologie di costo. Una definizione semplice di costo è: prezzo pagato o associato a un evento commerciale o a una transazione economica. All'interno di un'attività produttiva possono esistere molteplici tipologie di costo, ciascuna con comportamenti diversi. Per esempio, i costi delle materie prime hanno un evidente legame con il numero di prodotti finiti realizzati, e in particolare aumentano all'aumentare del numero di prodotti finiti. Il costo delle materie prime è un esempio di costo di esercizio, intendendosi come tale una spesa sostenuta annualmente da un'attività produttiva e connessa con la realizzazione di un business. I costi di esercizio compaiono nel bilancio di esercizio, e in particolare nel Conto Economico dell'azienda per ciascun anno di competenza.

In alcuni casi, un costo può essere sostenuto per acquistare un bene che sarà utilizzato nell'arco di più anni; per esempio, un impianto produttivo, un immobile (come uno stabilimento o un magazzino) o un mezzo di trasporto o movimentazione. In virtù del suo utilizzo in un orizzonte temporale di più anni (circa dieci), il bene è talvolta indicato come *long-term asset* o semplicemente *asset*. Il valore economico necessario per l'acquisto di un asset è detto *investimento*; si parla invece di *ritorno* per indicare il beneficio economico risultante dall'utilizzo dell'asset in anni successivi a quello del suo acquisto (Atkinson et al., 2004).

Il costo di acquisto di un asset rappresenta un costo sostenuto *una tantum*, relativo a un bene che sarà utilizzato per più di un ciclo produttivo; per questo motivo, tale costo non è direttamente confrontabile con i costi di esercizio, che vengono sostenuti annualmente. All'interno del bilancio aziendale, è comunque possibile indicare una quota annua della spesa sostenuta per l'acquisto di un asset. Tale quota prende il nome di *ammortamento* ed è inserita all'interno del Conto Economico come costo di esercizio; fornisce quindi una misura del "costo annuo" di un asset.

Ai fini del calcolo dell'ammortamento, è necessario conoscere il valore da ammortizzare (*valore del capitale*), la vita utile attesa del bene (cioè la durata prevista) e la modalità con la quale si intende determinare la quota annua di ammortamento. Il valore da ammortizzare è normalmente rappresentato dal costo di acquisto del bene strumentale. Talvolta tale costo può essere rivalutato per tenere conto del valore del denaro nel tempo e della dinamica inflazionistica, oppure può essere decurtato di eventuali realizzi presunti derivanti dalla vendita del bene al termine della vita utile. Per quanto concerne la durata del periodo di ammortamento, il periodo cui si fa riferimento ai fini del calcolo degli ammortamenti è rappresentato dalla vita economica del bene. Quest'ultima non corrisponde necessariamente alla vita tecnica del bene: infatti, un macchinario funzionante dal punto di vista tecnico può essere obsoleto, in quanto non più conveniente sul piano economico.

Se si indica con *n* il numero di anni in cui l'asset viene ammortizzato, il valore presente del capitale (vedi par. 2.2.2.2) corrispondente alle quote di ammortamento pagate in *n* anni (A_k; $K = 1, \ldots n$) può essere determinato con la relazione seguente:

$$Valore\ del\ capitale = \sum_k \left[\frac{A_k}{(1+i)^k} \right]$$

essendo *i* il tasso di attualizzazione che si sceglie di utilizzare ai fini del calcolo. Con riferimento alla modalità seguita per determinare la quota annua di ammortamento, un'azienda può scegliere di imputare a bilancio quote di ammortamento costanti, crescenti o decrescenti nel tempo; queste corrispondono a valori di A_k costanti, oppure crescenti o decrescenti con *k*. Normalmente si ricorre ad ammortamenti a quote decrescenti qualora si operi in contesti di elevato rischio o caratterizzati da rapida obsolescenza tecnologica, che rendono necessario ricostituire rapidamente la disponibilità economica per sostituire l'asset. Al contrario, l'ammortamento a rate crescenti rimanda nel tempo la ricostituzione della disponibilità evitando di deprimere l'utile nei primi esercizi. La scelta di questo tipo di ammortamento è tipica di investimenti in tecnologie mature. La quota annua di ammortamento che l'azienda decide di inserire a bilancio è nota come *ammortamento aziendale*. Laddove la scelta ricada sull'ammortamento a quote costanti, si avrà $A_k = A\ \forall k$; dalla formula precedente si ricava quindi:

$$Valore\ del\ capitale = A \sum_k \left[\frac{1}{(1+i)^k} \right] = A \left[\frac{(1+i)^n - 1}{i(1+i)^n} \right]$$

da cui si deduce la quota annua di ammortamento *A*:

$$A = valore\ del\ capitale \frac{i(1+i)^n}{(1+i)^n - 1}$$

La quota

$$\tau = \frac{i(1+i)^n}{(1+i)^n - 1}$$

è anche nota come *tasso di ammortamento*.

L'ammortamento concorre a ridurre l'utile di esercizio di un'azienda, pur non rappresentando una vera e propria uscita di cassa, permettendo di determinare una disponibilità che consente di sostituire l'asset al termine del periodo di vita utile.

Concettualmente differente dall'ammortamento aziendale è l'*ammortamento fiscale* (A_f), che viene utilizzato per la determinazione dell'imponibile. Il sistema fiscale consente di ripartire il costo di acquisto (V_0) di un bene a quote costanti in un numero prefissato di anni, non necessariamente coincidenti con la vita utile di cui sopra, secondo la relazione:

$$A_f = \frac{V_0}{n}$$

essendo n in numero di anni di vita utile dell'asset ammessi dal fisco.

2.2.2.2 Criteri per la valutazione di redditività degli investimenti

Come osservato, un asset è acquistato e pagato in un determinato istante di tempo, precedente al suo utilizzo e quindi alla creazione di valore da parte dello stesso; per questo motivo, l'investimento sostenuto per l'acquisto richiede un'attenta analisi per verificare la fattibilità economica (Atkinson et al., 2004).

Alla base della valutazione della sostenibilità economica di un investimento vi è la considerazione che il valore del denaro cambia in funzione del tempo. Se disponibile e investito, il denaro può generare un reddito, mentre se non è disponibile genera un costo, corrispondente all'interesse passivo. Pertanto il valore del denaro dipende dal momento in cui lo stesso è a nostra disposizione. È altrettanto ovvio che genera maggiore valore disporre di denaro adesso piuttosto che in futuro, in quanto il denaro di cui si dispone oggi può essere investito a un certo tasso di interesse i e generare un reddito nel futuro. Per esempio, dopo un anno, il *valore futuro* di denaro di cui si dispone oggi è determinato come segue:

valore futuro = valore presente × $(1 + i)$

Qualora il denaro disponibile sia investito in più periodi futuri, alla fine di ogni anno saranno accumulati gli interessi relativi al denaro investito. Ipotizzando che gli interessi non siano prelevati dal capitale investito, negli anni successivi l'investitore guadagna un interesse su un capitale man mano crescente. In particolare, il valore futuro del denaro investito per n anni è definito dalla relazione:

valore futuro = valore presente × $(1 + i)^n$

Si consideri ora nuovamente il caso di un investimento per l'acquisto di un asset. Come si è visto, un investimento è un esborso di denaro realizzato in un determinato momento e finalizzato all'acquisto di un bene che si intende utilizzare per un certo numero di periodi futuri. Ovviamente, l'investitore si attende che l'utilizzo dell'asset comporti dei ritorni economici nei periodi futuri; tuttavia, per quanto detto in precedenza, il valore del denaro in un periodo futuro è inferiore a quello del denaro disponibile inizialmente e investito per l'acquisto dell'asset. È quindi necessario ricondurre i flussi di denaro entranti e uscenti a uno stesso istante di tempo, per renderli confrontabili; normalmente si fa riferimento al momento dell'acquisto dell'asset, che rappresenta di fatto l'inizio dell'investimento. In questo caso, si dovrà determinare il *valore presente* del ritorno generato in anni successivi, vale a dire:

$$valore\ presente = valore\ futuro \times (1 + i)^{-n}$$

L'operazione mediante la quale si determina il valore attuale di un ritorno economico futuro è detta *attualizzazione* (*discounting*). In base alle definizioni date, il costo totale di un asset, o più in generale di un bene industriale, è quindi determinabile come somma dell'esborso sostenuto per l'acquisto e dei costi annui di esercizio, che dovranno essere attualizzati per considerare la loro manifestazione temporale in anni successivi; il costo totale risulta in questo caso espresso in [€]. In particolare, rientrano nell'investimento iniziale tutti i costi sostenuti dal momento in cui l'asset viene ordinato, includendo eventuali costi di progettazione, al momento in cui lo stesso è pronto per funzionare a pieno regime. Esempi di tali costi, oltre a quello di progettazione e acquisto, includono dunque gli oneri per trasporto, installazione e montaggio, collaudo e avviamento dell'asset.

Una formulazione alternativa del costo totale di un asset può essere ottenuta a partire dalle quote annue di ammortamento, alle quali si dovrà aggiungere il costo di esercizio medio (vedi par. 2.2.2.3 per una descrizione dei costi totali relativi alle attività logistiche); in questo caso il costo totale risulta espresso in [€/anno].

Diversi strumenti consentono di determinare la convenienza economica di un investimento industriale; in questo paragrafo ne saranno esaminati alcuni, in particolare: *valore attuale netto, tasso interno di redditività, payback period* (Atkinson et al., 2004) e *return on investment*. Il presupposto per la determinazione del profitto derivante da un investimento industriale è il calcolo del flusso di cassa associato all'investimento stesso. Il flusso di cassa (*cash flow*) è così definito perché rappresenta l'insieme delle entrate e delle uscite di denaro da una "cassa virtuale" associata all'investimento effettuato per l'acquisto dell'asset. Ai fini della determinazione dei costi e dei ricavi associati alla "cassa" dell'investimento, devono essere considerati solo elementi differenziali, intendendosi come tali le entrate e le uscite di denaro che si verificano esclusivamente per effetto dell'investimento considerato. In base a tale criterio, le uscite di denaro sono rappresentate dalla spesa sostenuta per l'acquisto dell'asset, cui vanno aggiunti eventuali costi annui associati all'asset stesso e le imposte sul reddito di esercizio. I ritorni economici generati dall'utilizzo dell'asset costituiscono invece la principale voce di flusso in entrata. Inoltre, per la determinazione dei flussi entranti e uscenti deve essere seguito il criterio della cassa e non della competenza; si deve quindi considerare l'effettivo istante di ingresso/uscita del denaro dalla "cassa virtuale" associata all'investimento.

In base alla descrizione fornita, la formulazione più semplice del flusso di cassa lordo (FCL) è la seguente:

$$FCL = flussi\ in\ ingresso - flussi\ in\ uscita = ricavi - costi$$

Al fine di ottenere l'utile netto (UN), al flusso di cassa lordo vanno sottratte le imposte sul reddito di esercizio, che possono essere determinate con la formula:

$$tasse = (ricavi - costi - A_f) \times aliquota\ fiscale$$

Si ottiene quindi:

$$UN = FCL - tasse$$

Il flusso di cassa netto (FCN) o *net cash flow* (NCF) risultante dall'investimento viene infine determinato a partire dall'utile netto, cui devono essere sommati nuovamente gli ammortamenti. Infatti, l'ammortamento di un asset comporta un costo, ma non un'effettiva uscita di cassa. In formula:

$$FCN = UN + A$$

Il calcolo descritto deve essere ovviamente effettuato per ciascuno degli anni di durata dell'investimento, considerando i corrispondenti valori di ricavo e costo; inoltre, i valori ottenuti devono essere attualizzati all'anno di inizio investimento (anno 0), per renderli confrontabili con l'esborso sostenuto per l'acquisto dell'asset. In base alle formule presentate, al generico anno k ($0 \le k \le n$, essendo n la durata dell'investimento) il valore del flusso di cassa netto è quindi dato da:

$$FCN_k = UN_k + A_k$$

dove A_k rappresenta l'ammortamento aziendale e deve essere determinato in base alle equazioni presentate nel paragrafo precedente, previa scelta della modalità di ammortamento (quote costanti, crescenti o decrescenti).

Dall'ultima equazione deriva il concetto di valore attuale netto (*net present value*, NPV) dell'investimento. NPV è la somma di tutti i flussi di cassa relativi all'investimento, attualizzati in funzione dell'anno in cui sono osservati, secondo l'espressione:

$$NPV = \sum_{k=0}^{n} \frac{FCN_k}{(1+i)^k}$$

Il calcolo di NPV richiede che sia stato determinato l'orizzonte temporale di riferimento n, che corrisponde all'arco di tempo in cui l'asset influenza i flussi di cassa, normalmente coincidente con la vita utile dell'asset acquistato. Inoltre, ai fini dell'attualizzazione, occorre individuare un idoneo tasso di interesse i, che deve essere rappresentativo del costo del capitale per l'azienda che ha sostenuto l'investimento. Per determinare un idoneo valore di i, è necessario determinare il costo del capitale per l'azienda. Il capitale disponibile per un investimento ha un valore diverso a seconda che l'azienda disponga di credito *illimitato* o di credito *limitato*. La condizione di credito illimitato identifica la situazione nella quale l'azienda ha la disponibilità finanziaria per realizzare tutti gli investimenti che ritiene opportuni per il proprio business. In tale situazione è necessario individuare la fonte di finanziamento, in quanto il tasso con cui valutare i corrisponde al costo del capitale per l'impresa. In particolare, il finanziamento può derivare da capitale proprio oppure da fonti esterne, quale una banca. Nel caso in cui il finanziamento provenga da capitale esterno, il costo del capitale coincide con il tasso passivo medio bancario sui prestiti in corso; mentre nel caso in cui l'impresa si finanzi con la propria liquidità, il costo del denaro può essere assimilato al tasso di redditività del capitale aziendale. Un possibile indicatore di redditività del capitale aziendale è l'indice ROE (*return on equity*), calcolato come rapporto tra utile netto dell'azienda e patrimonio netto, entrambe voci ricavabili dal bilancio aziendale.

Box 2.1   Calcolo del flusso di cassa netto

Le formule descritte per il calcolo del flusso di cassa netto (FCN) possono essere riassunte come segue:

$ricavi - costi - A = UL$

$UL - tasse = UN$

$tasse = (ricavi - costi - A_f) \times aliquota\ fiscale$

$FCL = ricavi - costi$

$FCN = FCL - tasse$

$FCN = UN + A$

Qualora l'impresa disponga di un credito limitato la scelta di effettuare un investimento esclude la possibilità di attuare investimenti alternativi. In questo caso, si parla di "costo-opportunità", intendendo come tale il valore di ciò a cui si rinuncia facendo, o non facendo, una determinata scelta di investimento. Il costo-opportunità è ovviamente un contributo figurativo, al quale cioè non corrisponde un effettivo esborso di denaro. Per valorizzare il costo del capitale in un investimento, un possibile indicatore è quindi costituito dal tasso di redditività del migliore investimento alternativo.

L'investimento si considera economicamente conveniente se risulta NPV > 0, mentre non vi è convenienza se NPV ≤ 0. Nel caso particolare di NPV = 0, l'investimento è in grado di ripagare le spese sostenute, ma non genera una redditività. Il criterio del NPV può essere utilizzato anche per confrontare due investimenti alternativi di uguale durata. In questo caso, l'investimento da preferire è quello che fornisce il maggiore NPV a fine vita utile.

Nel caso del NPV, come osservato, è necessario definire anticipatamente il valore di i da utilizzare ai fini del calcolo. Tuttavia ogni investimento ha un tasso "atteso" di redditività, noto come tasso interno di redditività (*internal rate of return*, IRR). IRR è il valore del tasso di interesse i che rende nullo il valore attuale netto dell'investimento al termine della vita utile dello stesso. In formula, l'espressione di IRR è la seguente:

$$IRR = \left\{ i \,\middle|\, \sum_{k=0}^{n} \frac{FCN_k}{(1+i)^k} = 0 \right\}$$

Box 2.2   Determinazione di *i*

Credito illimitato
– Finanziamento con capitale di terzi i = tasso di interesse del finanziamento
– Finanziamento con capitale proprio i = tasso di redditività del capitale aziendale
                                            (per esempio ROE)

Credito limitato
  i = tasso di redditività del migliore investimento alternativo

La determinazione analitica di IRR è difficoltosa; una stima è tuttavia possibile effettuando il calcolo di NPV con diversi valori di *i*, e verificando quando si raggiunge un valore di NPV prossimo a zero. La Fig. 2.2 mostra un esempio di andamento di NPV per un investimento della durata di 5 anni, in funzione del valore di i impostato. Considerando un tasso di interesse del 5%, l'investimento è economicamente conveniente e genera un ritorno di circa 80.000 €; tale valore scende aumentando il valore di *i*, fino a diventare negativo per *i* compreso tra il 25 e il 30%. L'investimento considerato ha quindi un IRR compreso tra questi due valori. IRR è quindi un valore "limite" che il costo del denaro può raggiungere affinché l'investimento si mantenga conveniente o in pareggio.

I valori di IRR e di NPV sono ovviamente correlati tra loro. Se un investimento mostra NPV>0, significa che il valore di *i* impostato nel calcolo è inferiore a IRR; viceversa, se un investimento presenta NPV<0, il tasso interno di redditività è più basso del costo del denaro. Le informazioni che possono essere dedotte da NPV forniscono già quindi una stima di IRR, motivo per cui quest'ultimo indicatore è di norma utilizzato a completamento di NPV, ma non come indicatore esclusivo della redditività di un investimento.

In alcuni casi è utile conoscere il tempo necessario per ripagare almeno l'esborso sostenuto inizialmente per l'investimento. Il parametro che misura tale aspetto è noto come *payback period*, ed è indicativo del tempo necessario perché un investimento di durata e tasso di interesse fissati sia in grado di ripagarsi. In formula, il calcolo del payback period può essere effettuato come segue:

$$ Payback\ period = \left\{ min\ k \left| \sum_{k=0}^{n} \frac{FCN_k}{(1+i)^k} \geq 0 \right. \right\} $$

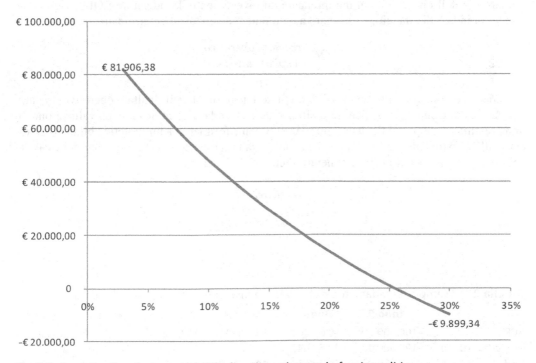

Fig. 2.2 Esempio di andamento del NPV di un investimento in funzione di *i*

Anche la determinazione analitica del payback period è difficoltosa, ma è possibile avere una stima esaminando l'andamento del NPV dell'investimento nei diversi anni della sua durata. Si consideri, per esempio, un investimento di 5 anni, che comporti un esborso iniziale di 100.000 € e generi un flusso di cassa annuo positivo, pari a 30.000 €/anno. Ipotizzando un tasso di interesse $i = 5\%$, si ottiene l'andamento del NPV dell'investimento riportato in Tabella 2.1.

Si può osservare che al terzo anno il NPV dell'investimento è ancora negativo, mentre a partire dal quarto anno diventa positivo. In base alla definizione data, il payback period dell'investimento considerato è quindi compreso tra i 3 e i 4 anni; cautelativamente, si può affermare che l'investimento ripaga l'esborso iniziale dopo 4 anni.

Va osservato, inoltre, che il payback period dipende dal tasso di interesse ipotizzato, in quanto NPV, a sua volta, è funzione di i. La Fig. 2.3 mostra l'andamento di NPV dell'esempio precedente, in funzione del tasso di interesse (da 5% a 10%), e il corrispondente valore di payback period dell'investimento. Per $i = 5\%$ l'investimento si ripaga come si è visto entro il quarto anno; mentre per $i = 10\%$ il tempo necessario affinché l'investimento si ripaghi è di 5 anni.

Il payback period è normalmente utilizzato a completamento degli indicatori precedentemente descritti, per fornire una valutazione del rischio associato a un investimento. Più elevato è il payback period di un investimento, più quest'ultimo è da considerare rischioso, in quanto espone l'azienda a una scopertura finanziaria per un periodo prolungato (Atkinson et al., 2004).

Infine, un ulteriore indicatore di convenienza di un investimento è il *return on investment* (ROI). Benché non rientri tra gli strumenti normalmente utilizzati per la valutazione vera e propria degli investimenti, il ROI è molto usato nella pratica aziendale per avere una rapida indicazione dell'opportunità di intraprendere un investimento. L'indicatore ROI è originariamente un indice di bilancio, e associato a un bilancio aziendale è determinato come:

$$ROI = \frac{risultato\ operativo}{capitale\ investito}$$

essendo il capitale investito una voce dello Stato Patrimoniale e il risultato operativo un dato ricavabile dal Conto Economico riclassificato dell'azienda. Nel contesto della valutazione di un investimento, è possibile determinare il ROI con riferimento a un ipotetico bilancio associato all'investimento stesso. La corrispondente valutazione comporta il calcolo dei ricavi e dei costi medi associati all'investimento, secondo l'equazione:

$$ROI = \frac{\sum_k \frac{ricavi_k - costi_k}{n}}{investimento}$$

Tabella 2.1 Esempio di andamento del NPV di un investimento nel tempo (valori in €)

	Anno 0	Anno 1	Anno 2	Anno 3	Anno 4	Anno 5
NCF	−100.000,00	30.000,00	30.000,00	30.000,00	30.000,00	30.000,00
NCF attualizzato	−100.000,00	28.571,43	27.210,88	25.915,13	24.681,07	23.505,78
NPV	−100.000,00	−71.428,57	−44.217,69	−18.302.56	6.378,52	29.884,30

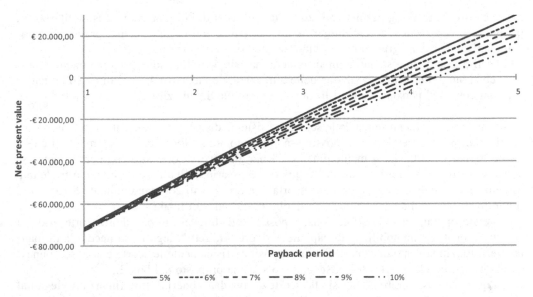

Fig. 2.3 Esempio di andamento del NPV di un investimento nel tempo

2.2.2.3 I costi delle attività logistiche

Costi di trasporto All'attività di trasporto possono essere associati sia investimenti sia costi di esercizio. Gli investimenti sono rappresentati principalmente dell'acquisto dei mezzi necessari per effettuare il trasporto e sono sostenuti qualora l'azienda intenda dotarsi di mezzi propri; i costi di esercizio sono invece quelli sostenuti per effettuare il trasporto. Tali costi sono diversi in funzione della modalità di trasporto considerata. Per esempio, nel caso del trasporto su strada, i costi di esercizio variabili sono rappresentati dai costi di personale, carburante, manutenzione ordinaria (cambio di olio, pneumatici ecc.) o pedaggi autostradali; costituiscono costi fissi, invece, oltre al costo del mezzo di trasporto, le tasse di circolazione o il premio assicurativo.

Una tendenza molto diffusa è quella di terziarizzare l'attività di trasporto facendola svolgere da un'azienda di trasporto esterna, anziché realizzarla internamente. Questa scelta permette all'azienda di non sostenere i corrispondenti investimenti, in quanto non vi è necessità di dotarsi di mezzi propri. Se un'azienda opta per tale soluzione, i costi sostenuti sono quindi solo di tipo variabile e – benché non sia più in vigore una specifica tariffazione – sono normalmente determinati in funzione della tipologia e dalla quantità di merce da trasportare e dalla lunghezza della tratta da percorrere.

Costi di movimentazione materiali I costi connessi alle attività di *material handling* sono rappresentati in primo luogo degli investimenti sostenuti per l'acquisto delle attrezzature necessarie per le movimentazioni (Caron et al., 1997). Tali costi variano sensibilmente a seconda del tipo di attrezzatura acquistata, che a sua volta dipende dal tipo di movimentazione da effettuare, dalle caratteristiche della merce trattata, dalla potenzialità richiesta e dal livello di prestazioni e di automazione necessario. La corrispondente offerta di sistemi di movimentazione merci è altrettanto vasta, permettendo di trattare svariati tipi di materiali (sfusi, unitarizzati, pallettizzati ecc.) e di svolgere numerose attività (stoccaggio a magazzino, prelievo frazionato, smistamento, raggruppamento, indirizzamento, alimentazione ecc.).

I costi di esercizio associati a un sistema di material handling sono principalmente relativi ai costi annui per la manutenzione delle attrezzature e, nel caso di sistemi non automatizzati, dal costo del personale che utilizza i sistemi di movimentazione.

Costi delle scorte La presenza delle scorte nel sistema distributivo consente di ottenere vantaggi connessi in generale con la possibilità di svincolare tra loro i diversi elementi di un sistema logistico. Tuttavia, il mantenimento di una giacenza in deposito comporta, come osservato, degli oneri diretti e indiretti. È quindi necessario individuare un bilancio tra le due esigenze antitetiche di avere prodotto a scorta e ridurre i costi del mantenimento a scorta del prodotto stesso, così da determinare un livello di giacenza ottimale.

Volendo operare una classificazione, è possibile distinguere i costi delle scorte in oneri "diretti", legati all'immobilizzo di capitale, e oneri "indiretti", legati alla necessità di mantenere il funzionamento di strutture in cui depositare fisicamente le scorte e ai costi connessi alla gestione delle scorte stesse, secondo lo schema proposto nel box 2.3.

La quota di costi diretti connessi alle scorte deriva dagli oneri di tipo finanziario legati al capitale immobilizzato nella giacenza. Le scorte richiedono un immobilizzo di capitale, necessario per l'acquisto del prodotto, e configurano quindi una sorta di investimento. Per quanto attiene alla determinazione del costo diretto delle scorte, rimangono quindi valide le considerazioni fatte per la determinazione del costo del capitale di un investimento, alle quali si rimanda (vedi par. 2.2.2.2).

La quota di costi indiretti legati alle scorte rappresenta l'onere derivante dal mantenimento a scorta di un bene. Tali oneri comprendono numerosi contributi, che dovranno essere ripartiti sulla giacenza o sulla rimanenza di prodotti a magazzino, al fine di ottenere un costo unitario di mantenimento a scorta.

In primo luogo, i costi indiretti includono gli oneri connessi all'occupazione di uno spazio a magazzino. Nel caso in cui l'azienda disponga di una struttura di proprietà, tali oneri comprendono l'ammortamento dell'immobile, delle attrezzature di stoccaggio e movimentazione, e degli impianti di servizio (per esempio, impianti di condizionamento, refrigerazione o illuminazione). A questi si aggiungono i costi sostenuti per la generazione dei servizi generali di impianto, i costi del personale addetto e i costi di manutenzione generale. Viceversa, nel caso in cui la struttura non sia di proprietà dell'azienda, si considerano i costi di

---

Box 2.3 I costi delle scorte

1. Costi diretti – immobilizzo di capitale
   Costo diretto = costo del capitale
2. Costi indiretti – mantenimento della scorta nella struttura magazzino
   - ripartiti in funzione della giacenza
       magazzino, personale, servizi generali di impianto, energia
   - ripartiti in funzione della rimanenza
       polizza assicurativa, scorte morte

affitto del magazzino. Le voci di costo precedentemente citate vengono ripartite in funzione della giacenza presente a magazzino, espressa in unità di carico o in volume di prodotto. La scelta di utilizzare il dato di giacenza media o di giacenza massima di prodotto dipende dalla politica di allocazione delle merci a magazzino. Di preferenza, viene utilizzato il criterio di giacenza media nel caso di magazzini che applicano una politica *shared storage*, dove il numero di vani dedicati all'articolo è proporzionale alla giacenza media dell'articolo, mentre è più appropriato il criterio di giacenza massima nel caso di magazzini di tipo *dedicated storage*, in cui a ogni articolo è assegnato un numero di vani pari alla giacenza massima (Caron et al., 1997).

Un'ulteriore voce di costo indiretto da considerare nella determinazione del costo di mantenimento a scorta è rappresentata dal costo di sottoscrizione di un'eventuale polizza assicurativa per incendio/furto, che viene frequentemente stipulata a garanzia della merce presente a magazzino. Anche in questo caso, il premio assicurativo deve essere suddiviso sulla scorta presente. La ripartizione viene effettuata sulla base della rimanenza media o massima, preferita rispetto al dato di giacenza, dal momento che è più corretto che ad articoli di maggior valore venga associata una quota maggiore della polizza assicurativa.

Da ultimo, rientrano nel costo di mantenimento a scorta gli oneri derivanti da eventuali *scorte morte*. Per scorta morta si intende un bene il cui valore commerciale è, per qualche motivo, precipitato. Le cause possono essere molteplici. Per esempio, scorte morte possono essere generate da eccedenze di produzione, articoli non apprezzati dal mercato, obsolescenza tecnologica, tendenze di moda, articoli deteriorati o declassati, articoli in scadenza o scaduti. Dalle cause elencate, è evidente che in alcuni settori – per esempio, quelli alimentare, farmaceutico o high-tech – il problema è particolarmente sentito. I costi delle scorte morte vengono ripartiti in funzione della rimanenza media dei prodotti presenti a magazzino, in considerazione del fatto che articoli di maggior valore comportano maggiori oneri qualora diventino scorta morta.

È opportuno ricordare, infine, che, in aggiunta alle voci di costo descritte, la presenza di scorte in un sistema genera i cosiddetti *costi sommersi*. Tali costi, la cui valutazione quantitativa non è semplice, sono legati al fatto che la presenza delle scorte permette di svincolare gli attori di un sistema logistico, e quindi consente il verificarsi di inefficienze all'interno della catena; tali inefficienze sono celate proprio dalla presenza delle scorte. Esempi di tali inefficienze possono essere sistemi di previsione della domanda non sufficientemente precisi, mancanza di integrazione con clienti o fornitori, elevati lead time di approvvigionamento.

Costi di produzione Nella produzione di qualsiasi prodotto è necessario impiegare una certa combinazione dei fattori produttivi, che vengono acquisiti sul mercato e impiegati nei processi produttivi, per arrivare al cliente cui sono destinati sotto forma di beni e/o servizi. Si definisce quindi "costo di produzione" di un bene la somma dei costi derivanti dai fattori utilizzati per la sua realizzazione (Manfrin e Forza, 2002). A loro volta, i fattori di produzione sono gli elementi – quali macchinari, materie prime, capitali, forza lavoro o energia – che vengono impiegati in un processo il cui risultato è il prodotto.

Il principale problema del calcolo dei costi di produzione è rappresentato dall'esigenza di collegare all'unità di prodotto finito i costi sostenuti per la sua realizzazione, ottenendo un costo espresso in unità monetarie per unità di prodotto finito. La difficoltà consiste nel fatto che solo alcune categorie di costi possono essere misurate con riferimento all'unità di prodotto realizzato. Più precisamente, i costi di produzione possono essere classificati in *costi diretti* e *costi indiretti*. Tale distinzione fa riferimento alla possibilità o meno di correlare in maniera diretta i costi sostenuti a un prodotto. Sono diretti i costi di una risorsa che possono

Box 2.4 Calcolo del costo di mantenimento a scorta

Si voglia calcolare il costo di mantenimento a scorta di un articolo caratterizzato da un valore medio dell'unità di carico di 1000 € e da una giacenza media di 20 unità di carico. Il prodotto viene tenuto a scorta in un deposito avente ricettività di 1000 posti pallet, il cui costo annuo di affitto è di 75.000 €. La rimanenza media di prodotti è pari a 200.000 €. Altri dati relativi al deposito sono: costo annuo dei servizi pari a 25.000 €; premio della polizza assicurativa 10.000 €; costo delle scorte morte 15.000 €. La società ha a disposizione un credito limitato e il costo-opportunità del capitale risulta del 12%.

Ai fini del calcolo, si può innanzi tutto osservare che il prodotto copre il 2% della giacenza presente nel magazzino, essendo mediamente presente in 20 unità su 1000 posti pallet disponibili. Analogamente, con riferimento alla rimanenza, le 20 unità di prodotto hanno un valore pari a $20 \times 1000 = 20.000$ €, che rappresentano il 10% della rimanenza media presente a magazzino, pari a 200.000 €.

I costi proporzionali alla giacenza sono l'affitto dello stabile e i servizi; la ripartizione di tali costi può essere effettuata come segue:

quota di affitto = 2% × 75.000 = 1500 €
quota di costo servizi = 2% × 25.000 = 500 €
per un totale di 2000 €

I costi proporzionali alla rimanenza sono invece i costi delle scorte morte e della polizza assicurativa, la cui ripartizione è la seguente:

quota di costo scorte morte = 10% × 15.000 = 1500 €
quota di premio assicurativo = 10% × 10.000 = 1000 €
per un totale di 2500 €

I costi indiretti di mantenimento a scorta ammontano pertanto a 4500 €, che, rapportati al valore delle unità di carico considerate per il prodotto in esame (1000 €/unità × 20 unità = 20.000 €), danno luogo a un tasso indiretto di mantenimento a scorta del 22,5%. A questo va aggiunto il tasso diretto, che è un dato del problema e ammonta al 12%. Il tasso complessivo di mantenimento a scorta per il prodotto in questione è quindi pari al 34,5%. In definitiva, il costo annuo di mantenimento a scorta è pari a 34,5% × 20.000 = 6900 €/anno.

essere attribuiti a un certo prodotto, o perché esclusivi del prodotto o in virtù della possibilità di determinare i volumi fisici di risorsa impiegata per unità di prodotto realizzata. Per esempio, la manodopera specializzata impiegata in uno specifico reparto rappresenta un costo diretto, perché imputabile ai prodotti realizzati in quel reparto; analogamente, un materiale impiegato nella fabbricazione di un prodotto rappresenta un costo diretto, in quanto può essere attribuito al prodotto realizzato. Nel caso in cui un costo non possa essere direttamente attribuito a un prodotto, lo si definisce indiretto; esempi di costi indiretti sono le spese di manutenzione di un edificio o le spese generali di un'azienda.

Per determinare il costo di un'unità di prodotto, è tuttavia necessario che anche i costi indiretti siano attribuiti al prodotto realizzato. Mancando una correlazione diretta, l'attribuzione dei costi indiretti è definita secondo procedimenti convenzionali, denominati metodologie di *costing*. Le metodologie più comuni includono (Manfrin e Forza, 2002):

- *direct costing*
- *direct costing evoluto*
- *full costing*
- centri di costo
- *activity based costing* (ABC).

Il *direct costing* parte dal presupposto che i costi di produzione possano essere distinti in *fissi* e *variabili*. Questi ultimi sono così chiamati perché variano in misura proporzionale al volume di prodotto realizzato; viceversa, i costi fissi non variano – o variano in misura molto limitata, e comunque non proporzionale – al variare del volume di prodotto realizzato. In base alla definizione fornita in precedenza, i costi variabili sono quindi anche diretti. Secondo la metodologia del *direct costing*, il costo di produzione ha quindi un'espressione molto semplice, risultando solo dalla somma dei costi diretti relativi al prodotto. Un importante parametro connesso ai costi variabili è rappresentato dal margine lordo di contribuzione, o semplicemente *margine di contribuzione*, che misura, con riferimento a un prodotto, la differenza tra ricavi e costi variabili.

Una variante rispetto all'approccio descritto è rappresentata dal *direct costing evoluto*. Tale metodologia presuppone che esista una variabilità dei costi fissi nel lungo periodo, dovuta principalmente a scelte di natura strategica, quali introduzione o eliminazione di un prodotto, attivazione o cessazione di un'attività, modifiche alla gamma di prodotti realizzati. Di conseguenza, un'espressione ritenuta più idonea del costo del prodotto è il *costo variabile di lungo periodo*. Il *direct costing evoluto* distingue pertanto tra *costi fissi indiretti*, rappresentati per esempio da personale logistico e tecnico, servizi generali, manutenzioni generiche, ammortamento di immobili e attrezzature generiche, e *costi fissi speciali*, che includono principalmente la manodopera diretta e gli ammortamenti dei macchinari. I costi fissi dovranno essere attribuiti all'unità di prodotto utilizzando un apposito criterio, per esempio le ore dirette di manodopera o le ore macchina di funzionamento di un'attrezzatura.

Il *full costing* è un approccio finalizzato alla determinazione del *costo pieno* del prodotto, e si basa sulla correlazione esistente tra fattori produttivi e prodotti realizzati. Tenendo conto di tale correlazione, è possibile individuare *costi speciali* e *costi comuni*. Il costo speciale, di cui costituiscono esempi i materiali di consumo o gli ammortamenti, può essere attribuito in modo diretto al prodotto realizzato, poiché esiste una relazione di causalità tra il costo sostenuto e la realizzazione di un'unità di prodotto finito. La sommatoria dei costi speciali di fabbricazione consente di ottenere il *costo primo industriale*. I costi comuni sono invece quelli relativi a risorse aziendali non coinvolte nelle attività produttive; ne sono esempi le spese generali e l'affitto di impianti o immobili. Si tratta comunque di spese rilevanti, soprattutto per grandi aziende, dotate di strutture e impianti produttivi altrettanto importanti. Qualora vengano considerati anche i costi comuni nella determinazione del costo di prodotto, si perviene alla determinazione del *costo pieno industriale*.

La metodologia di costing che utilizza i *centri di costo* si basa sulla considerazione che esistono, all'interno di un'azienda, elementi intermedi (appunto, i centri di costo) che possono essere utilizzati per migliorare il calcolo del costo di prodotto. La scelta di utilizzare una contabilità per centri di costo deriva dalla difficoltà, che può talvolta presentarsi, di differenziare costi specifici per i diversi prodotti, realizzati per esempio nello stesso reparto produttivo. In questo caso, è possibile esaminare l'intero reparto nel suo insieme, trattandolo come un centro di costo. In alternativa, il centro di costo può essere rappresentato da una funzione aziendale, un dipartimento, un centro di responsabilità o di profitto. Al fine di determinare il costo pieno del prodotto, la prassi prevede dapprima l'imputazione dei costi ai centri in cui sono stati sostenuti, quindi la quantificazione della produzione dei centri di costo, e infine l'imputazione dei costi ai prodotti.

Infine, la metodologia *activity based costing* (ABC) ha lo scopo di determinare i costi di produzione di lungo periodo, e in particolare si propone come approccio innovativo per il controllo dei costi indiretti. Le fasi dell'ABC sono sintetizzabili nei seguenti step. Il primo consiste nell'analisi dei processi aziendali, allo scopo di individuare le *attività* che li compongono; quindi, i costi vengono attribuiti alle attività, previa individuazione di relazioni causali dirette tra questi. Si passa quindi all'esame dei costi comuni a più attività, per i quali, mancando una relazione diretta con l'unità di prodotto realizzato, è necessario utilizzare un criterio di ripartizione, noto come *cost driver*. Questi criteri consentono di valutare l'assorbimento di risorse da parte di un'attività; ne sono esempi il numero di ordini, viaggi, clienti o locali. Infine, i costi delle attività vengono attribuiti all'unità di prodotto realizzata in maniera diretta o utilizzando un apposito criterio, indicato come *activity driver*. Gli activity driver sono correlazioni causali tra le attività e le produzioni; ne sono esempi il numero di componenti di un prodotto, l'ampiezza del mercato servito, il numero di clienti o il numero di operazioni di set-up.

2.2.3 La supply chain

Una *supply chain* è l'insieme di tutti i soggetti coinvolti, direttamente o indirettamente, nel soddisfacimento di una richiesta del cliente con la consegna allo stesso di un prodotto (Christopher, 2005). L'attore centrale della supply chain è quindi il produttore del prodotto, al quale sono collegati non solo i fornitori diretti, ma anche soggetti terzi, quali trasportatori, operatori logistici e venditori al dettaglio, nonché i clienti che acquistano il prodotto finito. Il cliente è un componente fondamentale della supply chain, considerato che lo scopo di una supply chain è soddisfare la sua richiesta mediante un mix di prodotto, servizio e prezzo.

Lo stesso termine "supply chain" evoca l'immagine di prodotti che si muovono dal fornitore ai distributori e quindi al cliente attraverso i diversi elementi della catena (Chopra e Meindl, 2007).

Ciascun attore di una supply chain svolge specifici processi "interni", che vanno dal ricevimento al soddisfacimento dell'ordine da parte dell'attore a valle. A seconda dell'attore esaminato, tali processi possono includere, tra gli altri, lo sviluppo di nuovi prodotti, la loro commercializzazione, le attività di distribuzione, la gestione dei pagamenti, il servizio post-vendita.

Una tipica supply chain comprende numerosi livelli, quali clienti, dettaglianti, grossisti/distributori, produttori e fornitori di materie prime o componenti. Ciascun elemento della supply chain è connesso agli altri attraverso un flusso di prodotti, informazioni e capitali. Questi flussi si sviluppano in entrambe le direzioni, e possono essere gestiti direttamente da un attore della supply chain o da un intermediario. Per quanto concerne il numero di elementi che compongono il sistema, in termine "chain" può far pensare che vi sia un unico elemento per ogni livello del sistema; in realtà, un produttore può ricevere materie prime da numerosi fornitori e vendere il prodotto a diversi distributori. Quindi, per la maggior parte le supply chain sono in realtà dei network.

La struttura di una supply chain è intrinsecamente dinamica e destinata a modificarsi nel tempo. Tuttavia, una costante nella supply chain è il flusso di prodotti, necessari per il soddisfacimento del cliente finale, e delle informazioni associate, come dati di vendita del prodotto finito (*point-of-sale*, POS), ordini di acquisto, informazioni commerciali, prezzo di vendita del prodotto.

Per garantire i flussi dei prodotti all'interno del sistema, una supply chain si avvale di una serie di sistemi e risorse tecniche, quali stabilimenti, magazzini, linee di produzione, mezzi di trasporto e attrezzature di movimentazione. Tali elementi corrispondono a tre aree funzionali individuabili nella supply chain: sistema degli approvvigionamenti, sistema operativo e sistema di distribuzione.

Il sistema degli approvvigionamenti (*procurement*) è deputato al reperimento e allo stoccaggio delle materie prime, dei semilavorati, dei componenti e delle attrezzature necessarie per il processo produttivo attraverso il sistema di fornitori. Il sistema operativo (*operations*) provvede invece alla trasformazione fisica delle materie prime in prodotti finiti. Il sistema distributivo (*distribution*) si occupa infine dello stoccaggio e della distribuzione dei prodotti finiti ai clienti finali.

Si è osservato in precedenza (par. 2.1.1) che la logistica assolve, tra le altre, alle attività di trasporto, stoccaggio, gestione scorte e produzione, che ricalcano i processi di *procurement*, *operations* e *distribution* di una supply chain; è quindi evidente quanto sia importante il suo ruolo in una supply chain. All'interno di una supply chain, infatti, la logistica è il processo di gestione strategica delle attività di approvvigionamento, movimentazione e immagazzinamento dei materiali, dei componenti a essi connessi, delle scorte e delle informazioni correlate, che attraverso una corretta organizzazione del canale garantisce un incremento della redditività dell'intero sistema. La logistica è una funzione aziendale preposta a pianificare processi, organizzare e gestire attività, mirante a ottimizzare il flusso di materiale e delle relative informazioni all'interno e all'esterno dell'azienda. In una visione prettamente tradizionale, la gestione logistica si occupa principalmente dell'ottimizzazione dei flussi materiali (beni) e di quelli immateriali (informazioni) all'interno dell'impresa. È, infatti, necessario che i flussi di prodotto e di informazioni procedano efficacemente ed efficientemente dai fornitori di materie prime fino ai clienti finali. Un flusso di beni è definito *efficace* nel momento in cui soddisfa determinati requisiti: in particolare, dovrà essere fornito al cliente giusto il prodotto richiesto, nelle quantità richieste, nello stato richiesto, nei tempi richiesti, nel luogo richiesto. Il concetto di *efficienza* è invece legato al costo complessivo sostenuto dal sistema per generare un flusso efficace; tale costo comprende le componenti precedentemente menzionate, quali costo del trasporto, costo delle scorte, costo di produzione e così via. La somma di tali componenti viene indicata come *costo totale logistico* e, per conseguire l'efficienza del sistema, deve essere ovviamente minima. Efficacia ed efficienza delle attività logistiche connesse al flusso dei materiali sono inoltre strettamente legate all'efficacia e all'efficienza delle attività connesse alla gestione delle informazioni. Il flusso dei materiali sarà cioè tanto più efficace ed efficiente quanto più efficaci ed efficienti saranno le attività di supporto di gestione delle informazioni.

2.2.4 Supply chain management: verso l'ottimizzazione del supply chain surplus

2.2.4.1 I concetti di supply chain surplus e di vantaggio competitivo

Lo scopo di una supply chain è dunque trasferire prodotti dal produttore al cliente finale che ne fa richiesta, e di generare profitto svolgendo tale attività.

Il valore generato da una supply chain è interpretabile come la differenza tra il valore del prodotto dal punto di vista del cliente finale e i costi sostenuti per il soddisfacimento del cliente stesso. È quindi un concetto strettamente connesso al profitto generato dalla supply chain, noto come *supply chain surplus* (Chopra e Meindl, 2007). Il supply chain surplus è unico per l'intera supply chain, e deve essere suddiviso tra tutti i componenti della stessa; per tale ragione si afferma solitamente che è l'intera supply chain, e non il singolo componente, a competere sul mercato (Christopher, 2005).

Parlando di profitto, è evidente la necessità di individuare le voci di costo e le sorgenti di ricavo di una supply chain. La fonte di ricavo è rappresentata dal cliente finale, che acquista il prodotto finito. Le voci di costo sono invece numerose e sono state descritte in riferimento alle attività logistiche (par. 2.2.2). I concetti esposti nel paragrafo 2.2.2 sono comunque validi anche nel caso di una supply chain, dal momento che i flussi di prodotti e di informazioni all'interno della stessa comportano la necessità di attività logistiche. Per questo motivo, la corretta gestione dei flussi all'interno di una supply chain rappresenta una leva strategica, con la quale si può acquisire una posizione di vantaggio competitivo duraturo rispetto alla concorrenza. Tale vantaggio fa sì che la supply chain si differenzi rispetto alla concorrenza, e conquisti le preferenze dei consumatori finali rispetto ai concorrenti.

La differenziazione rispetto ai concorrenti può essere ottenuta in vari modi. In molti contesti, il costo (e quindi il prezzo di vendita del prodotto finito) rappresenta il principale elemento con cui una supply chain può distinguersi agli occhi del cliente. In questo caso, il competitor che acquisisce la posizione di maggiore successo è quello caratterizzato dai minori costi logistici totali, che è quindi in grado di ottenere il più alto surplus a parità di prezzo, ovvero di realizzare i prezzi migliori a parità di surplus. Si parla di *commodity* per indicare settori produttivi nei quali chi pratica il prezzo più basso detiene le quote di mercato maggiori. In altri contesti, è possibile che i competitor decidano di differenziare il prodotto sfruttando altre leve operative, per esempio elementi intangibili, quali il marchio aziendale, l'innovazione tecnologica o il livello di servizio fornito.

La rilevanza del marchio o della reputazione del produttore possono costituire una fonte di vantaggio competitivo in contesti particolari, come nella produzione di beni di lusso o nel settore della moda. In caso di differenziazione attraverso la leva dell'innovazione tecnologica, la supply chain è in grado di realizzare prodotti che possiedono funzionalità innovative, non presenti nei prodotti commercializzati dai concorrenti; quindi, il cliente ha a disposizione prodotti che offrono migliori prestazioni tecniche rispetto a quelli della concorrenza.

Con riferimento all'ultima leva di vantaggio competitivo, il servizio al cliente, va innanzi tutto precisato che con il termine servizio si definisce l'insieme delle prestazioni, sostanzialmente di natura immateriale, che una supply chain è in grado di realizzare per soddisfare le esigenze e le aspettative espresse o implicite del cliente. Gli elementi di servizio possono essere classificati in pre-, post- o transazionali, a seconda che vengano posti in essere prima, dopo o durante la transazione con il cliente. Esempi di fattori di servizio pre-transazionali sono la frequenza delle visite o dei contatti con il cliente, la fornitura di assistenza preliminare tecnica o di assistenza contrattuale, la fornitura di sistemi per il monitoraggio dello stato di avanzamento dell'ordine o la modalità di gestione degli imprevisti. Ricadono tra i fattori post-transazionali la gestione dei reclami, delle installazioni in loco o il ritiro di prodotti dismessi dal cliente. Gli aspetti di servizio di natura logistica ricadono nella sfera transazionale e includono il lead time di evasione dell'ordine, l'accuratezza, la puntualità e la flessibilità delle consegne.

Un buon livello di servizio comporta un incremento del valore globale del prodotto, che include quindi sia le prestazioni tecniche del prodotto sia il servizio a esso associato. La scelta del livello di servizio come leva strategica per l'acquisizione di un vantaggio competitivo in termini di valore percepito del prodotto è diffusa soprattutto nei settori merceologici maturi, dove i prodotti sono indifferenziati dal punto di vista tecnologico. Si può senz'altro affermare che quanto più mercato e prodotto sono maturi, tanto maggiore è l'importanza strategica del livello di servizio offerto. In altre situazioni, come si vedrà nel paragrafo seguente, la supply chain imposta proprio sul servizio al cliente la propria strategia competitiva; in questi casi, la supply chain ha come target dei propri prodotti clienti che richiedono elevati standard di servizio e che il più delle volte sono disposti a riconoscere a tali prestazioni un prezzo.

2.2.4.2 La coerenza strategica

Esiste una forte correlazione tra la scelta della dimensione competitiva e la strategia che la supply chain intende perseguire (Chopra e Meindl, 2007). Per chiarire il concetto, è necessario definire dapprima la strategia competitiva di una azienda, e quindi la strategia di una supply chain, che, a sua volta, richiede la definizione della strategia delle aziende componenti la supply chain stessa.

In base ai concetti espressi finora, la strategia competitiva di un'azienda rappresenta l'insieme delle esigenze del cliente che l'azienda si propone di soddisfare, in termini di:

– esigenze di prodotto (brand, livello di innovazione, affidabilità e vita utile, o qualità);
– prestazioni di servizio (fattori pre-, post- e transazionali);
– prezzo.

Per evidenziare il legame tra strategia competitiva e valore generato da una azienda, può essere utile fare riferimento ai processi normalmente coinvolti nella catena del valore (Porter, 1985) di un'azienda (Fig. 2.4).

La *catena del valore* si compone di 5 processi primari (logistica interna, operations, logistica esterna, marketing e vendite, servizi post-vendita) e di 4 processi di supporto (infrastruttura aziendale, gestione delle risorse umane, sviluppo della tecnologia, approvvigionamenti). I processi primari sono quelli direttamente connessi alla realizzazione di un prodotto e alla sua distribuzione sul mercato. Il punto di partenza, implicito, della catena del valore è quindi lo sviluppo del prodotto, attività con la quale vengono definite le specifiche del nuovo prodotto. La corrispondente "strategia di sviluppo prodotto" si occuperà quindi di definire il paniere di prodotti che l'azienda si propone di sviluppare durante un dato orizzonte temporale, indicando le modalità di produzione, e specificando, eventualmente, se lo sviluppo sarà interamente affidato ad attività interne all'azienda o se si farà ricorso a esternalizzazione di alcune attività. Completata la realizzazione del prodotto, seguiranno attività di marketing, per la pubblicizzazione del prodotto stesso. La corrispondente "strategia di marketing" verterà sulla definizione dei settori di mercato nei quali il prodotto dovrà essere venduto e commercializzato, del prezzo e di eventuali campagne promozionali. Il discorso può essere facilmente esteso alla gestione dei servizi post-vendita.

La "strategia di supply chain" prescinde dalla singola azienda o funzione aziendale e riguarda, invece, l'intero sistema. Tale strategia deve stabilire le modalità di approvvigionamento delle materie prime, di trasporto dei materiali da e a ciascuna azienda componente la supply chain, di distribuzione dei prodotti al cliente e di fornitura del servizio post-vendita; per ciascuno di tali processi, dovrà inoltre definire l'opportunità di ricorrere a forniture esterne. Inoltre, una strategia di supply chain deve stabilire il ruolo che ciascuna azienda appartenente alla supply chain svolge nella consegna del prodotto al cliente finale.

Una supply chain è in grado di acquisire una posizione di vantaggio competitivo sul mercato solo se le strategie competitive adottate dai singoli attori sono coerenti e allineate in

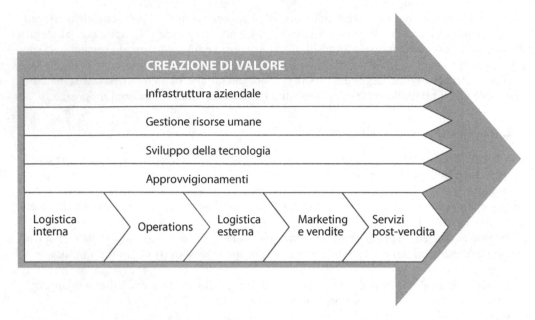

Fig. 2.4 La catena del valore (Porter, 1985)

un'unica strategia comune di supply chain. Si parla di coerenza strategica (*strategic fit*) per indicare l'allineamento tra la strategia competitiva di un'azienda e quella della supply chain nella quale l'azienda è inserita. L'allineamento è relativo agli obiettivi competitivi da conseguire, quali, principalmente, le esigenze del cliente che la supply chain e l'azienda al suo interno si propongono di soddisfare in termini di prodotto-servizio-prezzo.

2.2.4.3 Gli step verso la coerenza strategica

È possibile individuare tre principali step che consentono a una supply chain di raggiungere la coerenza strategica (Chopra e Meindl, 2007):

1. individuazione del cliente/mercato e valutazione dell'incertezza della domanda;
2. valutazione delle capacità della supply chain e dell'incertezza di fornitura;
3. verifica del livello di prontezza *vs* incertezza della domanda.

Lo step 1 mira a definire il cliente/mercato che la supply chain intende soddisfare, e a valutare il livello di incertezza associato a tale cliente/mercato. Il punto di partenza per il successo di una supply chain è capire la natura della domanda di prodotti finiti che deve essere soddisfatta (Fisher, 1997). Tra gli aspetti da considerare a tale scopo vi sono, per esempio, il ciclo di vita del prodotto, la possibilità di prevedere la domanda con precisione, la varietà di prodotti che devono essere realizzati, il lead time che il cliente è disposto ad attendere per avere il prodotto, il livello di servizio richiesto o il livello di innovazione richiesto per il prodotto. Inoltre, un segmento omogeneo di clienti avrà esigenze simili in relazione ai parametri citati; se invece una supply chain decide di servire più di un segmento di clienti, dovrà tener conto di esigenze molto diverse tra loro.

Il principale distinguo in merito alla natura della domanda di prodotti finiti è quello tra prodotti funzionali e prodotti innovativi (Fisher, 1997). Un *prodotto funzionale* corrisponde a un bene che il consumatore acquista in risposta a necessità primarie; ne sono esempi i prodotti alimentari (Salin, 1998). I bisogni primari del consumatore non subiscono sostanziali variazioni nel tempo; la domanda di prodotti funzionali è quindi relativamente stabile e tali prodotti hanno un ciclo di vita piuttosto lungo. La scelta di produrre e fornire al cliente un prodotto funzionale comporta, tuttavia, il confronto con molteplici produttori e concorrenti; ne deriva che il prodotto non può essere venduto a prezzi particolarmente alti. Dal punto di vista del profitto ottenibile dalla supply chain, si ha quindi un surplus piuttosto ridotto. Per contare su un margine più ampio, i produttori possono introdurre elementi di innovazione nel prodotto, ottenendo *prodotti innovativi*. In questo caso, tuttavia, i prodotti tendono ad avere un ciclo di vita più breve, e la domanda diventa più incerta e difficile da prevedere.

L'incertezza della domanda (*demand uncertainty*) comprende una componente "generale" e una componente "implicita" (Chopra e Meindl, 2007). A livello "generale", l'incertezza della domanda è riconducibile alla difficoltà di prevedere se un cliente richiederà e acquisterà il prodotto. L'aspetto "implicito" dell'incertezza della domanda è legato allo specifico settore di mercato che l'azienda ha deciso di servire e al livello di servizio che il cliente richiede per la fornitura. Per esempio, un'azienda che opera per la fornitura urgente di prodotti affronta un'incertezza implicita maggiore rispetto a un'azienda che opera per la fornitura dello stesso prodotto con un lead time più ampio, in quanto quest'ultima ha più tempo a disposizione per l'evasione dell'ordine. L'incertezza della domanda dipende in larga misura dalla tipologia di prodotti realizzata dalla supply chain, e in particolare dal fatto che i prodotti realizzati siano di tipo funzionale o innovativo; inoltre, si rileva comunemente che l'incertezza della domanda è maggiore se si considerano prodotti non maturi. Ovviamente, una maggiore incertezza della domanda conduce a notevoli difficoltà nella previsione della stessa, rendendo altrettanto difficile allineare la richiesta di prodotti con la fornitura. Questo ha evidenti ripercussioni sul profitto ottenibile dalla supply chain: un disallineamento tra domanda e fornitura conduce, infatti, o a un'eccessiva disponibilità di prodotti, che quindi non possono essere assorbiti dal mercato e generano costi per il mantenimento a scorta, o a uno stock-out, che risulta in mancate vendite e perdita di ricavi (Fisher, 1997).

Una volta individuato il mercato di riferimento e analizzata la domanda, lo step 2 consiste nel valutare la capacità della supply chain di soddisfare il cliente che ha deciso di servire. Si parla, in questo caso, di incertezza della fornitura (*supply uncertainty*). L'incertezza della fornitura dipende da diversi fattori, tra i quali l'introduzione di un elemento di innovazione nel prodotto o il posizionamento del prodotto all'interno del suo ciclo di vita (un prodotto maturo e diffuso determina una minore incertezza nella fornitura). L'obiettivo di questo secondo step è quindi quello di delineare la supply chain in modo che sia in grado di rispondere alla richiesta del cliente, riducendo l'incertezza nella fornitura. A tale scopo, è necessario valutare due ulteriori aspetti della supply chain, ossia la prontezza (*responsiveness*) e l'efficienza (*efficiency*). La prontezza è la capacità di una supply chain di rispondere alle richieste del cliente, garantendo la fornitura di una buona varietà di prodotti, in tempi brevi e con un elevato livello di servizio, gestendo anche un'eventuale incertezza della domanda. Un elevato livello di prontezza determina, ovviamente, un corrispondente costo: per esempio, per garantire la fornitura di numerosi prodotti o di elevate quantità di prodotto, l'azienda deve sovradimensionare la propria capacità produttiva, il che comporta costi di investimento e di esercizio. Al concetto di prontezza è quindi collegato quello di efficienza, che tiene conto dei costi sostenuti per fornire il prodotto al cliente. Dato il legame esistente tra prontezza ed efficienza, è possibile stabilire una frontiera delle prestazioni di una supply chain, che definisce il livello massimo di prontezza ottenibile da una supply chain mantenendo costante il costo logistico totale. Come si può osservare dall'esempio illustrato in Fig. 2.5, una supply chain non posizionata sulla frontiera (quale è quella indicata con A in figura) ha margini di miglioramento, in termini di costo e di prontezza: può quindi, attraverso l'ottimizzazione dei propri processi interni, arrivare a un livello di prontezza migliore riducendo al contempo i costi totali logistici. Viceversa, una supply chain che abbia raggiunto la frontiera delle prestazioni (quale è quella indicata con B in figura), può incrementare il proprio livello di prontezza solo con un corrispondente peggioramento del livello di efficienza.

Poiché la frontiera determina un chiaro collegamento tra prontezza ed efficienza, una supply chain deve altresì decidere se focalizzarsi principalmente sull'una o sull'altra dimensione. Tale scelta è rilevante, dal momento che primeggiare in una delle due dimensioni comporta automaticamente livelli di prestazione ridotti nella seconda.

Lo step 3 consiste, infine, nel verificare che il livello di prontezza che la supply chain ha deciso di perseguire sia allineato con l'incertezza implicita della domanda nel settore in cui essa opera. In particolare, per una supply chain che operi in un settore caratterizzato da notevole incertezza della domanda la condizione ottimale è rappresentata da un elevato livello di prontezza; al contrario, operando in un contesto caratterizzato da ridotta variabilità della domanda, la supply chain potrà privilegiare un'elevata efficienza (Fisher, 1997). Con riferimento al contesto alimentare, il prodotto food è, di norma, caratterizzato da ridotta variabilità della domanda e incertezza della fornitura; pertanto, la supply chain alimentare deve preferibilmente focalizzarsi sulla riduzione dei costi totali logistici, in modo da contenere il prezzo di vendita del prodotto finito. Viceversa, il focus sulla prontezza comporterebbe eccessivi

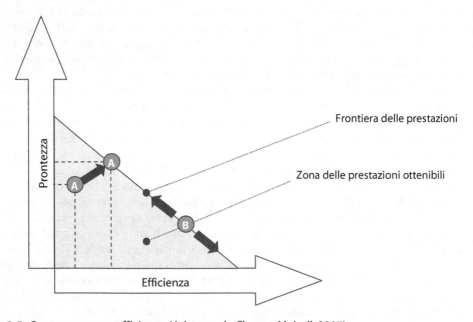

Fig. 2.5 Curva prontezza efficienza (Adattata da Chopra, Meindl, 2007)

costi logistici totali, che renderebbero proibitivo il prezzo del prodotto alimentare per il consumatore finale (Salin, 1998).

Infine, si è osservato in precedenza che la frontiera prontezza-efficienza delinea la condizione limite alla quale un'azienda può tendere, in quanto indica il livello massimo di prestazioni ottenibile in funzione del costo totale che la supply chain è disposta a sostenere. Tuttavia, un'azienda che si trovi sulla frontiera delle prestazioni ha comunque la possibilità di migliorarsi ulteriormente nel lungo periodo. Per esempio, l'introduzione di una nuova tecnologia rappresenta uno strumento che consente all'azienda di modificare i propri processi interni, rendendoli più efficienti, riducendo quindi il costo complessivo a parità di prestazioni fornite. La tecnologia RFID costituisce un esempio di tecnologia che può essere utilizzata per incrementare l'efficienza dei processi aziendali, spostando così la frontiera efficienza-prontezza.

Inoltre, affinché la supply chain funzioni coerentemente con gli obiettivi strategici definiti, è fondamentale l'aspetto legato alla gestione dell'informazione. Come osservato nei paragrafi precedenti, connesso al flusso fisico dei prodotti, esiste un flusso bidirezionale delle informazioni tramite il quale il flusso di prodotto viene gestito all'interno del sistema. È grazie alla disponibilità di informazioni accurate, selettive e puntuali e condivise in maniera trasparente dagli attori coinvolti che è possibile massimizzare l'efficienza e la prontezza della supply chain, migliorando le prestazioni di servizio e contemporaneamente contenendo il prezzo del prodotto fornito. A tale riguardo, la tecnologia RFID e l'EPC network – in quanto tecnologie a basso costo abilitanti, rispettivamente, selettività e accuratezza dell'informazione, la prima, e puntualità e trasparenza dell'informazione sull'intera supply chain, la seconda – rappresentano strumenti in grado di esercitare notevole impatto sulle prestazioni di prodotto-servizio-prezzo erogate dalla supply chain al cliente finale e quindi sulla competitività dell'intero sistema.

2.2.4.4 La coerenza strategica con clienti e fornitori

I passi per il raggiungimento della coerenza strategica di una supply chain devono essere condivisi da tutti gli attori che ne fanno parte, attraverso una visione di insieme. Infatti, poiché è l'intera supply chain che controlla e gestisce il flusso di beni dai fornitori di materie prime fino ai clienti finali, le relazioni tra gli attori che la costituiscono (in particolare, clienti e fornitori) assumono un ruolo di notevole importanza per assicurare che tale flusso si sviluppi in modo efficiente, e che la supply chain sia quindi in grado di soddisfare le richieste del cliente finale (Chopra e Meindl, 2007).

Naturalmente, in assenza di un orientamento comune le relazioni tra gli attori della supply chain risultano conflittuali: ciascuna azienda agisce indipendentemente dalle altre perseguendo i propri obiettivi interni e cercando quindi di minimizzare i propri costi o massimizzare i propri profitti interni, trasferendo i costi presso gli attori a monte o a valle della supply chain. Per esempio, nell'ottica di massimizzare il profitto interno, un fornitore potrebbe cercare di aumentare il lead time delle consegne per minimizzare il proprio costo logistico di trasporto. Se la strategia competitiva della supply chain nel suo complesso è però quella di fornire un elevato livello di servizio al cliente finale, questa strategia di gestione dei trasporti da parte di un anello potrebbe compromettere la capacità del sistema di consegnare il prodotto al cliente nei tempi richiesti, servizio per il quale il cliente è spesso disposto a riconoscere un prezzo superiore.

Spesso, inoltre, i rapporti conflittuali tra clienti e fornitori lungo la catena, gestiti in un'ottica prettamente transazionale, portano a riversare i costi su un attore a monte o a valle. Ciò non aumenta il livello di competitività complessivo del sistema, dal momento che tali costi si traducono comunque in un incremento di prezzo di vendita per il consumatore finale. La strategia conflittuale descritta era frequentemente osservata fino agli anni Sessanta, ma in alcuni contesti si può osservare ancora oggi. La mancanza di una strategia comune è ovviamente una situazione limite, a partire dalla quale si possono individuare numerose condizioni intermedie, fino ad arrivare al totale coordinamento tra gli attori della supply chain (Chopra e Meindl, 2007). In quest'ultimo caso tutti gli attori della supply chain, e tutte le funzioni aziendali all'interno di ognuno di essi, agiscono con l'obiettivo di soddisfare le richieste del cliente finale, coerentemente con la strategia competitiva fissata. In particolare, ogni azione è valutata nel contesto dell'intera supply chain così da ottenere il massimo profitto per il canale. Il vantaggio competitivo, quindi, non è acquisito da un singolo attore del canale (per esempio un produttore, un fornitore o un cliente), ma piuttosto dall'intera supply chain (Christopher, 2005). In questo senso si parla di *supply chain management*, letteralmente "gestione della supply chain", per sottolineare la necessità di uno stretto rapporto tra gli elementi della catena, al fine di raggiungere un vantaggio competitivo generale, che vada oltre quello del singolo attore.

2.3 Gli imballaggi nella logistica

2.3.1 Imballaggio primario, secondario e terziario

Il DLgs 22/97 definisce l'imballaggio (*packaging*) come "il prodotto, composto di materiali di qualsiasi natura, adibito a contenere e a proteggere determinate merci dalle materie prime ai prodotti finiti, a consentire la loro manipolazione e la loro consegna dal produttore al consumatore o all'utilizzatore, e ad assicurare la loro presentazione, nonché gli articoli a perdere usati allo stesso scopo". L'imballaggio ha sia una funzione di marketing, relativa alla presentazione del prodotto al consumatore finale, sia una funzione prettamente logistica, che sarà discussa in questo paragrafo.

L'imballaggio influenza direttamente la realizzazione delle attività logistiche e le prestazioni che possono derivarne; ha, infatti, impatto sull'efficienza delle operazioni di material handling, di stoccaggio, di trasporto e di movimentazione del prodotto all'interno della supply chain, incidendo quindi sui costi relativi. Inoltre, un imballaggio adeguatamente progettato permette di ridurre i costi derivanti dalle possibili perdite di prodotto tra i vari processi della supply chain. Dal punto di vista logistico, la funzione principale del packaging è quella di organizzare le merci, proteggerle e renderle identificabili (vedi par. 2.3.2 e 2.3.3) in modo da permetterne la movimentazione, lo stoccaggio, il trasporto e la distribuzione, la vendita e l'utilizzazione da parte del consumatore finale.

All'interno di un sistema logistico sono riconoscibili tre diversi livelli di imballaggio. Partendo dall'unità elementare di prodotto destinata al consumo da parte del cliente finale, il primo livello è l'*imballaggio primario*, o *imballaggio di vendita*, definito dal DLgs 22/97 "imballaggio concepito in modo da costituire, nel punto vendita, una unità di vendita per l'utente finale o per il consumatore". L'imballaggio primario rappresenta quindi la singola confezione di prodotto acquistata dal consumatore presso un punto vendita. Esempi di imballaggi primari comprendono pacchetti, lattine, bottiglie, astucci, o blister. L'imballaggio primario svolge specifiche funzioni di tipo tecnico. Per esempio, è indispensabile per contenere e rendere trasportabili e movimentabili i prodotti liquidi (come è il caso di molti prodotti alimentari). Consente la suddivisione del prodotto all'interno della supply chain a seconda della quantità richiesta: per esempio, un centro di distribuzione può richiedere un intero pallet di acqua, mentre il consumatore finale può acquistare, al limite, una singola bottiglia. Protegge il prodotto da eventuali inquinanti presenti nell'ambiente; evitando allo stesso tempo dispersioni del prodotto verso l'esterno, il che può essere rilevante per prodotti tossici. Infine, l'imballaggio primario presenta numerose informazioni relative al prodotto, che vengono trasmesse al cliente finale attraverso l'uso di una simbologia non ambigua e di facile comprensione.

Il secondo livello di imballaggio, *imballaggio secondario* o *imballaggio multiplo*, è definito dal DLgs 22/97 come "imballaggio concepito in modo da costituire, nel punto vendita, il raggruppamento di un certo numero di unità di vendita, indipendentemente dal fatto che sia venduto come tale dal punto di vendita all'utente finale, o serva solo a facilitare il rifornimento degli scaffali nel punto vendita. Può essere rimosso dal prodotto senza alterarne le caratteristiche". Dalla definizione si evince che la principale funzione dell'imballaggio multiplo è quella di racchiudere un certo numero di imballaggi primari, in modo da facilitare le operazioni di movimentazione dei prodotti all'interno dei punti vendita. Esempi di imballaggi secondari sono le scatole in cartone, i fardelli o i vassoi. Come si è visto per l'imballaggio primario, anche l'imballaggio secondario svolge la funzione di proteggere il prodotto. Più precisamente, l'imballo secondario racchiude al suo interno un certo numero di imballi di vendita, che risultano in questo modo protetti da eventuali sollecitazioni meccaniche che il prodotto potrebbe subire durante le fasi di movimentazione, stoccaggio, trasporto e distribuzione, o da un'eventuale esposizione accidentale ad agenti esterni. Inoltre, l'imballo secondario protegge le unità di vendita da furti o manomissioni, in quanto è di norma piuttosto difficile da aprire e rende evidenti eventuali segni di effrazione o danno al contenuto. Per quanto concerne l'impatto sulle attività logistiche, l'imballaggio secondario ha lo scopo di ottimizzare le attività di movimentazione, stoccaggio e distribuzione del prodotto. Nello specifico, gli imballaggi secondari sono posizionati su un'unità di carico in modo da saturarne il più possibile lo spazio, minimizzando così i costi delle movimentazioni, poiché il numero di movimentazioni è minimo a parità di prodotto trasportato.

L'*imballaggio terziario*, o *imballaggio di trasporto*, costituisce il terzo e ultimo livello, ed è definito dal DLgs 22/97 come "imballaggio concepito in modo da facilitare la manipolazione e il trasporto di un certo numero di unità di vendita o di imballaggi multipli per evitare la loro manipolazione e i danni connessi al trasporto, esclusi i container". In base a tale definizione, l'imballaggio terziario serve dunque a raggruppare unità di vendita o imballaggi secondari, svolgendo quindi una funzione di aggregazione. Anche in questo caso, l'utilizzo dell'imballaggio terziario è finalizzato a ottimizzare le attività di movimentazione e di trasporto dei prodotti. Infatti, l'imballaggio terziario viene utilizzato soprattutto all'interno della supply chain, e molto raramente arriva all'utilizzatore finale. Allo scopo di ottimizzare le attività di trasporto e movimentazione, nel corso degli anni si è diffuso in Europa l'uso del pallet di misura standard 800×1200 mm, definito pallet "EUR", che consente la saturazione completa del vano di carico di un mezzo di trasporto. Altri tipi di imballaggi terziari specifici per l'ambito del food saranno descritti nel capitolo 6.

2.3.2 Sistemi di identificazione

I sistemi di identificazione dei prodotti e degli imballaggi sono forme di standardizzazione delle informazioni relative agli stessi, in modo che tali informazioni possano essere comprese senza difficoltà da tutti gli attori della supply chain.

In Italia, e in altri 100 Paesi del mondo, le informazioni associate ai prodotti alimentari e di largo consumo in generale sono codificate attraverso il sistema GS1. Si tratta di un sistema di codifica biunivoco, nel quale ogni unità (sia essa un'unità di vendita, un imballaggio secondario o un'unità di carico) viene identificata da un solo codice e a ogni codice corrisponde una sola unità, in tutti i Paesi del circuito GS1. In Italia, la gestione dei codici GS1 è svolta dall'ente Indicod-Ecr.

Il codice GS1 utilizzato per l'identificazione delle unità di vendita destinate al consumatore è noto come GTIN (*Global Trade Item Number*) e può essere costituito da 8, 12, 13 o 14 cifre (Indicod-Ecr, 2010b). Il codice GTIN-13, per esempio, è formato da 13 cifre e fornisce informazioni quali: Paese di provenienza del prodotto, azienda proprietaria del marchio, prodotto e codice referenza. In particolare, la provenienza del prodotto è riconoscibile dal prefisso nazionale, costituito dalle prime due cifre del GTIN; tale prefisso è assegnato da GS1 ai propri rappresentanti presso i vari Paesi in cui la codifica è in uso; all'Italia sono assegnati prefissi nazionali compresi tra 80 e 83. Le successive cifre del GTIN comprendono, nell'ordine, codice dell'azienda proprietaria del marchio (dalla terza alla nona cifra), codice del prodotto (dalla decima alla dodicesima cifra) e cifra di controllo (tredicesima cifra), secondo lo schema di Fig. 2.6.

Per applicazioni specifiche, e in particolare nei casi in cui non sia utilizzabile, per motivi di spazio, la codifica GTIN a 13 cifre, è possibile impiegare in alternativa il codice GTIN-8. Tale codice, il cui schema è proposto in Fig. 2.7, permette di identificare il prodotto e il Paese di provenienza, ma non contiene ulteriori informazioni.

Spesso il prodotto food non ha un prezzo di vendita predeterminato, poiché il prezzo dipende dal peso di prodotto acquistato. È il caso, per esempio, di alcuni prodotti freschi o dell'ortofrutta. Il tipo di imballaggio che ne deriva è detto "a peso variabile", ed è identificato attraverso un codice specifico, valido solo in ambito nazionale. Il codice a peso variabile è sempre composto di 13 cifre, la prima delle quali – che identifica l'imballaggio a peso variabile – in Italia è 2. Le rimanenti cifre indicano la referenza (dalla seconda alla settima cifra), il prezzo, espresso in euro (dall'ottava alla dodicesima cifra) e una cifra di controllo. Il corrispondente schema è riportato in Fig. 2.8.

Prefisso EAN nazionale	Codice proprietario del marchio	Codice prodotto	Cifra di controllo
N1-N2 (compreso tra 80 e 83)	N3-N9	N10-N12	N13

Fig. 2.6 Struttura del codice GTIN-13 per imballaggi primari (Fonte: Indicod-Ecr, 2010b)

Prefisso EAN nazionale	Codice prodotto	Cifra di controllo
N1-N2	N3-N7	N8

Fig. 2.7 Struttura del codice GTIN-8 per imballaggi primari (Fonte: Indicod-Ecr, 2010b)

Prefisso	Codice prodotto	Prezzo	Cifra di controllo
2	N2-N7	N8-N12	N13

Fig. 2.8 Struttura del codice GTIN-13 per imballaggi primari a peso variabile (Fonte: Indicod-Ecr, 2010b)

Si consideri ora l'identificazione di un imballaggio multiplo, contenente più unità destinate al consumatore finale. Anche questo imballaggio può essere a peso fisso o variabile. Nel primo caso, l'identificazione avviene attraverso un codice numerico GTIN-13, diverso da quello che identifica il contenuto dell'imballaggio primario, e messo a disposizione da GS1 a ciascun produttore. Questo codice si distingue da quello dell'imballaggio primario in quanto la prima cifra è sempre uguale a 0. Le altre informazioni contenute sono: il Paese di provenienza del prodotto, riconoscibile dal prefisso nazionale, identico al caso visto precedentemente (dalla seconda alla terza cifra), l'azienda proprietaria del marchio, riconoscibile dalla quarta alla decima cifra, e il tipo di imballo (dall'undicesima alla tredicesima cifra). Completa il codice una cifra di controllo.

Nel caso di un imballaggio secondario "omogeneo", contenente cioè unità elementari identificate con lo stesso codice, è utilizzabile un codice GTIN-14; questo è identico, nella struttura, a un GTIN-13 per un'unità di vendita, al quale è anteposta una cifra nota come "indicatore" o "variante logistica", il cui valore è compreso tra 1 e 8, secondo lo schema mostrato in Fig. 2.9.

Nel caso, invece, di un imballaggio secondario in cui il processo produttivo non assicuri costanza di peso, o di dimensione, o di lunghezza, il risultante imballaggio è a peso variabile. Per identificare l'unità imballo, la quantità di prodotto contenuta è un'informazione rilevante; per tali prodotti si adotta quindi la numerazione GTIN-14, riconoscibile da quella di un imballaggio primario perché la prima cifra è 9. L'informazione relativa alla quantità di prodotto contenuta è espressa con la simbologia GS1-128. Il codice risulta strutturato come mostrato in Fig. 2.10.

Come si è visto, gli imballaggi terziari sono unità dal contenuto più o meno omogeneo, pensate per raggruppare più imballaggi di vendita o multipli e per agevolarne il trasporto all'interno di una supply chain (par. 2.3.1). Un requisito per la loro identificazione è quindi la possibilità di identificare univocamente ogni singola unità logistica. La numerazione utilizzata a tale scopo è sempre definita da GS1 ed è nota come SSCC (*Serial Shipping Container Code*). Il codice SSCC è un codice numerico composto da 18 caratteri (Fig. 2.11), che consente l'identificazione univoca di un'unità logistica all'interno di una supply chain, seguendone

Variante logistica	Prefisso EAN nazionale	Codice proprietario del marchio	Codice prodotto	Cifra di controllo
	N2-N3			
1-8	(compreso tra 80 e 83)	N4-N10	N11-N13	N14

Fig. 2.9 Struttura del codice GTIN-14 per imballaggi secondari a peso fisso (Fonte: Indicod-Ecr, 2010c)

Indicatore	Prefisso EAN nazionale	Codice proprietario del marchio	Codice imballo	Cifra di controllo
9	N2-N3			
	(compreso tra 80 e 83)	N4-N10	N11-N13	N14

Fig. 2.10 Struttura del codice GTIN-14 per imballaggi secondari a peso variabile (Fonte: Indicod-Ecr, 2010c)

AI	Cifra di estensione	Prefisso EAN nazionale	Codice azienda	Codice sequenziale pallet	Cifra di controllo
(00)	N 1	N 2-N 3 (compreso tra 80 e 83)	N4 -N10	N1 1-N 17	N1 8

Fig. 2.11 Struttura del codice SSCC per imballaggi terziari (Fonte: Indicod-Ecr, 2010c)

sia il flusso fisico sia quello delle relative informazioni. Il codice SSCC è sempre preceduto dall'identificativo (*Application Identifier*, AI) (00).

In aggiunta all'SSCC, all'imballaggio terziario possono essere attribuite altre informazioni, rappresentate attraverso appositi AI e codificate secondo lo standard GS1-128. La rappresentazione visiva di tali informazioni avviene attraverso l'etichetta logistica (Indicod-Ecr, 2010a), un documento di dimensioni standard (105×148 mm o 148×210 mm, a seconda della quantità di informazioni da inserire), che si presenta suddiviso in tre parti:
– la sezione superiore è una zona nella quale possono essere riportate informazioni senza un formato di codifica predefinito; per esempio il mittente, il relativo indirizzo, il logo del produttore;

Tabella 2.2 Informazioni per l'identificazione di imballaggi terziari (Fonte: Indicod-Ecr, 2006)

Tipo di imballaggio terziario	Informazioni
Omogeneo standard Monoprodotto Monolotto Esempio pallet di produzione	– SSCC unità – GTIN dell'imballaggio secondario, preceduto dall'AI (02) – Numero di colli contenuti, preceduto dall'AI (37) – Numero di lotto, preceduto dall'AI (10) – Un'informazione a scelta tra: data di produzione - AI (11), data di confezionamento - AI (13), *best before date* - AI (15), data di scadenza - AI (17)
Omogeneo non standard Monoprodotto Non monolotto Esempio pallet rilavorato	– SSCC unità – GTIN dell'imballaggio secondario, preceduto dall'AI (02) – Numero di colli contenuti, preceduto dall'AI (37). In aggiunta può essere inserita una misura della quantità di prodotto contenuto (peso netto, lunghezza o volume) preceduta dal rispettivo AI – Una delle seguenti informazioni, se applicabili al caso specifico (se l'informazione è la stessa per tutti gli imballaggi secondari contenuti): data di produzione - AI (11); data di confezionamento - AI (13); *best before date* - AI (15); *expiry date* - AI (17)
Non omogeneo Non monoprodotto Esempio *pallet picking*	– Numero di colli contenuti, preceduto dall'AI (37). In aggiunta può essere inserita una misura della quantità di prodotto contenuto (peso netto, lunghezza o volume) preceduta dal rispettivo AI

- la parte intermedia contiene informazioni relative all'imballaggio terziario, sempre prive di codifica;
- la parte inferiore riporta le informazioni precedenti in forma di codice a barre e di codice SSCC, l'unica informazione che deve essere obbligatoriamente presente in etichetta.

Ai fini dell'identificazione, è necessario osservare che un imballaggio terziario può essere omogeneo, costituito cioè da prodotti aventi tutti lo stesso GTIN, o eterogeneo, composto cioè da prodotti identificati da diversi GTIN. Inoltre, l'imballaggio terziario può contenere o meno un numero prefissato di imballaggi di livello inferiore; nel primo caso è detto standard. Infine, l'imballaggio terziario potrebbe costituire, in casi particolari, un'unità di vendita, qualora contenga una sola unità di prodotto (per esempio un elettrodomestico o un televisore) destinata al cliente finale. Come accennato, il codice SSCC è l'unica informazione obbligatoria per l'identificazione dell'imballaggio terziario. Per il resto, la struttura delle informazioni contenute nell'etichetta logistica è diversa in funzione della tipologia di imballaggio terziario, e segue lo schema riportato in Tabella 2.2.

2.3.3 Sistemi di codifica

Lo strumento standard attualmente utilizzato nel contesto del food e del largo consumo per l'identificazione dei prodotti e degli imballaggi è il codice a barre (*barcode*). Tale codice è stato sviluppato per contrassegnare i prodotti con un'apposita sequenza di linee chiare e scure, che viene riconosciuta da un lettore ottico e decodificata in un codice relativo a una referenza. Un barcode è quindi una rappresentazione grafica dei dati relativi a un prodotto mediante una tecnologia leggibile in maniera automatizzata da parte di lettori ottici (Indicod-Ecr, 2010a). Per l'identificazione dei prodotti destinati al consumo, sono in uso codici a barre unidimensionali. Lo standard utilizzato in Italia per codificare le informazioni all'interno di un barcode unidimensionale è noto come EAN (*European Article Number*), ed è un formato di codice a barre estensione dell'UPC (*Universal Product Code*, vedi capitolo 1).

In un barcode unidimensionale i dati sono rappresentati attraverso una successione di linee e spazi paralleli, di diverso spessore. La codifica delle informazioni è realizzata attraverso un adeguato rapporto tra lo spessore delle barre larghe e quello delle barre strette del barcode. In particolare, sono presenti 4 diversi spessori di barre e spazi, ognuno multiplo del modulo unitario, il cui spessore è di 0,33 mm. Il sistema di codifica è "continuo", ovvero sia barre sia spazi concorrono alla codifica a barre. Ogni carattere del codice è codificato in modo binario, e ogni carattere è codificato usando 7 moduli. Il codice risultante è leggibile nei 2 sensi, e può rappresentare un numero fisso di caratteri.

Nel caso di identificazione di unità di vendita, le due principali versioni del codice EAN sono denominate EAN-13 e EAN-8 e consentono di rappresentare codici di 13 o 8 caratteri, che ricalcano, rispettivamente, il GTIN-13 e il GTIN-8. La Fig. 2.12 riporta un esempio di codice a barre con codifica EAN-13.

Con riferimento all'imballaggio multiplo, si è osservato che il corrispondente identificativo è invece il GTIN-14 (par. 2.3.2). La sua rappresentazione all'interno di un barcode avviene attraverso la codifica ITF-14 o EAN.UCC-128 (Indicod-Ecr, 2010c).

In aggiunta al barcode, è stato recentemente sviluppato un nuovo supporto per l'identificazione dei prodotti destinati al consumo, noto come GS1 DataBar (Indicod-Ecr, 2010b). Si tratta di un codice a barre lineare, che utilizza gli AI, già visti nella descrizione del codice SSCC, per codificare sia il GTIN del prodotto, sia eventuali informazioni aggiuntive, come numero di lotto, peso netto o prezzo. Ne esistono diverse versioni, che si differenziano per

Fig. 2.12 Esempio di codice EAN-13 (Fonte: Indicod-Ecr, 2010b)

2 990004 006468

Fig. 2.13 Esempio di GS1 DataBar (Fonte: Indicod-Ecr, 2010b)

01)20012345678909

possibilità (o meno) di lettura omnidirezionale tramite lettori ottici, dimensioni del codice e tipo di informazioni codificate. Nella sua versione standard, di cui si riporta un esempio in Fig. 2.13, il GS1 DataBar consente di codificare il GTIN-14 di un imballaggio. L'utilizzo di tale codice è ancora in fase iniziale: le aziende produttrici e distributrici hanno cominciato a implementare il GS1 DataBar nel gennaio 2010.

2.4 L'impatto dei sistemi RFID nella logistica dei prodotti alimentari

2.4.1 Identificazione dei prodotti

Come si è detto nel paragrafo 2.3.3, l'identificazione di prodotti e imballaggi è necessaria per poter seguire con precisione i flussi degli stessi tra i diversi attori della supply chain e per garantire che prodotti e imballaggi siano riconosciuti univocamente ai diversi livelli del sistema distributivo. Nel contesto del food e del largo consumo in generale, la necessità di una precisa identificazione è particolarmente sentita, poiché gli ingenti flussi di prodotti e imballaggi possono compromettere la visibilità e la tracciabilità all'interno della supply chain (Auto-ID Centre, 2001).

Si è osservato che l'identificazione dei prodotti destinati al consumo è di norma supportata dal codice a barre, che viene letto da appositi lettori ottici, collocati in diversi punti all'interno della supply chain (Indicod-Ecr, 2010a). Per esempio, le unità di carico possono essere lette al momento del ricevimento presso un centro di distribuzione, mentre le unità di vendita possono essere lette presso le casse dei punti di vendita per registrarne l'uscita.

L'impiego della tecnologia RFID, quale supporto all'identificazione dei prodotti, ha alcuni importanti vantaggi rispetto all'uso del tradizionale barcode. Il principale vantaggio è rappresentato dalla possibilità di inserire all'interno del tag RFID molte più informazioni di quelle contenute nel barcode (Jones et al., 2004). Nel tag è codificato un seriale univoco EPC, analogo concettualmente al SGTIN (vedi cap. 1), che permette di identificare senza ambiguità la singola istanza della referenza (Bottani, Rizzi, 2008). All'interno dell'EPCglobal Network, utilizzando l'EPC come chiave, possono essere reperite non solo informazioni come lotto di produzione, data di scadenza del prodotto e materie prime utilizzate per la produzione, ma anche tutti i dati rilevanti per garantire la tracciabilità del prodotto, che potrebbero essere usati, per esempio, qualora si presenti la necessità di ritirare o richiamare un determinato lotto di prodotto dal mercato (par. 2.4.3). Inoltre, il tag RFID non presenta molti dei problemi di lettura che sono di norma associati all'impiego del barcode (Karkkainen, 2003). In particolare, per la corretta lettura, il barcode richiede che il lettore sia in vista con il codice a barre, che non vi siano ostacoli intermedi nel percorso lettore-codice, e che il codice sia in perfetto stato. L'identificazione mediante tecnologia RFID, oltre a essere completamente automatica, può avvenire contemporaneamente su più oggetti, grazie all'implementazione dei protocolli anticollisione di cui al capitolo 1.

D'altra parte, l'identificazione dei prodotti alimentari con tecnologia RFID può anche presentare alcune difficoltà pratiche, dovute alla presenza di acqua, nel prodotto, e di metallo, negli imballaggi di vendita. Tali materiali rendono difficoltosa la trasmissione del segnale tra tag e reader RFID, compromettendo la lettura. Nel caso di un'unità di carico, anche lo schema di pallettizzazione può incidere sulle prestazioni di lettura.

Allo scopo di valutare l'impiego della tecnologia RFID quale supporto all'identificazione dei prodotti alimentari e di largo consumo, il capitolo 3 riporta i risultati di test di lettura effettuati all'interno del laboratorio RFID Lab. I test hanno coinvolto numerosi prodotti alimentari e diverse tipologie di tag e reader RFID; i risultati possono quindi essere utilizzati come benchmark per valutare le prestazioni ottenibili dall'utilizzo della tecnologia RFID per l'identificazione dei prodotti food.

2.4.2 Gestione dei processi logistici

La supply chain alimentare è particolarmente sensibile a problematiche di natura logistica. In primo luogo, in molti casi vi è una considerevole distanza fisica tra le aree produttive e quelle di consumo, e ciò rende indispensabili trasporti adeguatamente progettati. I prodotti freschi rappresentano tuttavia il punto cruciale della supply chain alimentare, e per tali prodotti la logistica gioca un ruolo ancora più importante (McMeekin et al., 2006).

La natura "fresca" del prodotto alimentare obbliga a un ridotto lead time di fornitura del prodotto stesso, sebbene incrementare le prestazioni della supply chain, come precedentemente menzionato, generi costi. Alcuni autori suggeriscono l'utilizzo di appositi strumenti di *Information and Communication Technology* (ICT) per migliorare la rapidità dei processi di supply chain senza incrementare i corrispondenti costi. Il monitoraggio in tempo reale dei processi logistici è un ulteriore elemento che permette di ridurre il tempo di attraversamento della supply chain, evitando che il prodotto rimanga nel magazzino fino alla scadenza.

Il capitolo 4 si focalizza sulla gestione dei processi logistici dei principali attori di una supply chain alimentare (produttore, centro di distribuzione, punto vendita) tramite tecnologia RFID. Come sarà illustrato, l'impiego della tecnologia RFID richiede non solo l'acquisto e l'installazione di idonee apparecchiature, ma anche una sostanziale revisione delle procedure logistiche. D'altro canto, le letture RFID consentono di disporre di informazioni a un elevato livello di granularità, dalle quali possono essere derivati indici di prestazione che permettono di controllare e migliorare la gestione dei processi logistici.

2.4.3 Tracciabilità

La tracciabilità dei prodotti alimentari è uno degli aspetti più importanti e delicati della loro distribuzione, e a tale argomento è dedicato il capitolo 5 del volume. Le problematiche di sicurezza alimentare sono strettamente connesse alla struttura e alla gestione della supply chain. Il monitoraggio dei prodotti alimentari e la capacità di rispondere ai problemi relativi alla loro sicurezza richiedono, come prerequisito, che la supply chain sia in grado di tracciare i flussi di prodotto attraverso tutti gli attori che intervengono per portare il prodotto al consumatore: dal punto vendita al distributore o, se necessario, al produttore originario. Il problema cruciale legato alla tracciabilità dei prodotti è la possibilità di ritirare o richiamare un prodotto dal mercato, qualora sia individuato un potenziale pericolo per il consumatore finale. L'attività di ritiro/richiamo è ovviamente semplificata dall'utilizzo di strumenti di ICT, che rappresentano un valido supporto per la gestione della tracciabilità dei prodotti alimentari, in virtù della loro capacità di fornire informazioni in tempo reale circa la posizione di un prodotto nella supply chain (McMeekin et al., 2006; Sahin et al., 2002).

Soluzioni ICT, basate su tecnologia barcode utilizzata per l'identificazione dei prodotti nelle diverse fasi di lavorazione, sono già da tempo impiegate per agevolare le operazioni di tracking dei prodotti. Più recentemente la tecnologia RFID, supportata da una rete informativa adeguata, è emersa come strumento per migliorare la gestione della tracciabilità in virtù della capacità di memorizzare molte più informazioni sul prodotto finito rispetto al tradizionale barcode (Bottani, 2009). Come sarà illustrato nel capitolo 5 i vantaggi derivanti dall'impiego della tecnologia RFID nell'ambito della tracciabilità consistono, rispetto al barcode, nella maggiore granularità dell'informazione. La tecnologia RFID permette infatti, da un lato, di identificare non solo il lotto di produzione, ma, al limite, la singola unità di prodotto finito e, dall'altro, di restringere il campo degli attori interessati da un eventuale ritiro o richiamo; tale livello di dettaglio consente di intervenire con precisione in caso di ritiro o richiamo dei prodotti dal mercato.

2.4.4 Gestione degli asset logistici

Come già osservato in precedenza, per asset si intende una generica risorsa iscritta nel bilancio aziendale. Nel contesto logistico, con asset logistico (o *returnable transport item*, RTI) si intende un supporto logistico utilizzato per la movimentazione dei prodotti. Poiché sono beni durevoli, gli asset logistici sono spesso "a rendere", cioè vengono scambiati tra gli attori della supply chain attraverso la movimentazione dei prodotti. Tra gli attori di norma coinvolti nella movimentazione degli asset logistici vi sono: produttore di beni, distributore, punto vendita e un'eventuale società terza che gestisce il circuito di asset.

Dato che la gestione degli asset logistici coinvolge più attori, il controllo dei flussi risulta particolarmente difficoltoso. La principale conseguenza è la possibilità che si registrino, a fine anno, perdite di asset logistici: laddove i flussi di ritorno risultano essere complessi e articolati – per la presenza di numerosi attori e numerosi processi – non è infrequente che un'azienda smarrisca gli asset di sua proprietà, non solo a causa di furti, per esempio, ma anche di semplici errori nella gestione di carico e scarico. Gli asset sottratti o smarriti devono essere reintegrati dall'azienda, attraverso nuovi investimenti, e generano quindi costi. Tale aspetto è associato al fatto che la gestione degli asset è spesso costosa a causa dei tempi necessari per effettuarne l'inventario o perché perdite e furti possono dar luogo a contenziosi con i clienti o i fornitori di un'azienda.

I processi di gestione degli asset possono essere notevolmente semplificati se gli stessi sono identificati in maniera univoca attraverso un tag RFID. Tra i vantaggi che ne derivano, si può citare il fatto che l'impiego della tecnologia RFID consente la creazione di data warehouse EPCIS delle movimentazioni degli asset attraverso la supply chain; gli EPCIS possono essere aggiornati in tempo reale, fornendo così automaticamente anche l'inventario degli asset disponibili. Inoltre, la presenza di un tag permette di reperire, mediante l'EPCIS, informazioni aggiuntive relative all'asset, per esempio circa la necessità di interventi di manutenzione da effettuare sugli stessi. Tale informazione è particolarmente utile per una società fornitrice di asset, in quanto permette di controllarne lo stato e di intervenire su quelli che necessitano di manutenzione.

Il capitolo 6 esamina le potenzialità di impiego della tecnologia RFID quale strumento di supporto alla gestione degli asset logistici. Il capitolo si sviluppa attraverso l'analisi dettagliata di un caso reale, rappresentato da un primario produttore di alimenti e da un importante retailer del panorama della grande distribuzione organizzata (GDO) italiana. Per ciascuna azienda esaminata, viene effettuata dapprima un'indagine dei processi di gestione degli asset logistici, quindi un'analisi tecnico-economica dei costi e dei benefici risultati dall'impiego della tecnologia RFID per il miglioramento della gestione degli asset stessi.

2.4.5 Gestione dei processi di punto vendita

All'interno di un punto vendita la principale criticità alla quale la supply chain deve far fronte è lo stock-out di un prodotto. Il problema dell'out-of-stock è studiato da tempo in letteratura, in considerazione del ruolo che esso riveste in relazione alle vendite di prodotto finito. Il monitoraggio dello scaffale è particolarmente rilevante per i prodotti alimentari e di largo consumo, in quanto il mercato di tali prodotti è abbastanza saturo, caratterizzato da vendite stagnanti e ricco di prodotti sostitutivi. Per mantenere un'ampia e fidelizzata clientela, un punto vendita deve quindi assicurare la presenza a scaffale del prodotto richiesto, riducendo il più possibile il fenomeno dello stock-out.

Le cause dello stock-out sono diverse, ma possono essere ricondotte alle caratteristiche del flusso stesso delle vendite dei beni di largo consumo, che ne rende oggettivamente difficile il controllo. Le vendite di tali beni rappresentano un flusso "continuo" (un pezzo alla volta), mentre gli approvvigionamenti funzionano soprattutto "per lotti" (un cartone oppure un pallet alla volta, due volte al giorno o tre volte alla settimana). La variabilità e la stagionalità delle vendite, esasperate dalla pressione promozionale, rendono le due grandezze difficilmente armonizzabili tra loro e genera incertezza negli ordini. Si può quindi registrare uno stock-out per svariati motivi: per esempio, si ha stock-out se il prodotto non è stato riordinato, se è stato ordinato ma non è disponibile presso il fornitore, se la consegna è in ritardo, se è disponibile nel retro negozio ma non è stato spostato sullo scaffale del punto vendita, se si sono avuti incrementi inattesi della domanda o se i dati di inventario sono errati, e così via. Ovviamente, la mancanza di un prodotto sullo scaffale di punto vendita comporta una potenziale perdita di fatturato, che interessa in misura differente non solo il punto vendita, ma anche il produttore del bene mancante.

Nel settore food, e del largo consumo in generale, i recenti progetti pilota di RFID Lab hanno dimostrato come un'applicazione di filiera in grado di tracciare il prodotto lungo tutte le fasi della catena logistica fino al punto vendita possa portare valore per tutti gli attori coinvolti solamente se impatta non solo sui costi ma anche sui ricavi. Il monitoraggio in tempo reale dei flussi di prodotto, reso possibile dalla tecnologia RFID, permette di avere una completa visibilità sulle giacenze di prodotto presso i diversi attori della supply chain e di esaminarne gli spostamenti all'interno della supply chain. Questa visibilità consente di eliminare completamente alcune delle cause di stock-out e di ridurne altre. Il capitolo 7 approfondisce questi aspetti, mostrando, tramite un progetto pilota condotto nella supply chain dei prodotti di largo consumo, come l'impiego della tecnologia RFID permetta di ridurre lo stock-out presso il punto vendita, generando un ritorno economico per tutti gli attori della supply chain.

2.4.6 Monitoraggio della catena del freddo

La principale caratteristica dei prodotti alimentari è la deperibilità, che è normalmente misurata in termini di *shelf life*. La shelf life di un prodotto è valutata in giorni, e corrisponde alla vita utile del prodotto; copre quindi l'orizzonte temporale compreso tra il momento in cui il prodotto è realizzato fino a quello in cui non è più accettabile per il consumatore finale.

Oltre a una shelf life fisica, il prodotto alimentare ha una shelf life commerciale, che rappresenta l'intervallo di tempo entro il quale il prodotto è utilizzabile per rapporti commerciali. Normalmente, nei rapporti di filiera nel largo consumo, la shelf life commerciale per il produttore è circa 1/3 della shelf life fisica, mentre al distributore competono i 2/3. In altri termini, una referenza con meno del 66% di shelf life fisica non è più commercializzabile e può esserlo solo a fronte di un significativo markdown in mercati secondari. I prodotti deperibili, come quelli alimentari, sono caratterizzati da una ridotta shelf life, mentre tutti i prodotti non deperibili hanno una shelf life decisamente più lunga. Inoltre, un prodotto deperibile è caratterizzato dal fatto che il prodotto deperisce rapidamente se mantenuto a temperatura ambiente (van Donselaar et al., 2006). Questa caratteristica dei prodotti alimentari richiede un'elevata visibilità dei flussi all'interno della supply chain, in modo da garantire il rilevamento e il controllo delle condizioni in cui si trova il prodotto durante i processi logistici, dallo stoccaggio, al trasporto del prodotto all'interno della supply chain, al punto vendita. I tre principali fattori ambientali che influenzano la qualità di un prodotto alimentare sono: la temperatura, l'umidità e la composizione chimica dell'atmosfera a contatto con il bene. Di questi, la temperatura è senz'altro il più influente e ha portato alla definizione e creazione di complesse e articolate *cold chain*.

La definizione di cold chain è desumibile da quella di supply chain: si intende per cold chain una supply chain alla quale si aggiunge la necessità di mantenere il prodotto al di sotto di una determinata temperatura. Analogamente, per *cold chain management* si intende il processo di pianificazione, gestione e controllo del flusso e dello stoccaggio di merci deperibili, dei servizi e delle informazioni connessi, da uno o più punti di origine ai punti distribuzione e consumo, al fine di soddisfare le esigenze dei clienti (Bogataj et al., 2005).

Essendo deperibile, il prodotto food è soggetto a un decadimento delle sue proprietà nel tempo, sia esso "vivo" o "morto".

Nei primi – per esempio frutta e verdura – l'atmosfera gioca un ruolo fondamentale in quanto è presente una "respirazione" del prodotto; in questo caso la temperatura deve essere assolutamente controllata, in quanto valori troppo elevati causano un veloce decadimento qualitativo e microbiologico del prodotto e una morte prematura; viceversa, valori di temperatura troppo bassi potrebbero danneggiare, congelare e anche in questo caso uccidere l'organismo vivente.

Relativamente ai prodotti alimentari "morti" – come carne, prodotti lattiero-caseari o prodotti surgelati – nonostante si possa beneficiare di un'atmosfera modificata per mantenere più a lungo le qualità del prodotto, l'impatto di una non corretta temperatura di conservazione ha conseguenze importanti sulla qualità finale dell'alimento. Come per i prodotti vivi, temperature troppo elevate generano un rapido decadimento qualitativo e microbiologico del prodotto, mentre temperature molto basse possono causare un congelamento non voluto con conseguente modifica della struttura dell'alimento (*texture*).

La tecnologia RFID può rappresentare un valido strumento a supporto del cold chain management. Come sarà illustrato nel capitolo 8, esistono in commercio soluzioni tecnologiche RFID che associano la funzionalità di identificazione univoca dei prodotti, tipica di questi sistemi, alla rilevazione della temperatura. Tali sistemi permettono quindi di correlare rilevazioni di temperatura a una particolare unità di prodotto, segnalando se lo stesso è stato soggetto a valori di temperatura in grado di comprometterne la sicurezza. Inoltre, grazie alle rilevazioni ottenute dai sistemi RFID, è possibile derivare idonee misure di prestazione della cold chain e degli attori componenti.

Bibliografia

Atkinson AA, Kaplan RS, Young SM (2004) Management accounting. Prentice Hall

Auto-ID Centre (2001) Product driven supply chains: White Paper. http://autoid.mit.edu/CS/files/folders/whitepapers/entry2918.aspx

Bogataj M, Bogataj L, Vodopivec R (2005) Stability of perishable goods in cold logistic chains. International Journal of Production Economics, 93/94: 345-356

Bottani E (2009) On the impact of RFID and EPC on traceability management: a mathematical model. International Journal of RF Technologies: Research and Applications, 1(2): 95-113

Bottani E, Rizzi A (2008) Economical assessment of the impact of RFID technology and EPC system on the fast-moving consumer goods supply chain. International Journal of Production Economics, 112(2): 548-569

Caron F, Marchet G, Wegner R (1997) Impianti di movimentazione e stoccaggio dei materiali: criteri di progettazione. Hoepli, Milano

Chopra S, Meindl P (2007) Supply chain management: strategy, planning & operations. Prentice Hall

Christopher M (2000) The agile supply chain: competing in volatile markets. Industrial Marketing Management, 29(1): 37-44

Christopher M (2005) Logistics and supply chain management: creating value-adding networks. Prentice Hall – Financial Times

Decreto Legislativo 5 febbraio 1997, n. 22: Attuazione delle direttive 91/156/CEE sui rifiuti, 91/689/CEE sui rifiuti pericolosi e 94/62/CE sugli imballaggi e sui rifiuti di imballaggio

Fisher ML (1997) What is the right supply chain for your product? Harward Business Review, March/April, 105-116

Indicod-Ecr (2006) Piattaforma condivisa per la tracciabilità alimentare. http://indicod-ecr.it/prodotti servizi/download_documenti/rintracciabilitaLCC_piattaforma_condivisa.zip

Indicod-Ecr (2008) Parte V: Business case EPC - La gestione degli asset riutilizzabili nella filiera dell'ortofrutta. http://indicod-ecr.it/prodottiservizi/download_documenti/Report%20Parte%20V_A.pdf

Indicod-Ecr (2010a) Guida pratica all'uso del codice a barre. http://indicod-ecr.it/prodottiservizi/download_documenti/GuidaPraticaUsoCodiceBarre.pdf

Indicod-Ecr (2010b) Manuale delle specifiche tecniche GS1 – sezione 2. http://indicod-ecr.it/documenti/ manuale/2010_gs_v10_sezione_2.pdf

Indicod-Ecr (2010c) Manuale Specifiche Tecniche GS1 - Sezione 5". http://indicod-ecr.it/documenti/manuale/2010_gs_v10_sezione_5.pdf

Jones P, Clarke-Hill C, Shears P et al (2004) Radio frequency identification in the UK: Opportunities and challenges. International Journal of Retail and Distribution Management 32 (3): 164-171

Karkkainen M (2003) Increasing efficiency in the supply chain for short shelf life goods using RFID tagging. International Journal of Retail and Distribution Management 31 (3): 529-536

Manfrin M, Forza C (2002) I costi di produzione. Edizioni Libreria Progetto, Padova

McMeekin TA, Baranyi J, Bowman J et al (2006) Information systems in food safety management. International Journal of Food Microbiology, 112: 181-194

Porter M (1985) Competitive advantage: creating and sustaining superior performance. Free Press, New York

Sahin E, Dallery Y, Gershwin S (2002) Performance evaluation of a traceability system: an application to the radio frequency identification technology. In: Systems, Man and Cybernetics, 2002 IEEE International Conference

Salin V (1998) Information technology in agri-food supply chains. International Food and Agribusiness Management Review, 1(3): 329-334

van Donselaar K, van Woensel T, Broekmeulen R, Fransoo J (2006) Inventory control of perishables in supermarkets. International Journal Production Economics, 104: 462-472

Capitolo 3
La tecnologia RFID per l'identificazione del prodotto food

3.1 Introduzione

Le caratteristiche funzionali della tecnologia RFID sono state descritte in dettaglio nel capitolo 1; saranno ora esaminate le performance di tale tecnologia quando utilizzata per l'identificazione di imballaggi primari, secondari o terziari di prodotti alimentari e di generi di largo consumo in generale.

Dopo una panoramica iniziale sugli standard normativi per la misura delle prestazioni di un sistema RFID, il capitolo introduce il problema della misura di tali prestazioni in ambienti reali, spesso differenti dalle condizioni di test descritte dalle normative. Alcuni esempi di prestazioni realmente ottenibili dall'impiego della tecnologia RFID per l'identificazione dei prodotti vengono presentati nell'ultima parte del capitolo. I risultati mostrati sono il frutto di prove di laboratorio, realizzate rispettando le condizioni di un ambiente operativo tipico della supply chain alimentare.

3.2 I requisiti per l'identificazione del prodotto alimentare nel largo consumo

Le funzionalità e le prestazioni offerte dalla tecnologia RFID ne hanno reso appetibile – fin dai primi anni del suo sviluppo – l'impiego nel settore del largo consumo per l'identificazione univoca dei prodotti.

La possibilità di identificare un numero anche elevato di *item* in movimento lungo la supply chain, senza necessità di visibilità ottica, ha svolto una notevole azione di *driver* nell'indirizzare verso tale tecnologia l'interesse degli attori coinvolti. Le diverse tecnologie disponibili che rientrano sotto il comune denominatore di RFID presentano tuttavia caratteristiche differenti, che le possono rendere candidate più o meno idonee all'impiego con i prodotti di largo consumo. In particolare, negli ultimi anni, la maturità raggiunta dalla tecnologia RFID UHF Gen2 passiva con il consolidarsi come standard *de facto* del protocollo Gen2, ne ha reso possibile l'impiego in tale ambito con risultati di rilievo.

Le prestazioni di lettura dal punto di vista prettamente tecnico risultano, infatti, più che compatibili con i prodotti e i processi coinvolti, grazie all'elevata sensibilità dei dispositivi di lettura e ai bassissimi requisiti in termini energetici dei chip impiegati nei tag. Le distanze di lettura permettono la rilevazione delle merci contestualmente alle abituali operazioni di movimentazione mediante i mezzi di *material handling* caratteristici degli ambienti logistici.

In linea generale, la tecnologia RFID può essere ritenuta compatibile con il prodotto alimentare e in grado di fornire prestazioni adeguate. In particolare, un'accurata analisi delle caratteristiche del prodotto e del relativo imballaggio consente di rilevare la posizione ottimale di applicazione del tag, in grado cioè di massimizzare le prestazioni di lettura singola e multipla. La tecnologia è già a un livello di affidabilità soddisfacente, e ciò ne rende possibile l'applicazione sul campo. I limiti nelle prestazioni dovuti alla presenza di metallo e acqua possono essere superati utilizzando particolari accorgimenti in fase di lettura o sfruttando le geometria dei colli dei prodotti commerciali. Nel paragrafo 3.3.3 viene effettuata un'analisi dettagliata delle problematiche relative a questi aspetti.

Tenendo conto delle precedenti considerazioni, è dunque possibile affermare che attualmente non sussistono particolari problemi di affidabilità nella lettura di singoli colli, sia mediante dispositivi fissi sia mediante dispositivi mobili, in condizioni sia statiche sia dinamiche. Studiando, infatti, la posizione più opportuna del tag e la disposizione delle antenne è possibile raggiungere un'accuratezza di lettura pressoché completa nelle diverse configurazioni di processo (lettore fisso o mobile) e con diverse tipologie di prodotto e imballaggio secondario.

Completamente diverso è invece il caso di lettura multipla di colli, per esempio all'interno di un imballaggio terziario. È questo il caso dei pallet misti preparati in picking, ovvero dei pallet monoreferenza movimentati singolarmente. Infatti, mentre alcune tipologie merceologiche non danno nessun problema di lettura, gli imballaggi terziari caratterizzati da un'elevata numerosità di colli (10^3 o superiore) e/o da prodotti a elevato contenuto di acqua e/o imballaggi metallici, presentano talvolta problemi di affidabilità, poiché i colli più esterni possono generare un'azione schermante che non permette di identificare i colli disposti internamente. Questi aspetti verranno esaustivamente approfonditi nel resto del capitolo.

I tag RFID UHF Gen2 risultano inoltre particolarmente interessanti dal punto di vista dei costi. Infatti, le caratteristiche dell'antenna permettono di realizzare tale componente con processi semplici e di applicare successivamente il chip mediante un collante. Anche il chip presenta costi contenuti rispetto ad altre tecnologie RFID. In vista di un'applicazione massiva del tag solidale con l'*item*, la memoria implementata nel chip è particolarmente ridotta, essendo destinata a contenere di fatto il codice identificativo del prodotto, l'equivalente del codice a barre, unito a un seriale identificativo univoco. Tale stringa identifica univocamente l'*item* e opera con un puntatore ai sistemi informativi residenti, nei quali possono essere rese disponibili ulteriori informazioni correlate al prodotto che, per dimensione o per dinamicità richiesta nell'aggiornamento, non potrebbero essere contenute nella memoria del tag. Recentemente, grazie all'implementazione di particolari codici inseriti in apposite aree di memoria del tag, è possibile impiegare la tecnologia Gen2 anche come strumento anticontraffazione con buona affidabilità.

I tag RFID operanti in banda UHF, grazie alle dimensioni contenute del chip e alla maturità dei processi tecnologici di produzione, possono essere realizzati in diversi formati, allo scopo di renderli compatibili e accoppiabili facilmente con il prodotto che devono identificare. In tale modo non solo è facilitata l'applicazione del tag, ma ne viene anche migliorata la compatibilità con l'ambiente esterno, con particolare riferimento alla capacità di resistere agli agenti atmosferici. Per esempio, un tag può essere realizzato come etichetta cartacea stampabile nel caso di semplice applicazione all'imballaggio di un prodotto non particolarmente critico, oppure può presentarsi come etichetta plastificata e con adesivo speciale per applicazione su prodotto surgelato. Il tag può anche essere incapsulato in un *case* plastico ermetico e rigido nel caso di applicazione diretta su un asset a recupero, quali pallet, cassette a sponde abbattibili, bin o fusti.

3.3 La misura delle prestazioni di un sistema RFID

L'obiettivo del paragrafo che segue è proporre al lettore una sintesi delle possibili metodologie di valutazione del comportamento della tecnologia RFID in differenti condizioni di funzionamento, con particolare riferimento alle applicazioni logistiche legate al settore *food*.

3.3.1 Gli standard per la misura delle prestazioni "teoriche"

La tecnologia RFID ha permesso di automatizzare le operazioni di identificazione e di acquisizione dati (*Automatic Identification and Data Capture*, AIDC) nella gestione degli oggetti o *item*. La comunicazione mediante l'impiego di tecnologie a radiofrequenza permette di operare su diversi prodotti a diversi livelli della supply chain. In particolare, la tecnologia può essere applicata a contenitori per le merci, a unità di trasporto a perdere o a rendere, al packaging dei prodotti, o ai prodotti stessi.

Le prestazioni di ciascun dispositivo (tag oppure reader RFID) del sistema possono cambiare notevolmente al variare di diversi fattori ambientali, come pure dell'interfaccia radio impiegata (protocollo, frequenza, modulazione). È dunque di fondamentale importanza accordare tra loro i diversi fattori ambientali nel modo più favorevole relativamente all'applicazione presa in esame. Inoltre, in un ambiente in cui diversi dispositivi provenienti da più produttori possono operare simultaneamente, risulta altrettanto importante stabilire una metodologia standard per la valutazione obiettiva ed equa delle loro prestazioni.

La normativa ISO/IEC TR 18046 (ISO/IEC, 2005) fornisce una metodologia strutturata e standardizzata per svolgere le valutazioni sopra citate; a tale fine, sono fornite definizioni precise e rigorose delle prestazioni relative all'applicazione della tecnologia RFID nella *supply chain*. Per ciascuna applicazione sono definite specifiche metodologie di test, con particolare attenzione ai parametri da impostare e controllare per avere una valutazione coerente del particolare dispositivo RFID in esame. Pur cercando di essere il più precisa e generale possibile, la normativa non può, ovviamente, prendere in esame tutte le possibile casistiche, alcune delle quali possono richiedere test particolari definiti *ad hoc*.

La normativa contempla diversi scenari di test, ognuno dei quali caratterizzato da una particolare configurazione tag/reader e volto alla valutazione dell'impatto di un particolare fattore (distanza tra tag e reader, disposizione, orientamento relativo, volume, velocità o materiale taggato) sulle prestazioni del sistema. Le prestazioni sono valutate rilevando l'intervallo spaziale e la velocità con la quale il sistema è in grado di eseguire le operazioni di identificazione, lettura e scrittura di un tag, nella particolare configurazione considerata.

Le particolari condizioni che caratterizzano ciascuno scenario di test possono essere riferite all'ambiente – e riguardare quindi temperatura, umidità, spettro RF o altre condizioni fisiche – oppure alla popolazione di tag, in termini di quantità, densità, moto, orientamento o materiale taggato.

L'intervallo spaziale, definito *range*, rappresenta la distanza che separa fisicamente l'antenna del reader dal tag, e viene valutata in termini di distanze massima e minima all'interno delle quali è possibile eseguire le operazioni desiderate (identificazione, lettura o scrittura del tag). L'intervallo è caratterizzato da una serie di quattro valori misurati, espressi in metri, rappresentativi dei confini geometrici esterni della zona di identificazione tag, misurati rispetto al baricentro della distribuzione dei tag. Tale spazio assume la forma di un ellissoide di rotazione; gli intervalli lungo x e y rappresentano le lunghezze degli assi minori dell'ellissoide, mentre le distanze minima e massima lungo z rappresentano le distanze minima e massima dell'asse maggiore dall'antenna. La Fig. 3.1 illustra un tipico *range* di funzionamento di un tag.

Fig. 3.1 Visualizzazione spaziale
del parametro *range*

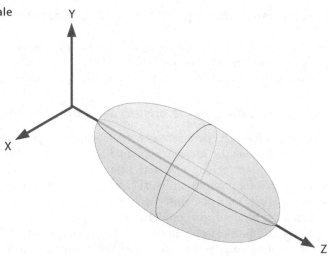

La velocità con la quale i tag vengono processati viene invece indicata con il termine *rate*, ed è calcolata in termini di quantità di tag per unità di tempo [tag/secondo].

Nei test volti a valutare il *range*, il campione o la popolazione dei tag viene mossa all'interno di un volume sufficientemente grande preso come riferimento, allo scopo di determinare i confini dell'ellissoide. La risoluzione con la quale viene scandito tale volume deve essere inferiore a 10 cm. Nei test volti a valutare il *rate*, il campione o la popolazione di tag deve essere posizionata all'interno del *range* di lettura definito precedentemente; in particolare risulta opportuno effettuare le misurazioni impiegando almeno 10 punti differenti. La misura deve essere ripetuta almeno 10 volte per ciascun campione o popolazione di tag; è inoltre auspicabile testare differenti campioni del medesimo tag, o reader, per mediare eventuali prestazioni anomale dovute alla variabilità del processo produttivo del componente stesso.

In particolare, l'identificazione di un tag fa riferimento al processo con il quale esso viene segregato e isolato dagli altri dal reader RFID, prima di avviare lo scambio dati. Il reader stabilisce un canale di comunicazione univoco con il tag senza che sia necessario accedere ai dati sensibili del tag stesso; successivamente effettua lo scambio dei dati relativi alle operazioni di lettura e/o scrittura. Il processo di lettura, che richiede preventivamente l'identificazione, permette al reader di accedere ai dati sensibili del tag. Tali dati rappresentano in maniera più o meno diretta le informazioni associate all'oggetto cui il tag è solidale. Il processo di scrittura, similmente, consente di scrivere le informazioni desiderate all'interno della memoria del tag, dopo che questo è stato isolato. Talvolta tale processo è seguito dalla verifica delle informazioni appena scritte.

Per ciascuno scenario (e le relative condizioni caratterizzanti) è possibile riassumere le prestazioni risultanti dal test eseguito in forma matriciale (Tabella 3.1).

I fattori rilevanti definiti dalla normativa che influenzano le prestazioni, in termini di *rate* e *range*, possono essere riferiti al sistema di lettura (frequenza e potenza di trasmissione, guadagno e polarizzazione dell'antenna, sensibilità del ricevitore, caratteristiche della modulazione), al tag (energia di attivazione, guadagno e polarizzazione dell'antenna, caratteristiche della modulazione), al materiale cui viene applicato il tag (carta, legno, vetro, plastica, metallo) o all'ambiente esterno (superfici riflettenti o assorbenti per la radiofrequenza, presenza di acqua sotto forma di umidità, condensa o ghiaccio, materiali chimici, disturbi elettrici o RF).

Tabella 3.1 Matrice delle prestazioni di una configurazione di un sistema RFID

Parametro di performance			Supporto per il tag					Note
			Cartone	Legno	Plexiglas	Alluminio	Vetro	
Identificazione	Range	intervallo lungo x						
		intervallo lungo y						
		distanza minima z						
		distanza massima z						
	Rate							
Lettura	Range	intervallo lungo x						
		intervallo lungo y						
		distanza minima z						
		distanza massima z						
	Rate							
Scrittura	Range	intervallo lungo x						
		intervallo lungo y						
		distanza minima z						
		distanza massima z						
	Rate							

Le condizioni di esecuzione del test, come pure i fattori che influenzano le prestazioni, vanno chiaramente specificati per ciascuno scenario preso in considerazione, come nella Tabella 3.2, che fa riferimento a un sistema *short range* (come i sistemi UHF passivi).

Fissate tutte le condizioni, tranne una, risulta possibile costruire una campagna sperimentale di test volta a misurare le differenti prestazioni del sistema al variare del parametro preso in considerazione. Così, per esempio, volendo valutare la sensibilità del sistema tag/reader considerato al variare dell'orientamento relativo, occorre fissare tutti gli altri parametri e misurare quantitativamente le prestazioni (*range* e *rate* di identificazione, lettura e scrittura) al variare dell'orientamento (0, 30, 60, 90 gradi oppure casuale).

Sebbene sia preferibile eseguire i test in ambiente controllato dal punto di vista della radiofrequenza, come una camera anecoica, è anche ammesso l'uso di un sito in aria libera (*Open Air Test Site*) qualora le distanze e/o le movimentazioni richieste precludano l'uso di una camera anecoica.

3.3.2 I limiti dello standard nelle applicazioni pratiche

Gli standard illustrati in precedenza permettono la misurazione delle prestazioni di un sistema RFID in condizioni controllate, e sono particolarmente utili per confrontare diversi prodotti RFID, testati e valutati nelle medesime condizioni operative.

Tali condizioni, tuttavia, non sempre sono rappresentative delle condizioni effettive di funzionamento di tali dispositivi. Per esempio, un ambito particolarmente appetibile per la

Tabella 3.2 Condizioni di esecuzione di test

Condizione	Intervallo	Note
Distanza	0 – 10 metri	Definito come il *range* nelle tre direzioni spaziali
Popolazione di tag	1, 10, 20, 50, 100 tag	Rappresenta un gruppo di tag avente una specifica disposizione
Disposizione dei tag	Lineare, matrice 2D, matrice 3D	La disposizione dei tag nel volume deve essere uniforme
Orientamento	0, 30, 60, 90 gradi oppure casuale	Valutato nei tre possibili angoli di rotazione tra il piano contenente l'antenna del reader e il piano contenente quella del tag
Volume	0,016 0,125 1 m³	Il volume deve essere di forma cubica e all'interno i tag devono essere uniformemente distribuiti, supportati da una struttura che non interferisca eccessivamente con la propagazione della radiofrequenza
Velocità	0, 1, 2, 5, 10 m/s	Moto relativo tra l'antenna del reader e quella del tag. Si possono usare mezzi di movimentazione merci (per esempio, carrelli elevatori)
Materiale cui viene accoppiato/applicato il tag	Carta, legno, vetro, plastica, metallico	Il materiale di supporto deve prolungarsi per 15 cm oltre il bordo della popolazione di tag. La struttura di sostegno del tag non deve prevedere supporti metallici che distino meno di 10 cm dal tag
Rumore di fondo in radiofrequenza dell'ambiente	ridotto, moderato, congestionato	Dovuto alla presenta di reti senza fili (WLAN) o apparecchiature, specificare se camera anecoica
Scambio dati	1, 8, 16, 32 bytes	Permette di valutare se le prestazioni di trasmissione dati sono influenzate dalla quantità di dati scambiati
Altezza dell'antenna del reader	0,5 1 2 3 metri	Misurata rispetto al suolo di appoggio

tecnologia RFID UHF passiva è rappresentato dalla logistica industriale, le cui condizioni operative sono assai differenti dalle condizioni di esecuzione dei test descritti nel paragrafo 3.3.1. Risulta pertanto utile muovere da un approccio standard e normato a uno più pragmatico, vicino alle situazioni tipiche della logistica, al fine di valutare qualitativamente e quantitativamente le prestazioni dei sistemi RFID in tali scenari. In un settore piuttosto multiforme – quale è quello logistico per prodotti, sistemi di movimentazione e logiche di processo – è comunque possibile astrarre alcune condizioni operative caratteristiche ricorrenti, nelle quali implementare la tecnologia RFID.

Per esempio, le movimentazioni dei prodotti unitarizzati, aggregati negli imballaggi secondari o terziari, vengono effettuate tipicamente impiegando carrelli a forche o rulliere. In questi casi, l'identificazione automatica dei prodotti può avere luogo utilizzando appositi varchi RFID collocati in corrispondenza di passaggi obbligati, oppure mediante carrelli a forche muniti di infrastruttura RFID di lettura. Laddove invece il prodotto non venga movimentato automaticamente è possibile aggiungere ai processi manuali esistenti un processo preposto all'identificazione basato sull'impiego di un terminale brandeggiabile dotato di reader RFID.

A causa della varietà degli scenari logistici, risulta tuttavia difficile, se non impossibile, determinare condizioni standard per l'implementazione della tecnologia RFID. È invece possibile definire apposite linee guida per una buona progettazione del sistema RFID.

La norma ISO 17367 (ISO, 2009) fornisce specifiche raccomandazioni sulla codifica dell'informazione relativa al prodotto taggato, sulle informazioni supplementari, sulla semantica e sulla sintassi dei dati da impiegare, sul protocollo dati, sull'*air interface* tra lettore e tag RFID. Tale norma fa riferimento, come mostra la Fig. 3.2, alla taggatura dei singoli *item*; per ciascun livello di aggregazione è disponibile una norma di riferimento.

Il processo di assegnazione di un identificativo univoco permette di associare una stringa di dati univoca a un prodotto, o meglio a un tag che è poi associato, e reso solidale, al prodotto stesso. La granularità delle letture è infatti ottenibile solo se supportata dalla granularità della codifica delle informazioni; pertanto, oggetti dei quali non importi la singola identificazione (o serializzazione) non vengono taggati singolarmente. Oggetti a basso costo possono essere taggati a livelli di aggregazione superiori, quali l'imballaggio secondario o terziario.

Gli elementi indispensabili per la costruzione di un identificativo univoco assegnabile a un prodotto sono l'identificativo dell'azienda e un seriale univoco legato all'azienda stessa; generalmente si introduce anche un identificativo della referenza. Gli standard per la generazione dell'identificativo univoco sono l'*identificativo univoco per gli oggetti della supply chain*, descritto nella norma ISO/IEC 15495-4 per tag non destinati alla rete di vendita, e il codice SGTIN, descritto nel paragrafo 1.5.5 per i tag circolanti nella rete *retail*.

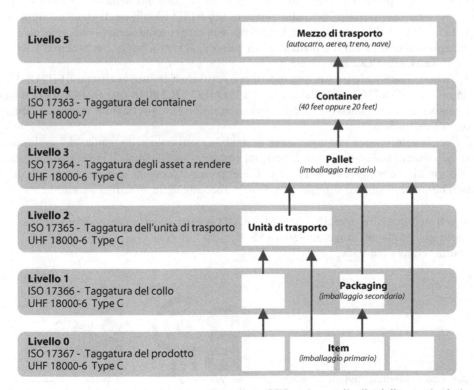

Fig. 3.2 Norme di riferimento per l'applicazione di tag RFID a ciascun livello della *supply chain*

Una volta letto un tag RFID codificato secondo lo standard ISO/IEC 15495-4, è possibile distinguere immediatamente a quale livello appartenga, mediante una funzione di selezione del gruppo detta *group select*; se invece il tag è codificato secondo lo standard SGTIN di EPCglobal è disponibile il parametro *filter*, che permette di individuare la tipologia di asset taggato.

Non è consigliabile l'impiego di schemi di serializzazione strutturati o intelligenti, contenenti per esempio numero di lotto o altri codici, poiché riducono le capacità di codifica; la serializzazione dovrebbe quindi essere unica e consecutiva a livello di azienda, o per lo meno di referenza. Il livello più basso di identificazione dovrebbe essere l'ID del prodotto, mentre le ulteriori informazioni a valore aggiunto (quali lotto, data di scadenza, eventuali informazioni per la tracciabilità) devono essere associate a livello di sistemi informativi a quel particolare ID. Inoltre, non sempre è necessario identificare ogni *item* a ogni livello; quindi oggetti che sono prodotti, commercializzati e consumati a livello di lotto possono essere identificati solo a livello di lotto. È il caso, per esempio, dei materiali *bulk*. I medicinali, invece – che sono prodotti a livello di lotto, ma consumati a livello di *item* – vengono identificati a livello di singolo *item*, con le informazioni di tracciabilità, generalmente disponibili a livello di lotto, accessibili tramite sistema informativo.

Date le grandi capacità di codifica offerte dalla tecnologia RFID, è possibile inserire all'interno del tag alcune informazioni utili alla gestione delle merci. La normativa prevede, per esempio, che i materiali pericolosi per lo stoccaggio, il trasporto o l'uso siano identificati mediante un apposito *marker* inserito nei *bit di controllo del protocollo* (par. 1.3.1). Le informazioni contenute nel tag possono inoltre essere impiegate per gestire in maniera più efficace ed efficiente lo smaltimento, oppure il riciclaggio dei prodotti o del loro *packaging*. Tali informazioni possono essere codificate secondo gli standard nella *user memory* del tag.

È opportuno riportare sull'etichetta dotata di tag RFID i loghi degli standard implementati nella codifica RFID stessa, e, come backup, una rappresentazione *human readable* delle informazioni contenute nel tag mediante l'impiego di codici a barre, per esempio EAN-128 oppure Data Matrix ECC 200 (Fig. 3.3).

Per quanto concerne le prestazioni di lettura e scrittura richieste ai sistemi RFID UHF passivi, la norma ISO 17367 rimanda alla norma ISO/IEC TR 18046 (par. 3.3.1) per la misurazione esaustiva dei parametri, e raccomanda sommariamente prestazioni minime di lettura e scrittura (Tabella 3.3).

Al fine di determinare con precisione la modalità ottimale di taggatura del collo, o dell'*item*, è indispensabile valutare le condizioni ambientali nelle quali il tag si troverà a operare. La normativa consiglia di tenere in considerazione i seguenti parametri ambientali, che possono comunque variare significativamente a seconda della specifica locazione:

– range di temperatura operativo da −40 a +70 °C e, per specifici intervalli di tempo, condizioni più rigide nel range da −50 a +85 °C;
– umidità relativa del 95%;

Fig. 3.3 Loghi identificativi di un'etichetta RFID codificata secondo gli standard

9501101260000000000

Tabella 3.3 Prestazioni minime di lettura raccomandate dalla norma ISO 17367

Parametro	ISO/IEC 18000-6 C
Distanza di lettura minima garantita [m]	3
Velocità di lettura minima garantita [km/h], relativa degli *item* rispetto al sistema di lettura	16
Rate minimo di trasferimento dati [tag/s] e capacità di lettura in condizioni di anti collisione	200 (ETSI) 500 (FCC)

– condizioni operative di magazzino, con possibilità di stoccaggio intensivo;
– condizioni operative legate al trasporto e alla movimentazione;
– velocità relativa tra tag e reader;
– distanza di lettura e, se applicabile, di scrittura;
– orientamento relativo tra tag e reader;
– interferenze elettromagnetiche da motori, lampade fluorescenti o altri dispositivi che impiegano il medesimo spettro di frequenza;
– caratteristiche di compatibilità elettromagnetica del packaging e/o del contenuto con la radiazione RF;
– limitazioni di forma e dimensione dell'antenna, ed eventuali altri accorgimenti necessari a disaccoppiare l'antenna del tag dall'*item* taggato;
– limitazioni del fattore di forma del tag in termini di dimensioni, forma, resistenza alla pressione, temperatura, umidità, agenti sanificanti e altri contaminanti (olio, polvere, prodotto *food*, acidi e alcali);
– modalità di applicazione del tag sul prodotto;
– resistenza del reader al calore, all'umidità, al danneggiamento fisico;
– normative di riferimento per la salute dei lavoratori e la sicurezza.

Dal punto di vista dell'affidabilità del sistema, i tag solidali con i prodotti devono garantire una vita utile adeguata a quella del prodotto stesso. Si stima, pertanto, che debbano garantire un minimo di 100.000 cicli di lettura o lettura/scrittura, senza danneggiarsi. Una volta applicato il tag al prodotto, nel rispetto dei requisiti esposti precedentemente, deve essere altresì garantita un'affidabilità di lettura del 99,99%, ovvero non più di una mancata lettura ogni 10.000 cicli di lettura, e un'accuratezza del 99,998%, ovvero non più di due letture non corrette ogni 100.000 letture.

Nel caso di tag semi-passivi dotati di sensori che richiedano una coordinata temporale di riferimento, l'accuratezza del generatore di clock confrontata con il riferimento UTC non deve essere peggiore di ±5 s/giorno.

EPCglobal mette a disposizione delle linee guida che rappresentano una base comune per la realizzazione delle infrastrutture logistiche impiegate nell'esecuzione dei test per la quantificazione delle prestazioni dei sistemi RFID. In particolare, le linee guida riguardano strutture a varco RFID integrate con attrezzature comunemente impiegate nella movimentazione dei materiali, quali rulliere per colli o pallet. È così possibile ottenere risultati misurati in condizioni standard, pur avendo a che fare con prodotti non standard per definizione.

Nel documento *Dynamic Test: Conveyor Portal Test Specification* (EPCglobal, 2006a) sono definiti nel dettaglio tutti gli aspetti relativi alla realizzazione di un varco RFID per la lettura di colli taggati movimentati su apposita rulliera o nastro.

La Fig. 3.4 rappresenta schematicamente la realizzazione di un varco RFID per colli, nella vista frontale. Si possono individuare le quote caratteristiche della struttura e delle antenne, nonché la rappresentazione dei colli di dimensioni minime e massime, pari rispettivamente a 10×10×15 cm³ e 120×74×76 cm³. Le dimensioni consigliate sono le seguenti:

- A (distanza tra antenna superiore e piano del nastro) = 965 mm (38")
- B (distanza tra antenna laterale e piano del nastro) = 381 mm (15")
- C (distanza tra antenna inferiore e piano del nastro) = 203 mm (8")
- D (distanza tra le due antenne laterali) = 1.118 mm (44")

Tali dimensioni garantiscono il corretto passaggio di tutti i colli.

Il portale deve essere costituito da una struttura di supporto, di qualsiasi materiale, per le antenne posta al di sopra del nastro trasportatore, che può essere costituito da un tappeto di materiale compatibile con la radiofrequenza oppure da rulli, anch'essi preferibilmente di materiale non metallico. La velocità del nastro non deve superare i 190,5 m/min e deve essere controllata con precisione entro un intervallo di ±5%.

Possono essere impiegate da un minimo di 2 antenne montate ai lati del portale a un massimo di 4 antenne disposte come in Fig. 3.4, a polarizzazione circolare, aventi un guadagno minimo pari a 6 dBi, posizionate parallelamente al piano del nastro. Il reader deve impiegare tutte le antenne disponibili durante la fase di lettura, a intervalli regolari, utilizzando la massima potenza ammessa dalla normativa vigente.

Per limitare al minimo le riflessioni, le superfici metalliche poste a una distanza inferiore a 5 m dalle antenne, lungo la direzione di propagazione del segnale, devono essere ricoperte da un materiale assorbente per la radiofrequenza. Oggetti metallici, quali i supporti delle antenne, di dimensioni molto minori di una lunghezza d'onda (pari a circa 34 cm) non necessitano di schermatura. Tra i colli che passano sul nastro deve essere mantenuta una distanza minima di 305 mm.

Durante l'esecuzione dei test a temperatura ambiente la temperatura deve essere compresa tra +10 e +45 °C, con un'umidità relativa massima del 95%, mentre per i test a temperatura controllata lo scostamento massimo ammesso dal valore di *set point* è di ±3 °C per la temperatura e di ±5% per l'umidità relativa.

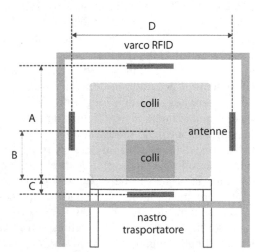

Fig. 3.4 Vista frontale e quote di un varco RFID per l'identificazione di colli su nastro trasportatore

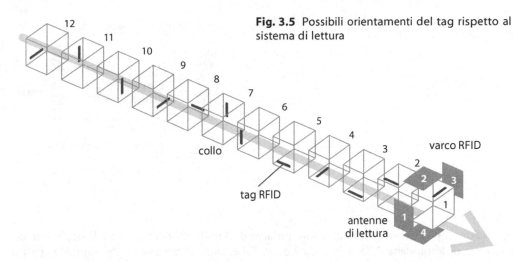

Fig. 3.5 Possibili orientamenti del tag rispetto al sistema di lettura

Le prestazioni di lettura del sistema sono misurate in termini di accuratezza, rappresentata dal numero di colli (e quindi tag) correttamente letti a ogni passaggio attraverso il varco. Ogni passaggio deve essere iterato almeno 10 volte per ciascuno dei 12 possibili orientamenti del tag rispetto al sistema di lettura, come mostrato in Fig. 3.5, rilevando preferibilmente le singole letture delle 4 antenne. Si hanno quindi un totale di 480 punti di lettura per ogni collo, o configurazione collo/tag.

Al fine di documentare correttamente l'esecuzione del test, è necessario riportare nei risultati tutti i seguenti parametri.

– Laboratorio nel quale sono stati eseguiti i test, e identificativo del nastro impiegato.
– Velocità del nastro.
– Marca, modello, numero seriale e versione del firmware del reader impiegato.
– Marca, modello, numero seriale delle antenne impiegate.
– Impostazioni del reader, tra cui la potenza di trasmissione.
– Rumore di fondo RF misurato all'inizio e alla fine del test.
– Marca, modello, data di calibrazione dell'analizzatore di spettro impiegato per effettuare le misurazioni RF.
– Informazioni sul collo, marca, referenza e SKU.
– Informazioni sul tag, marca, modello e numero di lotto.
– Posizione del tag sul collo.
– Foto e/o disegni del posizionamento del tag sul collo.

Analogamente a quanto esposto in precedenza, nel documento *Dynamic Test: Door Portal Test Specification* (EPCglobal, 2006b) sono definiti nel dettaglio tutti gli aspetti relativi alla realizzazione di un varco RFID per la lettura di pallet taggati, movimentati attraverso un portale RFID installato presso una banchina di carico/scarico piuttosto che una porta interna di un centro di distribuzione o magazzino.

Un portale RFID (Fig. 3.6) è costituito da una struttura di supporto in grado di mantenere in posizione le antenne di lettura in modo tale da coprire l'area di lettura RFID al fine di rilevare i tag che vi passano. Un dimensionamento corretto del portale consente di avere un'intensità del campo RF sufficiente per alimentare il tag in tutta la zona di lettura. Le dimensioni

Fig. 3.6 Vista frontale e quote di un portale RFID per l'identificazione di pallet

tipiche di un portale sono tali da coprire un'area di 3 m di altezza e 2,75 m di larghezza, con una zona di lettura alta 2,75 m e larga 2,6 m; dimensioni diverse sono possibili per applicazioni specifiche. La distanza minima tra la struttura di sostegno e la zona effettiva di lettura deve essere superiore a 1,5 volte la lunghezza d'onda della radiazione RF emessa. All'interno dell'area di lettura non dovrebbero essere posizionate strutture metalliche protettive.

Le strutture di sostegno delle antenne, a polarizzazione circolare, devono essere sufficientemente rigide da assicurarne la resistenza meccanica, inoltre i lobi posteriori d'irradiazione delle antenne dovrebbero puntare in un'area priva di superfici riflettenti. Qualora parte della radiazione emessa da un'antenna vada a incidere su un muro o altra superficie riflettente, è bene prevedere un rivestimento di materiale assorbente.

Il reader deve impiegare tutte le antenne disponibili durante la fase di lettura, a intervalli regolari, impiegando la massima potenza ammessa dalla normativa vigente.

Durante l'esecuzione dei test la temperatura ambiente deve essere compresa tra +10 e +45 °C e l'umidità relativa tra il 20 e il 95%. Nel caso di ambienti a temperatura controllata, i prodotti vanno precondizionati a tale temperatura, e lo scostamento massimo ammesso dal valore di *set point* è di ±5 °C. La Tabella 3.4 riporta un esempio di sequenza di test.

Durante le movimentazioni con carrello è importante mantenere la parte inferiore del pallet sollevata di almeno 1 m dalla pavimentazione.

Tabella 3.4 Sequenza campione di test attraverso un varco RFID

Tipo di test	Velocità	Posizione tag	Mezzo di movimentazione	Tag letti	Orientamento
Pallet Tag: Manuale	~4,8 km/h	Etichetta laterale	Transpallet manuale	1	1
Pallet Tag: Commissionatore	~8,0 km/h	Etichetta laterale	Carrello commissionatore	1	1
Pallet Tag: Carrello	~12,9 km/h	Etichetta laterale	Carrello a forche a contrappeso	1	1
Pallet Tag: Carrello a forche lunghe	~12,9 km/h	Etichetta laterale	Carrello a forche a contrappeso	2	1
Pallet Tag: Carrello con pinza	~12,9 km/h	Etichetta laterale	Carrello a contrappeso con pinza	1	1

Per documentare correttamente l'esecuzione del test, è necessario riportare nei risultati tutti i parametri elencati di seguito.

- Calibrazione del varco come prescritto dalla norma.
- Laboratorio nel quale sono stati eseguiti i test, e identificativo del portale impiegato.
- Velocità di movimentazione.
- Attrezzature di *material handling* impiegate.
- Dimensioni e descrizione del prodotto movimentato.
- Marca, modello, numero seriale e versione del firmware del reader impiegato.
- Marca, modello, numero seriale delle antenne impiegate.
- Impostazioni del reader, tra cui la potenza di trasmissione.
- Data e ora di inizio e fine test.
- Valori di temperatura e umidità a inizio e fine test.
- Rumore di fondo RF misurato all'inizio e alla fine del test.
- Marca, modello, data di calibrazione dell'analizzatore di spettro impiegato per effettuare le misurazioni RF.
- Informazioni sul collo, marca, referenza e SKU.
- Informazioni sul tag, marca, modello e numero di lotto.
- Posizione del tag sul collo.
- Schema di palletizzazione dei colli sul pallet.
- Eventuali vincoli legati al posizionamento dei tag o dei colli.
- Foto e/o disegni del posizionamento del tag sul collo.

3.3.3 Misura delle prestazioni del sistema RFID su alcuni prodotti commerciali

Di seguito vengono presentati alcuni risultati relativi all'esecuzione di test volti a indagare il comportamento della tecnologia RFID in presenza di prodotti commerciali (RFID Lab, 2006). Per avere una visione completa delle prestazioni della tecnologia applicata a prodotti reali, si è deciso di eseguire un protocollo di sperimentazione con prodotti dalle caratteristiche differenti, nel rispetto delle linee guida presentate nel paragrafo precedente.

I test sono stati condotti in diverse configurazioni:

- test case statico, nel quale si ricerca la posizione ottimale del tag sul case in una configurazione di lettura statica con una sola antenna;
- test case su conveyor: nel quale si valutano le prestazioni di identificazione, in termini di accuratezza e *rate*, che sono ottenibili tramite letture con un varco RFID collocato su nastro trasportatore nel leggere un tag RFID applicato al collo di un prodotto commerciale;
- test case su pallet: nel quale sono valutate le prestazioni di un varco RFID nel leggere i tag RFID applicati ai colli e al pallet di un prodotto commerciale pallettizzato; la prova viene fatta in condizione statica, di moto traslatorio e di moto rotatorio.

Nei test seguenti sono stati usti un reader e un tag RFID aventi prestazioni di riferimento.

3.3.3.1 Test case statico

L'obiettivo di questi test iniziali è determinare la posizione migliore in corrispondenza della quale applicare il tag sull'imballaggio secondario. Per posizionamento ottimale si intende la posizione che massimizza la capacità di lettura, in una condizione di letture statiche, esegui-te in aria libera.

La durata del test è stata fissata a 150 secondi, e la performance misurata è il *rate*, espres-so in tag letti al secondo. Si è deciso di porre il case a una distanza di 1 m: questa condizio-ne risulta essere la somma tra la lunghezza di metà lato lungo del pallet (60 cm) e la distan-za del pallet stesso dalle antenne del reader (ipotizzata mediamente pari a 40 cm). Le carat-teristiche del test sono riassunte nella Tabella 3.5.

Sono state decise quattro differenti tipologie di prodotti che si differenziano per compo-sizione e imballaggio secondario. I quattro prodotti prevedono imballaggio secondario e/o primario con presenza o meno di materiale metallico e prodotto a base d'acqua o meno, come riportato in Tabella 3.6.

Per ogni prodotto testato si è deciso di indagare le prestazioni in varie condizioni operative. Il tag collocato sull'imballaggio secondario è stato disposto in differenti posizioni o orienta-menti. Le posizioni sull'imballaggio secondario sono state individuate cercando di massimiz-zare la distanza tra prodotto/imballaggio primario e tag RFID. Disponendo il tag il più lontano possibile dal prodotto/imballaggio primario se ne riduce al minimo l'interferenza sulle presta-zioni di lettura. L'imballaggio secondario non è stato preso in considerazione, poiché il mate-riale che lo costituisce (plastico o a base di cartone) è trasparente alle radiofrequenze e per-tanto non influisce in maniera significativa sui risultati dei test svolti. La Fig. 3.7a-i riporta le

Tabella 3.5 Condizioni operative del test case statico

Parametro operativo	Valore assunto
Durata del test	150 s
Reader	Siemens RF660R
Tag	UPM Rafsec 3000843 UHF Gen 2
Numero di antenne abilitate	2
Modalità di funzionamento antenne	Trasmissione/Ricezione
Tempo di switch Tx/Rx	250 ms
Potenza della fase di trasmissione	2 W ERP
Distanza antenne/prodotti	1 m
Numero di ripetizioni del test per ogni differente posizionamento del tag su collo	10

Tabella 3.6 Schema presenza metallo/acqua nei prodotti/imballaggi testati

Prodotto	Metallo nell'imballaggio primario	Prodotto a base d'acqua	Referenze campione
Tipologia 1	No	No	Olio, bottiglia di vetro
Tipologia 2	Sì	No	Caffè, lattina
			Caffè, pacco sottovuoto
			Olio, latta
Tipologia 3	No	Sì	Succo di frutta, PET
Tipologia 4	Sì	Sì	Succo di frutta, brick
			Latte, brick

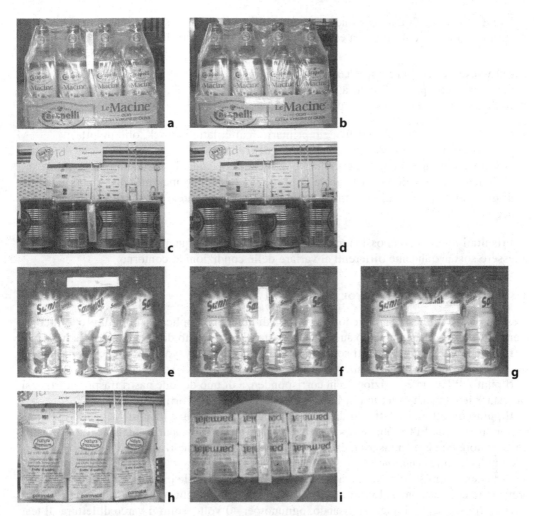

Fig. 3.7 Campioni rappresentativi dei prodotti di Tipologia 1 (**a**, **b**), 2 (**c**, **d**), 3 (**e**, **f**, **g**) e 4 (**h**, **i**), con i tag RFID collocati nelle Posizioni 1 (**a**, **c**, **e**, **h**), 2 (**b**, **d**, **f**, **i**) e 3 (**g**)

Tabella 3.7 Matrice dei risultati del test statico di valutazione del *read rate*

Prodotti	Metallo	Acqua	Read rate [tag/s]		
			Posizione 1	Posizione 2	Posizione 3
Caffè macinato, lattina (8 pz)	Sì	No	29,24	39,75	assente
Caffè macinato, pacco sottovuoto (4 pz)	Sì	No	0	0	assente
Succo di frutto, brick (6 pz)	Sì	Sì	39,94	39,92	39,95
Succo di frutta, PET (6 pz)	No	Sì	0	23,58	0
Latte, brick (6 pz)	Sì	Sì	0	0	assente
Olio, bottiglia vetro (8 pz)	No	No	39,6	39,94	assente
Olio, latta (4 pz)	Sì	No	39,93	0	assente

differenti posizioni di applicazione del tag ai colli oggetto della sperimentazione. I risultati dei test eseguiti sui colli presi in esame sono riassunti nella Tabella 3.7.

Conclusioni sul test case statico

Dai risultati delle prove di lettura in condizione statica, è possibile osservare che le prestazioni di lettura sono fortemente influenzate da:

- presenza di metallo nell'imballaggio primario (caffè, latte in brick, olio in latta);
- presenza di acqua nel prodotto (latte, succo di frutta);
- posizione del tag sul collo per prodotti con metallo o acqua. In particolare, è possibile individuare una posizione per la quale le prestazioni vengono massimizzate e che permette di distanziare il tag dalla superficie metallica della confezione o dal prodotto contenente acqua.

I risultati ottenuti non possiedono una valenza assoluta, in quanto le prestazioni potrebbero essere sostanzialmente differenti al variare delle condizioni al contorno.

3.3.3.2 Test colli su conveyor

I test su nastro (*conveyor*) prevedono la lettura di tag RFID applicati a colli di prodotti commerciali in fase di smistamento su apposito nastro per trasporto di imballaggio secondario.

I test che vengono presentati sono stati eseguiti su un conveyor di forma ovale dotato di sette motori e di due nastri trasportatori.

Il punto di lettura è posizionato in corrispondenza di uno dei due nastri trasportatori, così da testare le capacità di lettura in funzione della velocità di scorrimento.

Il punto di lettura è costituito da un varco dotato di 3 antenne disposte seguendo le indicazioni fornite da EPCglobal e riportate nel paragrafo 3.3.2; la quarta antenna sotto al nastro trasportatore non è stata inserita, dal momento che il piano di scorrimento è metallico e quindi completamente schermante.

Il reader è configurato con parametri volti a massimizzare le prestazioni di lettura, il test prevede la collocazione sul nastro di 6 colli con tag RFID applicati nella medesima posizione. I colli percorrono l'anello passando, ognuno per 40 volte, sotto il varco di lettura. Il test è stato eseguito considerando le possibili combinazioni di due differenti variabili:

- velocità del nastro: tale variabile assume valori di 1,11 m/s e 2,09 m/s;
- posizionamento del tag sul collo: modalità di applicazione sul *case*, tipicamente due.

A ogni passaggio del collo viene registrato il numero di letture completate con successo. Le posizioni del tag sull'imballaggio secondario sono state individuate cercando di massimizzare la distanza tra prodotto/imballaggio primario e tag RFID al fine di ottimizzare le prestazioni del sistema RFID, come descritto in precedenza.

La Tabella 3.8 riporta l'elenco dei prodotti testati con i relativi risultati. In particolare sono evidenziati i valori di accuratezza e il numero di letture (minimo, medio e massimo) ottenuto a ogni passaggio del collo sotto il varco, valutato su un totale di 240 passaggi.

Conclusioni sul test conveyor

Come è lecito attendersi, al crescere della velocità di passaggio del case sotto al varco, tendono a ridursi le performance in termini di *rate* e, a volte, di accuratezza.

Tabella 3.8 Matrice dei risultati del test di lettura dinamico su colli

Prodotto	Posizionamento del tag	Velocità (m/s)	Accuratezza (%)	Numero di letture		
				min	med	max
Pasta secca	Posizione 1	1,11	100	35	44	53
		2,09	100	14	24	32
Caffè macinato in pacco sottovuoto	Posizione 1	1,11	100	0	8	18
		2,09	94	0	3	10
	Posizione 2	1,11	65	0	2	7
		2,09	57	0	1	7
Caffè macinato in barattolo metallico	Posizione 1	1,11	88	0	4	17
		2,09	60	0	1	11
	Posizione 2	1,11	100	1	12	28
		2,09	81	0	3	14
Caffè in grani in sacchetti metallici	Posizione 1	1,11	100	16	45	87
		2,09	100	8	28	84
Olio in bottiglia di vetro	Posizione 1	1,11	100	29	51	69
	Posizione 2	1,11	100	43	56	75
Olio in latta metallica	Posizione 1	1,11	100	8	24	41
Latte in bottiglia in DHPE	Posizione 1	1,11	100	28	38	47
	Posizione 2	1,11	100	19	31	43
Succo di frutta in bottiglia in PET	Posizione 1	1,11	100	17	27	34
	Posizione 2	1,11	100	13	24	30
Succo di frutta in brick	Posizione 1	1,11	100	21	32	44

Dall'analisi dei risultati, è possibile osservare che tutti i case per i quali è stato eseguito il test con velocità di 1,11 m/s hanno ottenuto performance di accuratezza del 100%. Fanno eccezione i prodotti Lavazza, in particolare Lavazza "Qualità Rossa" e Lavazza "Qualità ORO", che hanno fatto registrare un'accuratezza pari al 99,6% e al 65,4% (in funzione della posizione del tag) e al 100% e all'87,9% (in funzione della posizione del tag).

Anche il *rate*, interpretato come il numero di letture del case a ogni passaggio sotto il varco, si mantiene elevato (generalmente superiore a 24 letture medie per passaggio). Solamente i prodotti Lavazza "Qualità Rossa" e Lavazza "Qualità Oro" hanno registrato valori di *rate* bassi, da 2 a 12 letture in media a passaggio.

Per quanto riguarda i test su conveyor con velocità di 2,09 m/s, i valori del *rate* diminuiscono apprezzabilmente, in quanto il case transita in minor tempo all'interno del *range* di lettura. Per i colli Lavazza "Qualità Rossa" in grani e Barilla "Cellentani" la riduzione del *rate* non influenza l'accuratezza, che rimane al 100%; al contrario per gli altri case testati a fronte di una riduzione del *rate* si riscontra anche una riduzione dell'accuratezza.

3.3.3.3 Test case su pallet

Tale famiglia di test si propone di valutare la capacità di lettura del sistema RFID in condizione multilettura eseguita su colli di prodotti di tipo commerciale, pallettizzati secondo lo

Tabella 3.9 Schema presenza metallo/acqua nei prodotti/imballaggi testati

Produttore	Prodotto	Caratteristiche prodotto	Caratteristiche imballaggio
Barilla	Pasta "Cellentani"	Prodotto non a base acqua	Imballaggio non a base metallo
Parmalat	Latte "Natura Premium"	Prodotto a base acqua	Imballaggio non a base metallo
Lavazza	Caffè macinato "Qualità Rossa"	Prodotto non a base acqua	Imballaggio a base metallo
Carapelli	Olio extravergine "Le Macine"	Prodotto non a base aqua	Imballaggio non a base metallo

schema di competenza. Per avere una visione completa delle prestazioni della tecnologia, si è deciso di prendere in esame le principali tipologie di prodotti che potessero rappresentare il maggior numero possibile di situazioni in cui la tecnologia si troverà a operare. Come noto, la tecnologia RFID presenta criticità di lettura in presenza di prodotti/imballaggi a base acqua o metallo.

Pertanto, sono stati selezionati alcuni prodotti sui quali eseguire il test case (Tabella 3.9). Per i prodotti sopra indicati, si sono eseguiti tre specifici test di lettura:

– statico, nel quale il pallet monoprodotto è posizionato sotto un varco a 4 antenne e le letture vengono eseguite a pallet fermo;
– di traslazione, nel quale il pallet monoprodotto viene posizionato su una rulliera pallet e fatto transitare a due differenti valori di velocità sotto il varco a 4 antenne;
– di rotazione, nel quale il pallet monoprodotto viene posizionato su una filmatrice per pallet e messo in rotazione a due differenti velocità sotto un varco a 4 antenne.

La progettazione degli esperimenti prevede di variare il tipo di prodotto sul pallet, le condizioni del test (statico, traslazione, rotazione), lo schema di palletizzazione, la velocità di traslazione o rotazione. Lo schema di pallettizzazione, riportato in Fig. 3.8, può assumere lo stato "alto", in cui i case sono posizionati secondo una logica maggiormente favorevole per la lettura RFID, oppure "basso" in caso contrario.

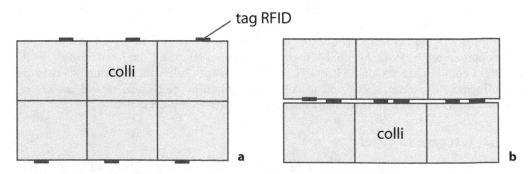

Fig. 3.8 Schema di palletizzazione alto (**a**) o basso (**b**)

La velocità di traslazione/rotazione può assumere lo stato "alto", pari a 0,192 m/s per la prova in traslazione e di 6,43 giri/min in rotazione, oppure "basso", pari a 0,086 m/s per la prova in traslazione e di 4,18 giri/min in rotazione.

La prestazione misurata in questa famiglia di test è rappresentata dall'accuratezza di lettura, definita come rapporto tra tag letti e tag presenti su un totale di 30 ripetizioni.

Analisi dei risultati per la pasta Barilla "Cellentani" e per l'olio Carapelli "Le Macine"

Al termine dei test eseguiti sul pallet di pasta Barilla "Cellentani" e di olio Carapelli "Le Macine", è possibile affermare che in ogni condizione di esecuzione del test si può ottenere, entro i 60 secondi, il 100% di accuratezza nelle letture. Ogni test, infatti, permette di leggere agevolmente sia i tag applicati ai case sia il tag pallet.

Come indicazione generale, si può concludere che, in tempi estremamente ridotti (inferiori a 4 secondi) il pallet viene letto in qualunque configurazione del test. Lo schema di pallettizzazione favorevole permette di completare le letture in minor tempo. Il test statico e il test di traslazione si dimostrano i più rapidi, in quanto i tag sono sempre letti in condizione ottimale, mentre il test di rotazione risulta essere lievemente più lento, in quanto nelle 30 replicazioni i tag vengono spesso a trovarsi in una condizione di orientamento sfavorevole.

Analisi dei risultati per il caffè Lavazza "Qualità Rossa"

Come emerso dai test case su nastro trasportatore, per rendere possibile l'identificazione del prodotto Lavazza "Qualità Rossa", è necessario interporre tra case e pallet uno spessore minimo di 4 mm; tale spessore è stato mantenuto anche durante l'esecuzione del test case su pallet. Dai test eseguiti sul pallet di caffè macinato Lavazza "Qualità Rossa" risulta che in nessuna condizione di esecuzione del test è possibile ottenere, entro i 60 secondi, il 100% di accuratezza nelle letture. Al più sono state ottenute performance di accuratezza del 60%.

Le performance ottenute durante l'esecuzione del test statico permettono la lettura solamente dei tag esterni in posizione favorevole rispetto alle antenne, così come suggerito dal test orientamento. Nello schema con tag interni, il metallo presente nell'imballaggio impedisce la lettura di tutti i tag, mentre è sempre possibile la lettura del tag al pallet.

Le performance ottenute durante l'esecuzione del test in traslazione permettono la lettura parziale dei tag esterni in posizione favorevole rispetto alle antenne. La massima percentuale di tag letta è pari al 38%. Anche in questa configurazione il test ha evidenziato come il tag pallet venga letto con accuratezza del 100% in tutte le repliche eseguite del test. Nello schema con tag interni, il metallo presente nell'imballaggio impedisce le letture dei tag al case. È sempre possibile la lettura del tag al pallet.

Il test di rotazione permette di ottenere i risultati migliori, arrivando tuttavia a una percentuale massima di letture del 60% nei 60 secondi di durata del test. Per ogni strato del pallet i case identificati sono sempre quelli che presentano il tag affacciato all'esterno.

Nei test eseguiti con schema di pallettizzazione "basso" il film metallico agisce da schermo totale nei confronti della radiofrequenza e pertanto non sono state registrate letture affidabili. Il tag pallet viene comunque letto con accuratezza del 100%.

Analisi dei risultati Parmalat "Natura Premium"

Per l'esecuzione dei test case su pallet dei prodotti Parmalat il tag è stato applicato nella medesima posizione che ha garantito il 100% di accuratezza di lettura nel test case su nastro trasportatore. Al termine dell'esecuzione del test, è possibile affermare che in tutte le condizioni di esecuzione del test non è possibile ottenere, entro i 60 secondi, il 100% di accuratezza nelle letture. Al massimo si ottengono performance di accuratezza del 14%, che comunque non sono assolutamente significative. Anche in questo caso, i risultati ottenuti con schema di palletizzazione basso non sono riportati in quanto non affidabili.

In ogni replicazione dei differenti test, tuttavia, il tag pallet viene riconosciuto con accuratezza del 100%.

Bibliografia

ISO/IEC (2005) ISO/IEC TR 18046: Information technology — Automatic identification and data capture techniques — Radio frequency identification device performance test methods
ISO (2009) ISO 17367: Supply chain applications of RFID — Product tagging
EPCglobal (2006a) Dynamic Test: Conveyor Portal Test Methodology For Applied Tag Performance Testing, Rev 1.1.4, 5 April 2006. http://www.epcglobalus.org/KnowledgeBase/Browse/tabid/277/ DMXModule/706/Command/Core_Download/Default.aspx?EntryId=135
EPCglobal (2006b) Dynamic Test: Door Portal Test Methodology For Applied Tag Performance Dynamic Testing, Rev 1.0.9, 5 April 2006. http://www.epcglobalus.org/KnowledgeBase/Browse/tabid/277/ DMXModule/706/Command/Core_Download/Default.aspx?EntryId=136
RFID Lab (2006) RFID Technology Test Report, Whitepaper interno. RFID Lab, Dipartimento di Ingegneria Industriale, Università degli Studi di Parma

Capitolo 4
L'impatto della tecnologia RFID nella gestione dei processi di supply chain

4.1 Introduzione

Il presente capitolo illustra l'impatto della tecnologia RFID nella gestione dei processi logistici di una supply chain di beni di largo consumo.

La prima parte del capitolo si focalizza sui processi di due principali attori della supply chain: il centro di distribuzione e il punto vendita. Dapprima viene presentata una dettagliata descrizione delle *best practices* dei processi logistici attuali (scenario AS IS) delle due strutture esaminate, con particolare riferimento a fasi e operazioni che possono essere automatizzate, o in generale migliorate, grazie all'impiego della tecnologia RFID. Quindi, viene illustrata una possibile reingegnerizzazione di tali processi mediante la tecnologia RFID (scenario TO BE). Lo scenario considerato per la reingegnerizzazione prevede l'applicazione del tag RFID a livello di imballaggio primario e secondario (*case*). Gli scenari AS IS e TO BE illustrati sono derivati dalla collaborazione con un panel di aziende produttrici e distributrici di beni di largo consumo.

Per valutare le potenzialità della tecnologia RFID nei processi reali, l'ultima parte del capitolo illustra il risultato del suo impiego per la misura delle prestazioni di una supply chain pilota, esaminata nel corso di un progetto denominato *RFID Logistics Pilot*.

4.2 I processi logistici della supply chain alimentare

4.2.1 Aspetti generali

Una tipica supply chain distributiva di beni di largo consumo consiste di almeno tre livelli: un produttore (*Manufacturer*), con relativo centro di distribuzione (*Cedi*) o deposito di fabbrica, che rifornisce il Cedi di un distributore (*Retailer*), il quale, a sua volta, provvede a evadere gli ordini di uno o più punti vendita (*PV*).

L'impiego della tecnologia RFID ha un impatto significativo sulla gestione dei processi logistici di una supply chain. Con riferimento al Manufacturer, l'impatto di tale tecnologia riguarda principalmente le attività distributive e di approvvigionamento, mentre le ricadute a livello produttivo sono più limitate, in considerazione delle caratteristiche peculiari dell'industria alimentare, che lavora per processo a ciclo tecnologico obbligato piuttosto che per parti.

All'interno dello stabilimento produttivo di un Manufacturer, tipici impieghi della tecnologia RFID riguardano l'identificazione degli asset utilizzati per la movimentazione di materie

A. Rizzi et al. *Logistica e tecnologia RFID*
© Springer-Verlag Italia 2011

prime, semi-lavorati e prodotti finiti. Tali applicazioni permettono di tracciare in maniera sistematica i flussi di prodotto, rendendo più efficienti le operazioni di produzione e di movimentazione interna, incrementando così la produttività dell'azienda nel suo complesso. Nel processo produttivo la disponibilità di informazioni dettagliate relative alla posizione di materie prime, semilavorati e prodotti finiti permette, inoltre, di pianificare con maggiore efficacia lo stanziamento delle risorse, le attività produttive e manutentive e la gestione delle scorte, consentendo al contempo di valutare le performance relative a tali attività. Come sarà ampiamente illustrato nel capitolo 5, l'impiego della tecnologia RFID agevola inoltre un Manufacturer nella gestione delle operazioni di tracciabilità dei prodotti, e in particolare nelle attività di ritiro/richiamo dal mercato di un prodotto contaminato.

A livello distributivo o di approvvigionamento l'impiego della tecnologia RFID ha invece evidenti ricadute sui processi logistici interni di Cedi e PV, come sarà illustrato in dettaglio nel prosieguo del capitolo. Per valutare tali ricadute, è però necessario conoscere nello specifico i processi logistici che caratterizzano le strutture Cedi e PV di beni di largo consumo. La descrizione di tali processi e i relativi dati numerici (vedi parr. 4.2.2 e 4.2.3) sono il risultato di una ricerca condotta analizzando un campione di circa 15 tra Cedi e PV, appartenenti a produttori e distributori di beni di largo consumo (Bottani, Rizzi, 2008). Ai fini dell'analisi, sono stati trattati in modo specifico i processi che possono essere sostanzialmente modificati dall'impiego della tecnologia RFID; in base alla ricerca condotta, tali processi sono risultati i seguenti:

– per il Cedi: (i) ricevimento; (ii) stoccaggio intensivo; (iii) abbassamenti e prelievi di pallet interi; (iv) picking; (v) packing & marking; (vi) spedizione;
– per il PV: (i) ricevimento; (ii) stoccaggio retro-negozio; (iii) gestione dell'area di vendita.

Infine, la descrizione si sofferma in modo particolare sugli aspetti di tali processi che possono essere migliorati grazie all'impiego della tecnologia RFID. In base all'analisi della letteratura scientifica, è possibile affermare che l'impatto della tecnologia RFID sui processi logistici è principalmente dovuto ai fattori illustrati di seguito.

4.2.1.1 Miglioramento dell'accuratezza dei processi

Gli errori compiuti in un processo logistico ricadono inevitabilmente su tutti i processi successivi, e sono quindi particolarmente critici se avvengono nell'attività di ricevimento presso il Cedi. In caso di impiego della tecnologia RFID, il Cedi dovrà ricevere pallet e *case* dotati di tag RFID (oppure dovrà procedere alla loro taggatura); la presenza dei tag RFID consente di verificare automaticamente la quantità e la tipologia dei prodotti ricevuti, confrontando i codici letti dal reader RFID con tutti quelli contenuti nell'ordine d'acquisto fatto al fornitore e nella bolla di trasporto. Ne conseguono evidenti benefici in termini di accuratezza del processo: secondo stime di EPCglobal (2004), in questo modo le attività logistiche potrebbero raggiungere livelli di precisione praticamente unitari, oltre a una notevole semplificazione delle operazioni da svolgere. L'accuratezza delle operazioni subite da un pallet è inoltre garantita anche nelle successive fasi di stoccaggio intensivo, picking e spedizione; in questo modo, la merce in uscita non dovrebbe più subire ulteriori verifiche né controlli. Infine, le operazioni sarebbero confermate in tempo reale, e tutte le informazioni raccolte potrebbero essere rese disponibili al destinatario del carico. Tale meccanismo evita tutti i problemi di accuratezza dovuti ai supporti di identificazione utilizzati, alla scarsità di lavoro specializzato o imputabili a errori umani.

4.2.1.2 Gestione delle scorte

Gli scarsi e imprecisi conteggi ciclici delle scorte, i furti dei beni di valore e i disallineamenti nello stock a magazzino sono tra le possibili cause di errori nel disallineamento delle giacenze dei prodotti a magazzino (*inventory inaccuracy*). Tali disallineamenti fanno sì che gli attuali sistemi di gestione delle scorte e dei riordini si basino – per decidere se effettuare un ordine – su un livello di giacenza non rappresentativo dell'effettiva scorta presente a magazzino. Garantendo letture più accurate e monitorando in tempo reale le movimentazioni dei prodotti all'interno di un sistema, la tecnologia RFID costituisce uno strumento utile per la riduzione del problema dell'*inventory inaccuracy*, migliorando, di conseguenza, i meccanismi di gestione delle scorte (Hardgrave et al., 2009). Nel caso del punto vendita, inoltre, l'impiego della tecnologia RFID contribuisce anche alla riduzione del fenomeno dello stock-out di prodotto sul lineare (vedi cap. 7).

4.2.1.3 Operazioni di inventario

Le strutture di un sistema distributivo effettuano ancora oggi almeno due inventari manuali all'anno, di cui uno ai fini fiscali. Tali attività determinano un notevole dispendio di forza lavoro, coinvolgendo gran parte del personale per più giorni, e spesso richiedono l'interruzione delle normali attività della struttura. La soluzione di ridurre la giacenza presente a magazzino, benché applicabile per esempio ai punti vendita, non risolve il problema, in quanto potrebbe comportare l'insorgenza di situazioni di stock-out sul negozio. L'applicazione dei tag RFID a livello di *case* permette di velocizzare le operazioni di inventario, a parità di scorte presenti a magazzino, rendendo molto agevoli le operazioni inventariali e riducendo la manodopera necessaria per il loro svolgimento. Inoltre, la lettura dei tag RFID nei processi logistici (e nello stoccaggio intensivo in particolare) permette di caricare automaticamente a sistema informativo i dati relativi ai prodotti movimentati, desumendo anche il livello delle scorte presenti.

4.2.1.4 Automazione dei processi

Il costo della manodopera rappresenta una porzione considerevole dei costi di una struttura distributiva, potendo raggiungere circa il 70% dei costi totali di un Cedi, e ha quindi un impatto significativo sull'efficienza globale della supply chain. Grazie all'implementazione di un sistema RFID, si possono ridurre molte delle inefficienze dei processi logistici. In primo luogo, l'impiego della tecnologia RFID elimina le operazioni manuali necessarie per la lettura dei *barcode* di un prodotto. La lettura stessa del tag, rispetto alla lettura del barcode, è automatica ed elimina quindi l'incertezza insita in ogni operazione manuale. La lettura, inoltre, non risente di problemi legati a sporco o danneggiamenti, come nel caso dell'etichetta barcode. Ovviamente, i benefici in termini di automazione che si possono ottenere all'interno di una struttura distributiva sono molto diversi in funzione del processo considerato e della tipologia di struttura distributiva stessa.

Per esempio, nel caso del Cedi, il picking è uno dei processi che assorbe la maggior parte della forza lavoro disponibile; l'impiego della tecnologia RFID consentirebbe di apportare miglioramenti significativi a tale processo, e di incrementare la produttività della manodopera. Anche le operazioni di identificazione e aggiornamento del sistema informativo, oltre che di controllo in tempo reale delle attività svolte, sarebbero garantite dalla lettura dei tag in ciascun processo.

4.2.2 I processi AS IS del centro di distribuzione

In questo paragrafo vengono descritti analiticamente i processi logistici AS IS di Cedi e punto vendita. La descrizione si riferisce alle *best practices* emergenti dall'analisi dei processi di aziende produttrici e distributrici di beni di largo consumo, che sono stati oggetto di visite sul campo e colloqui con i responsabili della logistica e di magazzino.

4.2.2.1 Ricevimento merci

Il ricevimento rappresenta l'attività nella quale si effettua lo scarico fisico dei mezzi di trasporto arrivati al Cedi e si realizzano le necessarie operazioni di identificazione e controllo della merce in ingresso. Prevede, inoltre, la registrazione di eventuali disallineamenti tra la merce arrivata al Cedi e quella attesa o di eventuali danneggiamenti riscontrati sui prodotti.

I flussi in ricevimento al Cedi di un distributore medio della grande distribuzione organizzata italiana, consistono in circa 2000 pallet/giorno, il 20% dei quali sono misti e l'80% interi, e coprono circa 100 ordini/giorno. Ciascun pallet contiene un numero medio di 50 colli, del valore di circa 11,80 € ciascuno. Data l'estrema variabilità dei prodotti trattati, la shelf life media può essere stimata in circa 280 giorni, per tener conto sia dei prodotti deperibili sia di quelli che hanno shelf life dell'ordine di qualche anno (per esempio detersivi o *health & beauty care*). Il numero di referenze trattate dal Cedi medio si attesta attorno a 7500.

Le merci in ingresso vengono ricevute sfruttando numerose banchine di ricevimento, che di norma sono specifiche per questa attività e non vengono sfruttate per i flussi in spedizione. Una volta terminate le operazioni di scarico dei mezzi di trasporto, il 97% delle merci ricevute indirizzato al magazzino intensivo, mentre il restante 3% utilizzato per ripristinare lo stock di picking. Le operazioni di ricevimento vengono svolte in media per 250 giorni/anno.

Una volta ricevuti, i pallet devono essere rietichettati, con applicazione di un'etichetta *barcode* a uso interno del Cedi. Tale operazione è necessaria in quanto non tutti i pallet arrivano dotati di etichetta logistica standard (vedi cap. 2); il Retailer deve quindi applicare a tutti i pallet un'etichetta contenente un seriale univoco per l'identificazione del pallet.

Inoltre, per ciascuna referenza presente in un pallet, l'operatore preleva un *case*, lo apre e utilizza un'unità di vendita per leggere il codice EAN 13; l'operazione è svolta con il terminale a radiofrequenza di cui l'addetto è dotato. Tale operazione è tanto più complessa e laboriosa, quanto più elevato è il numero di referenze che compongono il pallet. Il sistema di Warehouse Management (WMS) mostra sul terminale in radiofrequenza la quantità ordinata e presente in bolla, informazione di cui l'azienda già dispone perché ogni bolla è trasmessa in formato elettronico mediante DESADV o preventivamente caricata su sistema informativo aziendale. L'operatore deve quindi verificare, con controllo visivo, la corrispondenza di tale ordine con la quantità ricevuta; inoltre, inserisce l'indicazione circa il lotto di produzione, per garantire la necessaria tracciabilità, e la data di scadenza dei prodotti ricevuti. Tale informazione dovrà essere verificata ed eventualmente modificata manualmente nel caso non corrisponda a quella presente in chiaro sul cartone/collo.

Verificata la correttezza della merce, su tutti i pallet viene applicato un codice seriale interno, che viene immediatamente associato al prodotto ricevuto. Da questo momento, tale codice costituirà l'identificativo del pallet per i processi successivi. Il collegamento in RF permette altresì di aggiornare in tempo reale lo stato delle giacenze e di conseguenza l'intero sistema informativo aziendale. L'operazione di rietichettatura incide mediamente sulle tempistiche di ricevimento per circa 20 secondi per ciascun pallet ricevuto, valore in cui sono già comprese tutte le procedure di stampa delle etichette stesse.

Nel complesso, l'incidenza delle operazioni di controllo e di presa in carico della merce è stimata in 2 minuti/pallet, valore determinato dal fatto che per i pallet misti la procedura di identificazione deve essere ripetuta un certo numero di volte.

Gli errori di quantità e di mix riscontrati in ricevimento sono pari all'1,25% del totale dei pallet ricevuti; gli errori relativi alla documentazione che accompagna la merce ricevuta sono invece molto minori, interessando mediamente 5 ordini al mese. Per correggere simili tipologie di errore occorrono rispettivamente, in media, 18 minuti/pallet e 20 minuti/ordine. Gli errori di identificazione sono invece praticamente trascurabili, come pure il problema della gestione di eventuali resi ai fornitori.

4.2.2.2 Stoccaggio intensivo

Lo stoccaggio, o *storage*, è il processo con il quale le referenze ricevute sono spostate dall'area di ricevimento (o da un'eventuale zona di sosta temporanea spesso indicata con il termine *staging*) all'area di magazzino intensivo, all'interno del quale verrà loro assegnata una specifica postazione.

L'area di stoccaggio media del Cedi è costituita da scaffalature bifrontali, il cui primo livello è destinato allo stock di picking e gli altri allo stoccaggio intensivo. L'area di stoccaggio è caratterizzata da una ricettività di circa 35.000 posti pallet, ed è in media satura per l'80%. Le scorte di sicurezza rappresentano circa il 10-15% della giacenza media e il *lead time* con cui il Cedi si approvvigiona è solitamente di 4,5 giorni. Tale valore è comunque molto variabile a seconda che si considerino referenze delle categorie merceologiche del food o del non-food.

Il magazzino intensivo lavora per 300 giorni all'anno e in esso trovano impiego mediamente 20 addetti dotati di altrettanti carrelli a forche. Il costo orario lordo della manodopera è di 14 €/ora. In magazzino viene effettuato un solo inventario generale all'anno che richiede almeno 70 giornate uomo.

Le attività di stoccaggio e di prelievo sfruttano nella maggior parte dei casi la radiofrequenza e la scansione dei barcode presenti sulle etichette precedentemente applicate su ogni pallet in fase di ricevimento.

Una volta che il pallet è pronto per essere stoccato a magazzino, l'operatore ne scannerizza il barcode e il sistema WMS lo informa in tempo reale circa la locazione appropriata per il pallet. Sul terminale del carrello compariranno pertanto le indicazioni relative alla corsia o alla zona di magazzino, al livello e al vano attribuiti al pallet. L'operatore si sposta quindi nella postazione assegnata, legge il barcode presente sul corrente della colonna a cui appartiene il vano oggetto della specifica missione e provvede a stoccare il pallet nel livello indicato. L'operazione non richiede l'invio di una conferma di stoccaggio al sistema informativo; viceversa, sarà il sistema informativo a dare conferma dell'avvenuto stoccaggio. In questo modo, il sistema informativo è aggiornato sull'andamento delle operazioni di stoccaggio.

4.2.2.3 Abbassamenti e prelievi di pallet interi

L'attività di abbassamento (*replenishment*) consiste nel ripristinare le referenze necessarie all'interno dello stock di picking. Il *replenishment* può essere gestito a intervalli di tempo regolari o, come succede più frequentemente, con un controllo sulla singola referenza. Nel momento in cui il pallet alla spina di una determinata referenza è in esaurimento, il WMS via radiofrequenza invia una missione di abbassamento a un addetto di magazzino, che provvede a effettuare il *replenishment*.

Il *retrieving* consiste invece nel prelievo di un pallet intero da un vano di stoccaggio del magazzino per l'evasione di un ordine cliente. Si tratta di norma di referenze alto-rotanti, che vengono ordinate dai clienti a pallet interi piuttosto che a colli, e quindi come tali vengono movimentate.

Dal punto di vista operativo, la fase di prelievo, per abbassamenti o per prelievo di pallet interi, è del tutto analoga alla fase di stoccaggio: l'operatore deve effettuare la scansione del barcode situato sul corrente del magazzino e/o di quello del pallet, prima di abbassarlo per effettuare il *replenishment* dello stock di picking ovvero per prelevare un pallet intero e portarlo in zona spedizione. Nel caso di *replenishment*, l'operatore dovrà anche leggere l'identificativo della postazione di picking per confermare l'avvenuto abbassamento.

Dal momento che il sistema informativo del Cedi è aggiornato in tempo reale, non si rendono necessari inventari manuali di riordino in quanto questi sono di fatto automatici. Il Cedi è in grado di evadere circa il 97,35% degli ordini con la giacenza disponibile, con conseguente incidenza degli stock-out pari al 2,65% circa. L'incidenza degli scaduti per superamento della shelf life risulta pressoché trascurabile.

4.2.2.4 Picking

L'attività di *picking* (anche denominata *order selection*) consiste nel prelievo di una certa quantità di imballaggi secondari, per allestire pallet misti, secondo quanto indicato in una *picking list*, in risposta agli ordini ricevuti dai clienti. I colli da prelevare sono contenuti all'interno di pallet interi, posizionati in un'apposita area del magazzino, denominata area di picking; tale area può essere fisicamente separata dalla zona di stoccaggio intensivo, oppure costituire il livello a terra del magazzino intensivo, come normalmente accade nei Cedi del largo consumo italiano. L'attività di picking necessita quindi anche di operazioni di *replenishment* dello stock a disposizione.

Gli allestimenti in picking vengono effettuati dagli operatori impiegando carrelli commissionatori e seguendo una *picking list*, che può essere cartacea ovvero disponibile sul terminale in radiofrequenza. La *picking list* contiene indicazioni relative a un singolo ordine o a una parte di esso, e indica il percorso – già ottimizzato dal sistema informativo aziendale – che l'operatore dovrà seguire per il prelievo delle referenze.

L'attività di picking si svolge solitamente per 300 giorni all'anno e coinvolge 38 operatori per turno, con l'impiego di un analogo numero di carrelli. Le operazioni di picking permettono di allestire circa 1050 pallet/giorno, corrispondenti a 232 ordini composti da 150 linee d'ordine ciascuno; si stima che la quantità media di prodotto contenuta in una linea d'ordine sia di 1,8 colli.

Gli allestimenti di picking vengono effettuati sfruttando tecnologie e processi assai differenti tra loro. Si può rilevare, infatti, l'utilizzo del sistema *voice picking* o di terminali *barcode* di tipo *wearable*, che consentono all'operatore di avere sempre entrambe le mani libere per effettuare gli allestimenti. In altri casi, è possibile che le operazioni di picking vengano condotte utilizzando *picking list* costituite da "blocchi" di etichette, da applicare su ogni collo durante il prelievo. Possono essere altresì utilizzati lettori *barcode* classici, tramite i quali vengono identificate le postazioni da cui si preleva o direttamente i seriali dei pallet alla spina. A seconda della tipologia di picking adottata, variano anche le eventuali operazioni di verifica effettuate presso le banchine di spedizione e necessarie per intercettare eventuali errori.

Le procedure di picking che meglio rappresentano un trade-off tra l'esigenza di produttività e quella di accuratezza prevedono l'impiego di scanner ottici con cui identificare la sola postazione di prelievo. In questo caso l'operatore, che deve provvedere al prelievo dei prodotti indicati nella *picking list*, segue il percorso indicato nel documento stesso e identifica, mediante scansione ottica (barcode) o lettura del seriale (*voice picking*), il vano da cui vengono prelevati i colli di ciascuna referenza. A livello di WMS, in fase di abbassamento, è già stata creata l'associazione tra il vano di picking e la referenza abbassata in quella postazione. Operando in questo modo, i tempi necessari per rintracciare la postazione di picking sono già ottimizzati, mentre le operazioni di identificazione della postazione di picking si aggirano intorno ai 10 secondi per ogni linea d'ordine prelevata, valore comprensivo dei tempi di inserimento/conferma delle quantità prelevate. Nel caso di prodotti a peso variabile, invece, è necessaria la scansione di ogni singola etichetta dei colli prelevati, proprio per acquisire l'informazione relativa al peso del singolo collo allestito. Il sistema informativo risulta pertanto costantemente aggiornato circa le tipologie di *case* prelevati, ma non può effettuare alcun controllo sulle quantità, se non nel caso di prodotti a peso variabile.

4.2.2.5 Packing & marking

L'attività di *packing & marking* comprende una serie di operazioni necessarie per rendere idonee alla spedizione le linee d'ordine prelevate in fase di *retrieving* o di *picking*.

Una volta concluse le operazioni di cui sopra, l'unità di carico deve infatti essere perfezionata in base alle esigenze del cliente, affinché possa essere correttamente spedita e ricevuta. Tali perfezionamenti possono riguardare, a titolo esemplificativo:

– il tipo di imballaggio utilizzato (pallet o roll container);
– i vincoli di peso e volume da rispettare per l'unità di carico, dettati, per esempio, da vincoli di stoccaggio del cliente;
– l'utilizzo di una paletta per ogni referenza allestita;
– il tipo di supporti di stabilizzazione utilizzati;
– l'applicazione di supporti di identificazione standard per l'intera udc o per ogni referenza.

Inoltre, ogni unità di carico prelevata in *retrieving* o allestita in picking dovrà soddisfare le richieste complessive di quantità e qualità di prodotti specificate dall'ordine cliente. Per tale motivo, le unità di un medesimo ordine cliente dovranno essere controllate prima della spedizione. Solitamente si trova un compromesso tra esigenze di accuratezza e di produttività, effettuando un controllo a campione delle referenze allestite in picking. Un numero di unità di carico mediamente oscillante tra il 5% e il 10% viene quindi controllato puntualmente in quantità e mix al fine di individuare eventuali errori. Tali verifiche richiedono in media circa 2 minuti per unità di carico allestita. Nonostante questi controlli, le operazioni di picking sono comunque soggette a errori residui, principalmente di quantità e mix, che interessano circa lo 0,2% delle unità di carico allestite.

Al termine di ogni allestimento, l'unità di carico viene stabilizzata mediante idonei supporti ed etichettata con un'etichetta logistica identificativa dell'allestimento, dell'ordine cliente e della relativa destinazione; l'etichetta sarà utilizzata nella successiva fase di spedizione e/o per il ricevimento. Terminata la sequenza di operazioni, il pallet viene portato in un'area di staging che il più delle volte coincide con il fronte della banchina di spedizione.

4.2.2.6 Spedizione

In questo processo i pallet allestiti vengono caricati su mezzi di trasporto in uscita, per comporre un carico in spedizione. Da un Cedi di medie dimensioni del largo consumo italiano vengono spediti mediamente circa 2000 unità di carico al giorno, corrispondenti a circa 100.000 colli/giorno. Le spedizioni avvengono utilizzando 30 banchine, esclusivamente dedicate alle attività di spedizione, su 300 giorni all'anno. Il processo di spedizione prevede che i pallet di tutte le unità di carico destinate a tale fase vengano controllati visivamente dall'operatore preposto e, eventualmente, dal trasportatore stesso. Grazie alla copertura in radiofrequenza, ogni pallet che deve essere spedito viene scannerizzato e quindi associato alla banchina dalla quale verrà fatto uscire. In questo modo, è alquanto improbabile che nel processo vengano compiuti errori.

L'unico caso, peraltro non così infrequente, di errore è quello in cui, nella fretta del carico, più unità vengano movimentate contemporaneamente senza procedere alla lettura del barcode di ciascuna di esse. I risultati che si possono avere sono i seguenti: (i) un'unità di carico viene spedita senza che a sistema informativo sia stato individuato il destinatario o il vettore; oppure (ii) data la mancata lettura di un'unità di carico, la spedizione non può essere completata, in quanto a sistema informativo manca un'unità di carico non scannerizzata. Nel primo caso, solitamente l'unità di carico spedita per errore è da considerare persa (e concorre a determinare differenze inventariali), mentre nel secondo caso sono necessari tempi aggiuntivi per rintracciare l'unità di carico responsabile della mancata chiusura del carico. Il controllo visivo, l'associazione del pallet alla banchina di spedizione e l'identificazione dei pallet presenti fanno sì che il tempo medio di spedizione di un pallet sia di circa 0,3 minuti.

In fase di spedizione, non vengono inviate particolari informazioni di tracciabilità ai clienti. Le uniche informazioni che possono essere contemplate sono quelle riportate sulle etichette logistiche dei pallet interi, eventualmente applicate direttamente dal Manufacturer a fine produzione. Nel documento di trasporto compaiono solitamente i codici delle referenze che compongono l'allestimento, le quantità, il numero di pallet presenti e l'identificativo del cliente cui il prodotto è destinato; eventualmente può essere aggiunta l'informazione del lotto. Nei casi in cui il fornitore trasmette in formato elettronico un DESADV al cliente, le stesse informazioni vengono trasmesse in formato elettronico al sistema informativo del cliente, abilitando un controllo automatico tra i due flussi informativi (*matching* automatico).

4.2.3 I processi del punto vendita

Nel corso dell'analisi dei punti vendita, prevista dalla ricerca precedentemente menzionata (Bottani, Rizzi, 2008), sono state esaminate sia realtà di tipo supermercato sia realtà di tipo ipermercato, le cui grandezze caratteristiche sono spesso piuttosto diverse e non sempre direttamente confrontabili. Nella descrizione dei processi saranno quindi forniti, se sensibilmente differenti, i dati distinti per supermercato e ipermercato. Si segnala, infine, che al 2010 la rete distributiva italiana si componeva di 11.086 supermercati e 916 ipermercati (fonte http://www.infocommercio.it).

4.2.3.1 Ricevimento

Un punto vendita di prodotti di largo consumo dispone per il ricevimento delle merci di una superficie dedicata di circa 750 m^2; tale valore rappresenta chiaramente la media tra la superficie disponibile presso un ipermercato e quella disponibile presso un supermercato. I flussi in ricevimento possono essere molto diversi, in funzione della tipologia del punto vendita; un ipermercato riceve mediamente 300 pallet/giorno, mentre i flussi in ricevimento di un supermercato sono pari a circa 36 pallet/giorno. I pallet sono mediamente composti da 45 colli. Un punto vendita (principalmente di tipo supermercato) può ricevere in ingresso anche prodotti consegnati su roll; in questo caso, la quantità media è pari a circa 16,5 roll/giorno. I roll contengono in media 32 *case* ciascuno. I pallet (o roll) ricevuti corrispondono a un numero di ordini giornaliero pari a circa 60, benché i valori specifici siano sensibilmente diversi per ipermercati (125) e supermercati (12).

I flussi in ricevimento merci sono destinati per più della metà (55%) al *replenishment* diretto dell'area di vendita del negozio, mentre il rimanente 44% è destinato al magazzino retro-negozio, adibito allo stoccaggio di pallet interi. Infine, una ridotta percentuale, pari all'1% circa, è destinata a una zona espressamente adibita allo stoccaggio di imballaggi secondari, la cui presenza è più frequente nelle strutture tipo supermercato. In caso di punti vendita di piccole dimensioni, che non dispongano di un'area di stoccaggio retro-negozio particolarmente ampia, la percentuale di prodotti destinati al *replenishment* dell'area di vendita può essere anche sensibilmente più elevata, raggiungendo valori prossimi al 90%. Viceversa, l'ipermercato, considerato l'elevato volume di prodotti trattati, generalmente non fa uso di un magazzino di stoccaggio per *case*, ma utilizza il magazzino retro-negozio interamente per i pallet.

Il punto vendita medio del largo consumo italiano dispone di un numero ridotto di banchine di ricevimento, mediamente pari a 3; le attività di ricevimento si svolgono per 320 giorni lavorativi all'anno, corrispondenti a sei giorni settimanali, cui si aggiungono le domeniche del mese di dicembre.

In ricevimento si riscontrano ogni giorno alcuni errori di mix/quantità, il cui numero varia tra i 2-3 errori per un supermercato fino ai 25 errori per un ipermercato. A questi si aggiungono circa 14 ordini/mese con documentazione errata. Non sono, invece, particolarmente rilevanti le consegne che determinano errori di identificazione dei prodotti. Il tempo necessario per la correzione degli errori in ricevimento è pari a circa 9 minuti/collo. Un discorso analogo vale per gli errori di documentazione, la cui correzione richiede un tempo pari a 50 min/ordine. Infine, per la correzione degli errori di identificazione sono mediamente richiesti 7,5 minuti/*case*. Complessivamente, il tempo per la presa in carico di un pallet presso il punto vendita è pari a circa 2,9 minuti/pallet.

4.2.3.2 Stoccaggio retro-negozio

L'area retro-negozio di un punto vendita è di norma piuttosto limitata, in virtù della prassi consolidata che prevede di destinare la maggiore parte della superficie disponibile ad area espositiva e di collocare i prodotti ricevuti direttamente sullo scaffale. Questa scelta è anche giustificata dal fatto che i punti vendita del largo consumo sono riforniti ormai giornalmente, o al più ogni due giorni, e non vi è quindi necessità di tenere a scorta una gran quantità di prodotto. Inoltre, un magazzino retro-negozio implica la gestione di uno spazio ulteriore, con conseguenti costi in termini di personale e risorse necessarie.

Nel caso di un supermercato, la superficie del magazzino retro-negozio è pari a circa 250 m^2, alla quale corrisponde una ricettività pari a circa 55 posti pallet; un ipermercato medio dispone invece normalmente di un magazzino di maggiori dimensioni, avente ricettività pari a 1125 posti pallet, ed estensione di circa 2800 m^2. Nel magazzino retro-negozio sono inoltre presenti alcuni carrelli, utilizzati per le movimentazioni e gli spostamenti nell'area di vendita (mediamente 3). Le operazioni di stoccaggio merci vengono svolte per 320 giorni lavorativi all'anno.

Sia nel caso di supermercato sia in quello di ipermercato, il fenomeno dello *shrinkage* (perdite di prodotto per furto, smarrimento, errore di consegna ecc.) non coinvolge percentuali importanti di pallet, né in termini quantitativi né in termini economici.

Sia ipermercati sia supermercati effettuano 2 inventari di riallineamento all'anno per lo stock presente nell'area dei pallet interi; i tempi di realizzazione di tali inventari dipendono, ovviamente, dalle quantità presenti e ammontano a circa 38 giorni uomo/inventario per un supermercato e a oltre 1200 giorni uomo/inventario per un ipermercato.

In aggiunta agli inventari generali, è prevista la realizzazione di inventari settimanali di riordino delle merci, in numero di circa 5 inventari/settimana; nel caso degli ipermercati, gli inventari di riordino possono essere in numero inferiore, in quanto le operazioni di riordino sono spesso automatizzate. Il tempo richiesto per la realizzazione di tali inventari è comunque contenuto, pari complessivamente a circa 0,7 giorni uomo.

Nel corso delle operazioni di stoccaggio/prelievo, non vengono applicate procedure per l'identificazione o la tracciatura dei posti pallet, né per l'identificazione del pallet in prelievo. Non appare necessario, di conseguenza, aggiornare il sistema informativo sulle operazioni svolte.

4.2.3.3 Gestione dell'area di vendita

Il numero di referenze trattate da un punto vendita di beni di largo consumo può essere molto diverso a seconda della tipologia di negozio. Si va, infatti, dalle 15.000 referenze mediamente trattate da un supermercato, fino alle 60.000 trattate da un ipermercato medio. Le referenze hanno un valore medio di circa 3,8 €. Un discorso del tutto analogo può essere fatto per il fatturato annuo del punto vendita, che varia tra gli 8,7 milioni di euro per i supermercati e i circa 141 milioni di euro per gli ipermercati.

L'area di vendita contiene un elevato numero di referenze, cosicché la rimanenza dello stock in essa presente è considerevole. Tale valore è stimato in 105.000 € per un supermercato, mentre supera i 3,5 milioni di euro per un ipermercato.

In alcuni casi, il punto vendita può prevedere la realizzazione di un inventario giornaliero di *replenishment* del lineare, al fine di valutare le referenze che richiedono operazioni di riassortimento del lineare. Il completamento di tale operazione richiede circa 8 ore uomo, benché tale dato sia variabile in funzione delle dimensioni del punto vendita.

Uno dei principali problemi di gestione dell'area di vendita è l'insorgenza di *stock-out*, trattato nel capitolo 7. Le attività di gestione dell'area di vendita vengono svolte per 12 ore al giorno, corrispondente al tempo di apertura, per 320 giorni lavorativi all'anno.

4.3 Reengineering dei processi logistici mediante tecnologia RFID

L'impatto della tecnologia RFID sui processi sopra descritti può essere sensibilmente diverso a seconda dello scenario tecnologico di taggatura che si ipotizza. Nell'analisi dei processi re-ingegnerizzati si è ipotizzata, per ciascun processo, una soluzione tecnologica che prevede la taggatura a livello di imballaggio terziario e di imballaggio secondario.

Si suppone l'utilizzo di tag passivi UHF Class 1 Gen2, operante a 868 MHz secondo gli standard ETSI 302-208 (vedi cap. 1). Analogamente al tag del pallet, il tag dell'imballaggio secondario dovrà essere applicato a valle delle linee di confezionamento, se applicato dal Manufacturer, o in un apposito processo di etichettatura, se applicato dal Retailer. Lo scenario analizzato, quindi, permette di ottenere tutti i possibile benefici derivanti dall'impiego di tag al pallet; in aggiunta, tutti i processi che richiedono la gestione dell'imballaggio secondario possono beneficiare di vantaggi economici ulteriori: è il caso, per esempio, dei processi di picking presso il Cedi e di gestione dell'area di vendita presso il PV.

4.3.1 Manufacturer

4.3.1.1 Etichettatura e taggatura

Il tag al pallet è previsto all'interno dell'etichetta logistica in modo da rendere possibile l'identificazione dell'intero pallet nei processi che lo richiedono. Il tag è applicato a valle della pallettizzazione ed è da considerarsi "a perdere". Normalmente il pallet viene identificato mediante standard SSCC, alternativamente o in abbinamento può essere utilizzato il seriale GRAI se presente. In modo analogo, anche il tag applicato al *case* è da considerarsi "a perdere" e può essere posizionato un *inlay* direttamente all'interno dell'imballaggio secondario, codificando il *case* con un SGTIN. In questo caso non è possibile generalizzare, come avviene per il tag al pallet, le modalità di applicazione a tutte le referenze trattate dal Cedi; sarà invece necessario individuare la posizione del tag sul *case* che massimizza le prestazioni di lettura ottenibili con l'impiego della tecnologia RFID.

Come si è detto, l'operazione di etichettatura del pallet e dell'imballaggio secondario dovrà essere svolta a valle delle linee di confezionamento dal Manufacturer, ma è possibile prevedere un apposito processo di etichettatura presso il Cedi, qualora l'attività non sia stata svolta dal Manufacturer. Tale soluzione risulta tuttavia poco agevole, in quanto, per effettuare la taggatura a livello di case, occorre depallettizzare in fase di ricevimento tutta la merce.

4.3.2 Cedi

4.3.2.1 Ricevimento

Grazie al tag del pallet, è possibile automatizzare le operazioni di identificazione dei pallet ricevuti, che possono essere letti tramite varchi RFID, e verificare in automatico quantità e mix di prodotti ricevuti. Si confrontano le letture RFID (SSCC e/o SGITIN) con quelle attese nel DESADV, reperibile mediante EPCglobal Network. In aggiunta, la presenza di tag a livello di *case* permette di eliminare le eventuali operazioni di apertura degli imballaggi secondari, che vengono talvolta svolte presso il Cedi per la lettura del codice EAN 13 dell'unità di vendita, nonché l'input manuale di tutti i dati di tracciabilità e di shelf life; tale informazione può, infatti, essere ottenuta leggendo il tag dell'imballaggio secondario. Inoltre, come osservato precedentemente, la presenza di tag a livello di *case* elimina le operazioni di etichettatura (o rietichettatura) eseguite all'interno del Cedi in presenza di prodotti con etichette danneggiate.

A livello di EPC Network, è possibile condividere le informazioni provenienti dal fornitore attraverso gli eventi *transaction event* che sono associati a una stessa bolla di spedizione. Grazie al campo *biztransaction*, presente all'interno del *transaction event*, è infatti possibile far riferimento alla specifica bolla di spedizione, ottenendo quindi tutte le relative informazioni di aggregazione con le quali è possibile definire per ogni collo a quale pallet è aggregato e per ogni pallet a quale bolla fa riferimento. Il software di ricevimento del Cedi, identificato tramite la sua univoca *bizlocation*, attraverso un processo di *polling* sulla rete, interroga in modo continuo i servizi dell'EPC Network per individuare se è presente un'operazione di spedizione destinata al Cedi. In caso positivo, saranno trasferite tutte le informazioni in precedenza descritte, così da abilitare, al ricevimento della merce, un controllo automatico tra il flusso fisico della merce e quello informativo relativo all'atteso. In caso di corrispondenza corretta, tali informazioni saranno prese in carico al Cedi. Durante questo processo, sempre in modo del tutto automatico, è gestita la tracciabilità dei prodotti, grazie a informazioni (lotto, data di scadenza ecc.) accessibili tramite EPC Network.

Dal punto di vista delle prestazioni, è importante sottolineare come queste siano influenzate dal tipo di prodotto, in termini di contenuto (in particolare, presenza di acqua o di metalli), numero di *case*, schema di pallettizzazione utilizzato ecc.

I principali benefici dell'adozione della tecnologia RFID nel processo di ricevimento si manifestano nella riduzione delle operazioni manuali di controllo e del tempo richiesto. A titolo di esempio, nell'esperienza relativa al progetto *RFID Logistics Pilot* (descritto in seguito) l'86,5% dei pallet ricevuti è stato letto in modo completo in fase di ricevimento, mentre per il rimanente 13,5% è stata condotta una serie di controlli sui singoli *case*, comunque notevolmente più veloce rispetto alle letture barcode (2 minuti contro 9,5 minuti necessari in caso di impiego del barcode).

Possibili soluzioni di re-ingegnerizzazione del processo, in termini di dispositivi RFID, possono prevedere varchi sulle banchine di ricevimento piuttosto che terminali mobili o postazioni dedicate al ricevimento.

4.3.2.2 Stoccaggio intensivo

Per realizzare le operazioni di stoccaggio e prelievo sfruttando la tecnologia RFID, è opportuno che i carrelli a forche presenti nel magazzino intensivo siano dotati di reader e antenne RFID in grado di identificare il pallet durante le movimentazioni in stoccaggio/prelievo tramite il tag del pallet o uno qualunque di quelli dei *case*. Le stesse operazioni possono essere effettuate mediante terminale mobile, ma in maniera del tutto analoga a quanto fatto oggi con terminali barcode in radiofrequenza, perdendo quindi l'opportunità di completo automatismo fornita dalla tecnologia RFID. Posizionando opportunamente le antenne, l'identificazione può essere effettuata successivamente all'attivazione del processo di lettura avviato dall'operatore nel momento in cui il pallet viene inforcato, dando quindi conferma in tempo reale al sistema informativo WMS circa il pallet che si sta movimentando. A questo punto il sistema informativo può comunicare all'operatore il vano del magazzino nel quale versare il pallet. Nel caso in cui il processo richieda l'identificazione del vano di stoccaggio, sarà necessario dotare anche le postazioni di magazzino di tag RFID e il carrello a forche di un'antenna laterale opportunamente depotenziata. In alcuni casi sono state sperimentate con successo soluzioni *near field* per l'antenna laterale, ovvero HF per l'identificazione dei vani di stoccaggio. Con questa applicazione, è possibile eliminare tutti gli errori di versamento a magazzino dovuti al fatto che i vani di stoccaggio non raggiungibili dalla lettura tradizionale con lettore barcode (per esempio, quelli al di sopra del terzo livello) sono identificati con barcode posizionati tutti vicini ad altezza operatore. Questi deve quindi "scannerizzare" quello corrispondente al livello corretto nel quale dovrà versare il prodotto. È anche possibile, tuttavia, che, "scannerizzato" il barcode relativo al livello corretto, l'operatore versi la merce nel vano sbagliato, generando un errore di allocazione. Ne consegue che il processo informativo di gestione allocazione a magazzino gestito con barcode, data l'elevata manualità richiesta all'operatore in questa fase, è spesso fonte di errori di allocazione merce.

Per poter compiere le operazioni di identificazione, è necessaria la copertura RF dell'area di stoccaggio intensivo e il collegamento wireless dei terminali veicolari al sistema informativo centrale. Tale copertura permette di ottenere una mappa accurata del magazzino, aggiornata in tempo reale.

L'impiego della tecnologia RFID consente di migliorare le operazioni di identificazione e controllo dei pallet stoccati e prelevati, in quanto queste vengono completamente automatizzate e guidate dal sistema informativo. È inoltre possibile eliminare gli inventari di riallineamento effettuati nell'area di stoccaggio. Fa eccezione l'inventario fiscale, che, per motivi contabili, deve essere mantenuto; le corrispondenti operazioni possono comunque essere notevolmente semplificate e velocizzate, grazie all'utilizzo dei tag. Test eseguiti in progetti RFID hanno evidenziato una riduzione dei tempi uomo nella gestione degli inventari a livello di pallet mediante tecnologia RFID pari a circa il 90%. Eventuali inventari di riordino non sono più necessari: programmando adeguatamente il sistema informativo aziendale, grazie alla disponibilità di dati di giacenza certi, è possibile automatizzare le operazioni di riordino in funzione della giacenza presente. Infine, laddove rilevante, la tecnologia RFID può essere sfruttata per il monitoraggio della *shelf life* dei prodotti (vedi par. 4.4.4), permettendo al Cedi di seguire una rigorosa logica FIFO nell'evasione degli ordini, ed evitando l'insorgere di *shrinkage*.

4.3.2.3 Abbassamenti e prelievi di pallet interi

Riguardo al processo di abbassamento, si adotta la medesima procedura descritta per lo stoccaggio a magazzino. L'abbassamento è necessario quando un pallet di picking non è più disponibile; in questo caso, un operatore è chiamato ad abbassare un pallet, che generalmente si trova a un livello superiore, per sostituire quello appena terminato. In altre parole, quando un pallet alla spina è terminato, nasce, a sistema informativo, una missione di abbassamento che richiama, attraverso il terminale mobile, un operatore. Quest'ultimo, grazie all'allestimento RFID del carrello, è in grado di prelevare correttamente il pallet al livello superiore – identificando sia il vano sia il pallet in modo automatico – e lo dispone a terra. Data la completa automazione della gestione di tutte le informazioni relative al prodotto movimentato (identificativo del vano d'origine, SSCC del pallet e identificativo del vano di destinazione), tale processo, spesso affetto da errori in un contesto barcode, è assolutamente affidabile se gestito con tecnologia RFID.

Il processo di *retrieving*, che vede la movimentazione nell'area di *staging* di un pallet intero, dal punto di vista informativo è gestito in modo assolutamente analogo all'abbassamento ed è quindi privo di errori adottando la tecnologia RFID.

4.3.2.4 Picking

Per quanto riguarda il processo di picking, è possibile prevedere tre differenti scenari re-ingegnerizzati, quali:

- impiego di terminale indossabile;
- impiego di carrello attrezzato;
- lettura in fasciatura.

In tutti i casi, il processo prevede la copertura RF dell'area di prelievo. Ogni operatore, attraverso un terminale collegato in RF al sistema informativo, può visualizzare la propria lista con la sequenza delle linee d'ordine che dovrà prelevare. Nel caso in cui l'operatore sia dotato di terminale indossabile, il sistema elimina progressivamente le linee d'ordine dalla *picking list*, in modo automatizzato, man mano che i singoli *case* vengono movimentati. Nel caso di carrello attrezzato, è necessario prevedere l'allestimento di ciascun carrello commissionatore con un reader RFID e relativa antenna, tramite il quale eseguire le operazioni di identificazione della merce da prelevare. L'identificazione può avvenire facendo leggere al reader del carrello ogni imballaggio secondario prelevato; si ottiene, in questo modo, il controllo completo in mix e quantità dei colli prelevati, e anche la tracciabilità è selettiva e accurata. In entrambi i casi si ha quindi la possibilità di "guidare" le operazioni di allestimento ordini di ciascun *picker* tramite l'impiego di un terminale collegato al sistema informativo aziendale. Eventuali *picking lists* cartacee o blocchi di etichette da applicare ai colli prelevati vengono di conseguenza eliminati. Il sistema informativo è inoltre aggiornato in tempo reale sullo *status* dei prelievi effettuati, eliminando gli eventuali errori di quantità e mix compiuti nelle operazioni di prelievo. Inoltre, il sistema informativo dispone del dato aggiornato della giacenza disponibile a picking; tale informazione elimina la necessità di inventari di *replenishment* dello stock di picking, che possono essere automatizzati grazie a un'opportuna programmazione dei controlli sulle giacenze all'interno del sistema informativo aziendale. Infine, nel caso di lettura in fasciatura, soluzione preferibile per i pallet misti di "facile" lettura, non è prevista nessuna identificazione in fase di picking e il pallet allestito dall'operatore è portato nella fasciatrice che, opportunamente allestita di reader e antenne, è in grado di leggere SSCC e SGTIN sul pallet durante l'operazione di fasciatura. Tale lettura è svolta in modo automatico e confronta il contenuto dell'intero pallet con la lista di prelievo, generando opportune segnalazioni in caso di non coerenza sia di mix sia di quantità.

Al termine del processo di fasciatura è necessario dotare di tag RFID ogni pallet allestito in picking, in modo tale che questi possano essere gestiti analogamente ai pallet interi.

È importante sottolineare che sia la tecnologia barcode sia la tecnologia *voice picking* sono in grado di garantire un controllo sul vano dal quale viene effettuato il prelievo e conseguentemente sulla referenza prelevata. Tuttavia, entrambe le tecnologie non sono affidabili in termini di quantità prelevata, poiché tale informazione è fornita direttamente dall'operatore, mediante terminale RF o a voce rispettivamente, e sono quindi sempre possibili errori umani. La tecnologia RFID, invece, permette un controllo automatico sia il mix sia delle quantità di prodotto prelevato, azzerando la probabilità di errore da parte di un operatore.

Analoghi risultati si ottengono per il problema dello *shrinkage*, che può essere eliminato solo con un monitoraggio accurato dei singoli *case*.

4.3.2.5 Cross docking

La tecnologia RFID consente di prevedere un sistema totalmente automatizzato di ventilazione dei *case*. Più precisamente, dotando ogni singolo *case* di tag RFID, è possibile identificare in modo automatico la referenza all'interno di un *sorter*, che sarà quindi in grado di indirizzarla nella bocca di carico specifica in funzione della lista d'ordine. Questo processo non è frequente nella supply chain del largo consumo, in quanto processi di automazione così spinti sono difficilmente implementabili con tecnologia barcode, soprattutto nel caso di una vasta e variegata gamma di referenze. Infatti, in un contesto di questo tipo le geometrie del *case* risultano molto diverse tra loro e conseguentemente il posizionamento e l'orientamento del barcode sul *case* è difficilmente prevedibile. Inoltre, il barcode può essere sporco, danneggiato o difficilmente leggibile. L'assenza di un barcode standard e la difficoltà di "far leggere" in modo automatico al *sorter* le referenze da ventilare sono tra le principali cause della limitata diffusione di questi sistemi di smistamento nelle situazioni reali.

4.3.2.6 Packing & marking

L'operazione di packing & marking, in una re-ingegnerizzazione RFID, può essere realizzata in modo del tutto simile a quanto descritto relativamente all'operazione di lettura in fasciatura dell'*order selection*, unitamente all'etichettatura del pallet al termine del controllo del contenuto. Sono tuttavia da prendere in considerazione anche contesti nei quali, con l'utilizzo di terminali indossabili o carrelli attrezzati, esista la possibilità di svolgere l'operazione di etichettatura in automatico, non appena terminata la lista di prelievo. Più precisamente, nel momento della chiusura della lista di prelievo il sistema informativo, essendo perfettamente aggiornato relativamente alle referenze accumulate sul pallet, può generare eventi di tipo *aggregation* tra tutti gli ECP che sono stati oggetto di lettura durante il picking, che vengono quindi aggregati all'interno di un unico SSCC. A questo punto, in modo del tutto automatico, si può prevedere la generazione di un comando alla stampante per la generazione dell'etichetta logistica del SSCC del pallet.

Talvolta è possibile accorpare più SSCC in un'unica unità di spedizione, per ottimizzare gli spazi in fase di trasporto. Anche in questo caso è opportuno aggregare gli SSCC, per lo meno dal punto di vista informativo, in modo da gestirne la spedizione in forma aggregata.

4.3.2.7 Spedizione

La re-ingegnerizzazione del processo di spedizione è tipicamente realizzata con l'impiego di un varco in corrispondenza di ogni banchina di spedizione oppure prevedendo un punto fisso di passaggio, opportunamente attrezzato, per ciascun pallet in spedizione. Alternativamente, può essere utilizzato anche un terminale mobile RFID, collegato in radiofrequenza con il sistema informativo. Grazie a questi dispositivi è possibile controllare in modo puntuale e automatico tutte le informazioni relative al flusso di pallet in uscita dal Cedi, eliminando gli errori in spedizione che spesso nascono nei casi, piuttosto comuni, in cui si cerca di saturare a volume un mezzo di trasporto. Più precisamente, in questi casi spesso si realizzano delle operazioni di aggregazioni successive di pallet, che vengono fasciati e preparati per la spedizione al fine di consolidare il carico e minimizzare le operazioni di movimentazione. La nuova unità logistica, realizzata quindi al solo scopo di ottimizzare il processo di spedizione, non viene gestita da un punto di vista informativo, in quanto non viene generata una nuova etichetta logistica in seguito alle letture dei pallet aggregati. Per questo motivo, tale attività costituisce una grossa fonte di potenziali errori, più o meno volontari, in spedizione, con pallet spediti al cliente sbagliato o persi. Attraverso una lettura puntuale e automatica di tutte le informazioni riguardanti il flusso di pallet in uscita da ogni banchina del Cedi, i dispositivi precedentemente descritti sono in grado di annullare questi frequenti errori di inversione in spedizione e le relative differenze inventariali.

4.3.3 Punto vendita

4.3.3.1 Ricevimento

Il ricevimento a punto vendita si svolge in modo del tutto analogo a quanto visto per il Cedi.

4.3.3.2 Stoccaggio retro-negozio

Grazie alla tecnologia RFID, è possibile avere il controllo delle movimentazioni in uscita dall'area di stoccaggio del retro-negozio di un punto vendita. Una prima soluzione consiste nell'equipaggiare con varco i corridoi che collegano il retro-negozio con l'area vendita. Questa soluzione presenta però alcuni problemi pratici, legati a mancate letture, durante la movimentazione di pallet interi, o a false letture, per l'elevato traffico durante le attività di riassortimento mattutino del lineare. Per superare tali criticità, evitando l'aggiunta di attività manuali per il personale di punto vendita, alcuni progetti pilota evidenziano la possibilità di equipaggiare il compattatore – che raccoglie e comprime gli imballaggi secondari al termine dell'utilizzo – con un lettore RFID, che abiliti indirettamente il monitoraggio dei flussi di *replenishment*. Infatti, la lettura dell'EPC di un *case* nel compattatore indica che gli item contenuti all'interno di quell'imballaggio sono stati spostati dalla zona di stoccaggio intensivo all'area espositiva di vendita. Fanno eccezione gli imballaggi secondari che rimangono nel punto vendita, come accade per esempio per i prodotti promozionali, che devono essere letti singolarmente mediante lettore portatile. Se tutto il pallet è trasportato nell'area promozionale, l'operatore può limitarsi all'identificazione del solo SSCC, sfruttando l'aggregazione a livello di EPCIS. Le letture RFID effettuate nel compattatore o mediante terminale mobile permettono quindi di distinguere i *case* presenti nell'area di stoccaggio da quelli che sono stati spostati sugli scaffali del punto vendita, gestendo separatamente e in tempo reale i due livelli di giacenza. La giacenza dei prodotti presenti nel retro-negozio sarà ottenuta come differenza tra i flussi in ricevimento e i flussi di *replenishment*; in aggiunta, la giacenza dell'area di vendita potrà essere monitorata confrontando il flusso in *replenishment* con i dati di vendita, che sono ottenuti dalle casse del punto vendita.

I vantaggi che ne derivano riguardano aspetti strategici, e principalmente la disponibilità di informazioni accurate e puntuali sulla giacenza dei prodotti, sia nel magazzino retro-negozio sia nell'area di vendita. Secondo alcuni progetti piloti, svolti in collaborazione tra l'Università dell'Arkansas e Walmart, l'uso della tecnologia RFID a livello di colli permetterebbe di aumentare l'accuratezza dei dati di inventario del 13% circa (Hardgrave et al., 2009).

4.3.3.3 Gestione area di vendita

Come già osservato, la gestione dell'area di vendita può beneficiare dell'impiego della tecnologia RFID, che permette di monitorare tutte le movimentazioni effettuate tra magazzino retro-negozio e area di vendita stessa, in base a quanto descritto precedentemente.

Nello specifico, la presenza di tag a livello di *case* permette di monitorare le giacenze disponibili sullo scaffale del punto vendita, che possono essere ottenute confrontando i dati di *replenishment* con i dati di vendita delle casse. A tale fine, è però necessario che il sistema informativo aziendale sia adeguatamente programmato per reperire i dati di vendita in tempo reale, e non in modalità *batch* a fine giornata, com'è prassi comune in molti punti vendita. Un'adeguata programmazione del sistema informativo aziendale rende teoricamente possibile la definizione di opportuni *alert*, da trasmettere agli operatori addetti all'area di vendita, qualora il livello di giacenza di un prodotto sul punto vendita sia inferiore a una data soglia (per esempio, 5 pezzi). Questo meccanismo rappresenta una sorta di inventario di *replenishment* automatizzato dello scaffale del punto vendita e permette di ridurre l'incidenza del fenomeno dello stock-out sullo scaffale, laddove questo fenomeno sia principalmente dovuto a mancato *replenishment*. Tale procedimento, tuttavia, non è in grado di gestire alcuni aspetti, quali furti da parte di clienti o operatori, o merci prelevate dal cliente, ma non uscite dalle casse di punto vendita (ancora più frequente del precedente, e non trascurabile per punti vendita di grosse dimensioni, all'interno dei quali i tempi di attraversamento dei clienti sono particolarmente elevati). In questi contesti, un eventuale *alert* potrebbe essere fornito all'operatore con un certo ritardo, in funzione dei tempi di attraversamento dei clienti.

Progetti pilota sviluppati dall'Università dell'Arkansas su punti vendita Walmart hanno evidenziato come tali informazioni possano essere utilizzate per ridurre il fenomeno dell'*out-of-stock*. Confrontando l'andamento delle rotture a banco in 12 punti vendita gestiti con tecnologia RFID con quello di 12 punti vendita con *replenishment* gestito in modo tradizionale, si è notato un sensibile incremento della presenza del prodotto sul lineare, in particolare dei prodotti alto rotanti. In media, la riduzione dell'*out-of-stock* è stata stimata attorno al 16%, con punte del 30% per prodotti con vendite superiori a 15 unità/gg (Hardgrave et al., 2007).

4.3.3.4 Demarque

Per ottenere un perfetto allineamento tra il dato di giacenza in area espositiva e quello a sistema informativo, la re-ingegnerizzazione TO BE deve prevedere un'operazione di *demarque*, attualmente non presente nel punto vendita della grande distribuzione. Tale processo può essere realizzato all'interno del punto vendita in un'apposita postazione, che deve permettere agli operatori di intervenire e registrare tutti i casi che possono generare disallineamenti per il fatto che non tutta la merce in area espositiva attraverserà le casse del punto vendita. Infatti, è possibile che alcune unità di vendita siano eliminate dall'area di vendita perché scadute o danneggiate da parte dei clienti (un esempio tipico è il consumo del prodotto all'interno del punto vendita) o degli operatori durante la movimentazione interna.

L'insieme di tutte le operazioni in precedenza descritte permette, al punto vendita, di avere una migliore accuratezza dell'inventario in tempo reale, non solo complessivo ma anche della sola area espositiva. Il raggiungimento di questo importante obiettivo consentirà la riduzione degli *out-of-stock* legati a tutti quei casi in cui la merce presente a retro-negozio non viene venduta a causa di una mancata esposizione al cliente.

4.4 La tecnologia RFID per la misura delle prestazioni logistiche

Per effetto dell'ampliamento dei mercati e della globalizzazione dell'economia, negli ultimi anni la ricerca dell'efficienza e dell'efficacia di servizi, processi produttivi e attività logistiche è diventata sempre maggiore. I nuovi clienti dell'era globalizzata possono scegliere i propri fornitori all'interno di un panorama mondiale, con estrema facilità, confrontando i prodotti e i servizi offerti. In tale contesto, altamente concorrenziale, la possibilità di distinguersi attraverso un prodotto/servizio migliore è il primo obiettivo strategico da perseguire.

Relativamente alla possibilità di migliorare un processo/servizio – ed estendendo quanto riportato da Galileo Galilei (1564-1642) "Misura ciò che è misurabile, e rendi misurabile ciò che non lo è" – Harrington (1991, p. 164) afferma: "*If you cannot measure it, you cannot control it. If you cannot control it, you cannot manage it. If you cannot manage it, you cannot improve it*". La possibilità di raccogliere i dati sul campo e di elaborarli opportunamente è quindi alla base di ogni miglioramento che si voglia apportare a un processo.

La tecnologia RFID è un importante strumento a supporto del miglioramento dei processi aziendali, soprattutto in ambito logistico, in quanto per la prima volta permette di sostenere un costo dell'informazione indipendente dalla quantità di dati raccolti. Più precisamente, a differenza delle tradizionali tecniche di lettura (quale, per esempio, il barcode), la tecnologia RFID abilita una rilevazione automatica dell'informazione, e non necessita della presenza di un operatore. La conseguenza è che grazie alla tecnologia RFID i sistemi informativi aziendali dispongono di una quantità di dati molto maggiore rispetto a quella attuale.

Questo aspetto è in accordo con le precedenti citazioni e costituisce un importante supporto per la misura delle prestazioni aziendali; occorre tuttavia sottolineare che un consistente flusso informativo può, talvolta, comportare problemi di gestione. In altre parole, un'elevata quantità di dati non serve a nulla se non è opportunamente elaborata per derivarne indicazioni a valore aggiunto. Altrimenti detto, grandi quantità di informazioni, non opportunamente gestite, non portano ad alcun risultato utile, o possono dar luogo a risultati fuorvianti.

La possibilità di elaborare una grande quantità di informazioni rappresenta la *condicio sine qua non* per un effettivo impiego della tecnologia RFID. Al tempo stesso, dall'elaborazione di tali informazioni è possibile ricavare, a partire dalle semplici letture RFID, indicazioni a valore aggiunto, che permettono il controllo dei processi e l'ottimizzazione delle attività logistiche. Gli strumenti di *Business Intelligence* (BI) sono sistemi progettati allo scopo di analizzare le informazioni derivanti dai processi aziendali, di interpretarle e utilizzarle per migliorare la gestione dei processi stessi (Elbashir et al., 2008). L'applicazione di tali strumenti alle informazioni fornite dalla tecnologia RFID permette di ottenere consistenti vantaggi, sfruttando la capacità della tecnologia RFID di raccogliere "dal campo" dati accurati e in tempo reale, e con un elevato livello di dettaglio, al limite pari al singolo prodotto movimentato all'interno della supply chain (Delen et al., 2007).

Nei paragrafi successivi sono presentati cinque moduli di BI sviluppati allo scopo di elaborare il flusso di dati offerto dalla tecnologia RFID e ricavarne informazioni a valore aggiunto utili nella gestione dei processi logistici (Bottani et al., 2009). I moduli descritti sono:

- product flow;
- flow time management;
- shelf life management;
- inventory;
- track & trace.

Tali strumenti sono stati realizzati nell'ambito del progetto pilota RFID denominato *RFID Logistics Pilot*, lanciato ufficialmente nel giugno 2007 dal laboratorio RFID Lab dell'Università degli Studi di Parma. Il progetto è stato realizzato con il supporto di tredici aziende nazionali e multinazionali, operanti come produttori, operatori logistici e distributori di beni di largo consumo, quali Carapelli, Chiesi, Cecchi Logistica Integrata, Conad, Danone, Grandi Salumifici Italiani, Gruppo Goglio, Nestlé, Number 1, Lavazza, Parmacotto e Parmalat. Il progetto ha rappresentato il primo esempio in Italia di realizzazione di un progetto pilota tramite il quale tracciare, mediante tecnologia RFID ed EPC network, il flusso dei prodotti dal produttore al consumatore finale. L'obiettivo generale del progetto è stato testare sul campo e verificare a livello di filiera la fattibilità tecnica e i benefici derivanti dell'utilizzo della tecnologia RFID e del sistema EPC applicati ai processi di supply chain.

La filiera oggetto del progetto pilota ha coinvolto il magazzino prodotti finiti di un produttore, il Cedi di un distributore e i due punti vendita (Fig. 4.1).

Oltre 12.000 *case* di prodotto sono stati dotati di etichetta RFID all'uscita dalle linee produttive del produttore. Il flusso di cartoni e pallet, anch'essi identificati mediante tag RFID e seriale SSCC, è stato quindi tracciato attraverso il Cedi e i punti vendita; i dati ottenuti sono stati condivisi mediante la rete EPC network. La sperimentazione sul campo ha coinvolto:

- la base logistica di Parmacotto sita in Mamiano (PR), indicata come Manufacturer's DC (Fig. 4.1);
- il centro di distribuzione Auchan di Calcinate (BG), indicato come Retailer's DC (Fig. 4.1);
- due ipermercati Auchan, siti in Rescaldina (MI) e Curno (BG), rispettivamente Retailer's RS1 e Retailer's RS2 in Fig. 4.1.

Nei paragrafi successivi sarà fornita una descrizione dettagliata dei moduli di *business intelligence*, e del loro utilizzo all'interno del progetto *RFID Logistics Pilot*, per offrire al lettore un'immediata comprensione e un riscontro pratico operativo sulle nuove potenzialità attualmente offerte dalla tecnologia RFID.

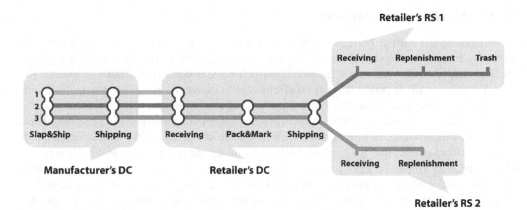

Fig. 4.1 La supply chain esaminata nel progetto pilota

4.4.1 *Product flow*

La visibilità dei flussi rappresenta una sfida, che in realtà complesse rimane oggigiorno ancora aperta. Molti sono i benefici risultanti dalla possibilità di conoscere in tempo reale i dati relativi ai flussi di prodotto all'interno di una supply chain. Per averne un'idea, basti pensare ai consistenti vantaggi competitivi che possono derivare dalle informazioni in tempo reale relative, per esempio, alla quantità di prodotto processata, all'evasione degli ordini, ai DESADV, agli esiti delle consegne, al *replenishment* delle aree espositive, alle vendite o all'andamento di promozioni, alla verifica che vincoli temporali legati alla durata dei trattamenti dei prodotti ortofrutticoli vengano rispettati, nonché all'estensione di tutti i punti menzionati a elementi complementari al prodotto, quali asset e packaging.

Rispondendo alla domanda: "dove sono i prodotti?", il modulo *Product Flow* è uno strumento in grado di fornire un'importante risposta alla sfida ancora aperta. Grazie a tale indicatore, è possibile ottenere in tempo reale molteplici informazioni relative al flusso di prodotti, quali la posizione degli EPC all'interno della supply chain; l'istante temporale in cui un dato *case* ha subito un particolare processo; il numero dei *case* complessivamente entrati e usciti dalla supply chain; il flusso massimo, minimo e medio di *case* processati giornalmente da ogni processo della supply chain; la produttività dei singoli processi all'interno della supply chain. Tali valori, inoltre, possono essere confrontati con valori target, in modo da evidenziare i processi che non soddisfano gli obiettivi prefissati dall'azienda.

I principali dati necessari per effettuare l'analisi su uno specifico EPC e ottenere le performance precedentemente descritte sono rappresentati da un intervallo temporale (*time interval*) e da uno o più GTIN (*product*) da esaminare.

In sintesi, la condivisione in tempo reale dei flussi fisici di prodotto lungo tutta la supply chain permette di trasformare la supply chain da reattiva in predittiva. In una supply chain reattiva, il flusso fisico del prodotto si muove in seguito a un ordine (caso *pull*), o in base a previsioni di vendita (caso *push*); queste ultime per definizione scontano un certo margine di errore. Una supply chain predittiva invece sfrutta la visibilità puntuale, accurata e selettiva dei flussi fisici di prodotto per conoscere in anticipo quella che sarà la domanda a valle, e quindi reagisce preventivamente con un flusso fisico di prodotto in grado di evadere tale domanda.

4.4.2 Flow time management

L'eliminazione dei colli di bottiglia, la riduzione delle scorte e dei lead time all'interno della supply chain sono ormai considerati prerequisiti per garantire competitività a livello globale. Per *supply chain lead time* si intende il tempo necessario per trasformare le materie prime (o i semilavorati) in prodotti finiti ed effettuarne la consegna al cliente finale. Tale tempo comprende diverse componenti, quali *supplier lead time*, *manufacturing lead time*, *distribution lead time* e *logistic lead time*. L'attuale tendenza è comprimere il più possibile il lead time di una supply chain, al fine di ridurre i livelli delle scorte e i costi a esse connessi, consentendo, al contempo, una maggiore agilità a fronte di mutamenti da parte delle esigenze del consumatore finale. In aggiunta, la riduzione del lead time porta a una corrispondente contrazione del *bullwhip effect* all'interno della supply chain, con un conseguente aumento dell'efficienza del sistema logistico attraverso la riduzione delle fluttuazioni associate agli ordini. La possibilità di misurare, e quindi controllare, i lead time necessari per le diverse attività di una supply chain è un aspetto strategico rilevante, e può essere facilmente ottenuto sfruttando le rilevazioni disponibili grazie alla tecnologia RFID, unitamente a un opportuno strumento di BI che ne permetta l'interpretazione (Bertolini et al., 2007).

Il modulo *Flow Time Management* è lo strumento di BI che permette di rispondere alla domanda: "quanto è durato il processo?" Grazie a tale strumento, è possibile ottenere informazioni circa i tempi di attraversamento della supply chain per ciascun EPC (o per una categoria di prodotti) che è stata processata dalla supply chain in un particolare intervallo di tempo. Attraverso il modulo *Flow Time Management* è inoltre possibile determinare il tempo complessivo (in termini di valore medio, massimo, minimo e specifico di ciascun EPC) necessario per l'attraversamento della supply chain. La stessa analisi può essere svolta con riferimento a un processo o al passaggio da un processo a uno successivo. I risultati che si ottengono permettono di identificare i processi con maggiori criticità, che corrispondono a quelli che hanno richiesto tempi eccessivamente lunghi o superiori a un valore di target definito per le prestazioni della supply chain, ottenendo una misura dell'efficienza della supply chain. Un ulteriore dato di sintesi reso disponibile dal modulo è la quota percentuale di EPC che hanno attraversato la supply chain entro un tempo target predefinito.

I dati necessari per effettuare l'analisi del flow time e ottenere le performance precedentemente descritte sono rappresentati da un intervallo temporale, un processo logistico oggetto di studio e uno o più SGTIN da esaminare.

4.4.3 Shelf life management

La deperibilità dei prodotti alimentari è senz'altro uno degli aspetti più critici nella gestione della supply chain. La possibilità di far arrivare al cliente un prodotto più fresco è quindi una leva competitiva straordinaria. All'aspetto strategico va aggiunto quello economico derivante dai costi sorgenti associati a una cattiva gestione della shelf life del prodotto nell'attraversamento della supply chain, che comporta la possibile declassazione qualitativa del prodotto e, in molti casi, anche il vero e proprio smaltimento dello stesso.

Le azioni condotte negli ultimi anni hanno puntato, da un lato, alla ricerca di un'estensione della shelf life dei prodotti alimentari (si pensi, per esempio, ai processi in asettico o all'utilizzo di opportuni materiali per il packaging), dall'altro alla migliore gestione della supply chain. La tecnologia RFID costituisce un promettente strumento per migliorare la gestione della supply chain, grazie alle innumerevoli informazioni che consente di raccogliere dal campo in tempo reale. Tali informazioni sono utili, per esempio, per indirizzare verso un percorso più veloce i prodotti più deperibili, sensibili o semplicemente con una shelf life residua più limitata rispetto ad altri, che possono quindi seguire anche un percorso più articolato per raggiungere il cliente finale.

Lo strumento di BI basato su tecnologia RFID che consente di elaborare opportunamente le informazioni raccolte per utilizzarle ai fini della gestione della shelf life è il modulo *Shelf Life Management*. Tale modulo permette di rispondere alla domanda: "quanto sono vecchi i miei prodotti?" Grazie a tale strumento è possibile ottenere informazioni relative ai prodotti, in funzione della loro data di scadenza, delle quantità presenti presso ciascun attore della supply chain, nonché in uscita dalla supply chain stessa (e quindi potenzialmente vendute), e di altri parametri (istante temporale/processo) relativo alle rilevazioni RFID effettuate.

I dati necessari per eseguire l'analisi e ottenere le performance precedentemente descritte consistono in un valore di data di scadenza "limite" definita dall'utente, e nella scelta di una tipologia di referenza.

4.4.4 Inventory

La necessità di garantire elevati livelli di efficienza e la massima *customer satisfaction* comporta, in alcune realtà produttive, la scelta di fissare elevati livelli di scorte. Tale scelta, se da un lato offre una risposta immediata nei confronti dello stock-out, non rappresenta sempre la soluzione ottimale, poiché, di fatto, la presenza di alti livelli di scorte sposta solo il problema, trasformando costi di stock-out in costi di *inventory*. Il vero obiettivo è quindi aumentare il livello di servizio dell'intero sistema mantenendo, o ancora meglio, riducendo le scorte contenute nel sistema stesso. Tale risultato è certamente molto ambizioso e lo strumento per raggiungerlo passa attraverso la condivisione di informazioni il più possibile puntuali e disponibili in tempo reale. Più precisamente, la possibilità di conoscere, in tempo reale, il dato puntuale di domanda presso un attore della supply chain permette di conoscere in anticipo quando questi emetterà un ordine, e stimarne l'entità; a sua volta, ciò consente agli attori a monte di avviare le necessarie attività produttive, riducendo drasticamente il lead time per la fornitura dei prodotti. Il procedimento sopra descritto permette anche di spostarsi gradualmente da una politica *make to stock* a una *make to order*; a tale fine, la disponibilità di dati di giacenza puntuali e in tempo reale è fondamentale. Grazie alla possibilità di ottenere dati dal campo in modo automatico, senza richiedere la presenza di un operatore, e all'elevato livello di accuratezza che caratterizza tali dati, la tecnologia RFID è senz'altro uno strumento a supporto delle finalità di riduzione delle scorte (Asif, Mandviwalla, 2005).

Il corrispondente strumento di BI sviluppato è *Inventories*, che risponde alla domanda: "quanto prodotto hai?" La risposta è ottenuta grazie alla raccolta, sul campo, di informazioni relative alla giacenza (media, minima e massima) di prodotto presso ciascun attore della supply chain, in un intervallo temporale prescelto. Tale indicazione può essere confrontata con un valore target definito dall'utente, per misurare l'efficienza del sistema distributivo.

I dati necessari per effettuare l'analisi e ottenere le performance precedentemente descritte sono rappresentati dalla scelta di un attore della supply chain da esaminare, un intervallo temporale e uno o più GTIN oggetto di studio.

4.4.5 Tracciabilità dei prodotti

Come ampiamente riportato nel capitolo 5, la tracciabilità dei prodotti alimentari deve essere interpretata non come un vincolo cogente, ma come una nuova opportunità strategica per offrire un servizio migliore al cliente, aumentando il livello competitivo aziendale. La possibilità di effettuare richiami selettivi anziché estesi a un elevato numero di lotti e punti vendita non solo rappresenta un minor costo immediato e tangibile sull'operazione di ritiro, ma ha anche evidenti ripercussioni dal punto di vista strategico, in quanto comporta dirette ricadute in termini di danno di immagine aziendale.

Come già richiamato, la tecnologia RFID permette di acquisire dal campo una notevole mole di informazioni e può essere utilizzata con successo sia per le operazioni di ritiro/richiamo di prodotti sia come strumento per combattere la contraffazione degli stessi. *Track&Trace* è lo strumento di BI sviluppato per elaborare il flusso informativo generato dalla tecnologia RFID e trarne indicazioni utili per la gestione della tracciabilità dei prodotti alimentari. In particolare, *Track&Trace* permette di rispondere alla domanda: "che cosa è successo?" Grazie a tale modulo, è possibile ottenere tutte le informazioni relative a un *case* di prodotto avente i requisiti specificati dall'utente. Per esempio, tali requisiti possono indicare uno specifico prodotto (SGTIN), un particolare lotto di produzione (LN) o l'appartenenza a un definito pallet (SSCC); tali prodotti possono aver attraversato un particolare processo della supply chain in un definito intervallo temporale o essere stati rilevati in una transazione commerciale (per esempio, all'interno di un documento di trasporto o di un ordine cliente). Di questi prodotti, il modulo *Track&Trace* permette di ottenere l'intera storia, ossia tutte le rilevazioni all'interno della supply chain.

I dati necessari per definire le caratteristiche dei prodotti di cui si vuole conoscere la storia possono essere espressi attraverso differenti opzioni, con le quali definire le proprietà dei cartoni richiesti, come LN, EPC pallet, EPC *case*.

Bibliografia

Asif Z, Mandviwalla M (2005) Integrating the supply chain with RFID: a technical and business analysis. Communications of the Association for Information Systems, 15: 393-427

Bertolini M, Bottani E, Rizzi A, Bevilacqua M (2007) Lead time reduction through ICT application in the footwear industry: A case study. International Journal of Production Economics, 110: 198-212

Bottani E, Bertolini M, Montanari R, Volpi A (2009) RFID-enabled business intelligence modules for supply chain optimization. International Journal of RF Technologies: Research and Applications, 1(4): 253-278

Bottani E, Rizzi A (2008) Economical assessment of the impact of RFID technology and EPC system on the Fast Moving Consumer Goods supply chain. International Journal of Production Economics, 112(2): 548-569

Delen D, Hardgrave BC, Ramesh S (2007) RFID for better supply-chain management through enhanced information visibility. Production and Operations Management, 16(5): 613-624

Elbashir ME, Collier Ph A, Davern MJ (2008) Measuring the effects of business intelligence systems: The relationship between business process and organizational performance. International Journal of Accounting Information Systems, 9: 135-153

EPCglobal (2004) The EPCglobal Network: Overview of design, benefits & Security. http://www.gs1nz.org/documents/TheEPCglobalNetworkfromepcglobalinc_001.pdf

Hardgrave BC, Aloysius J, Goyal S (2009) Does RFID improve inventory accuracy? A preliminary analysis. Journal International Journal of RF Technologies: Research and Applications, 1(1): 44-56

Hardgrave BC, Waller M, Miller R (2007) Does RFID reduce out of stocks? A preliminary analysis. http://itrc.uark.edu/91.asp?code=&article=ITRI-WP058-1105

Harrington HJ (1991) Business process improvement: the breakthrough strategy for total quality, productivity, and competitiveness. McGraw-Hill

Capitolo 5

Impiego della tecnologia RFID per la tracciabilità dei prodotti alimentari

5.1 Introduzione

Tracciabilità è la parola chiave dello scenario agroalimentare moderno, e racchiude al suo interno sia la risposta alle esigenze di sicurezza alimentare manifestate dai consumatori, sia una possibilità, per le aziende, di innovarsi per mantenere la propria competitività sul mercato. Il presente capitolo inizia con una descrizione del problema generale della qualità e della sicurezza dei prodotti alimentari; quindi, illustra il ruolo delle tecnologie di identificazione automatica nella gestione della tracciabilità, sia dal punto di vista teorico, sia attraverso un caso studio numerico. Infine, descrive il problema della contraffazione dei prodotti alimentari, i possibili meccanismi di contraffazione e le contromisure attuabili, con particolare riferimento alla protezione ottenibile impiegando la tecnologia RFID.

5.2 Il problema della tracciabilità alimentare

Il problema della sicurezza del consumatore e dei prodotti alimentari, e del largo consumo in generale, non è mai stato, probabilmente, così sentito come negli ultimi anni. Alcune crisi alimentari significative, verificatesi in Europa e nel mondo negli ultimi decenni, hanno infatti sollevato dubbi nella mente del consumatore e generato una progressiva mancanza di fiducia nei confronti dei prodotti immessi sul mercato.

Una delle prime emergenze alimentari italiane fu il caso del vino adulterato con metanolo, che risale al 1986 e coinvolse aziende vitivinicole della Lombardia, del Piemonte e della Liguria. Il vino contaminato – in quanto addizionato con metanolo allo scopo di innalzarne la gradazione alcolica – causò la morte di 19 persone e la cecità di altre 15 (Altroconsumo, 2006).

Nel 2004, l'esplosione in Gran Bretagna di casi di *encefalopatia spongiforme bovina* (BSE), comunemente nota come morbo della "mucca pazza", ha causato una situazione di allarmismo da parte dei consumatori di tutta Europa, oltre al calo del consumo di carne di origine bovina. Più recentemente, in seguito all'allarme generato dall'influenza aviaria, in Italia si è verificato un crollo dei consumi di carne avicola, con conseguenti danni all'intera filiera produttiva. La soluzione di tali emergenze è stata l'applicazione di specifiche norme di condotta relative alla modalità di consumo, certificazione e vendita di carni bovine e avicole, dimostrando così che la sicurezza degli alimenti e la riduzione dei rischi per l'uomo sono strettamente legate alla corretta gestione delle fasi di produzione, trasformazione e commercializzazione degli alimenti (Ministero delle Politiche Agricole e Forestali, 2006).

A. Rizzi et al. *Logistica e tecnologia RFID*
© Springer-Verlag Italia 2011

I casi sopra citati sono solo alcuni esempi di una moltitudine di eventi che rendono necessario il richiamo di un prodotto alimentare a causa di potenziali problemi di sicurezza. Basti pensare che negli Stati Uniti la Food and Drug Administration (FDA) rilascia settimanalmente un *enforcement report* che riporta i lotti dei prodotti alimentari sottoposti a richiamo in quanto potenzialmente pericolosi per la salute umana. (Per alcuni esempi, si rimanda all'indirizzo http://www.fda.gov/Safety/Recalls/EnforcementReports/default.htm.)

Per effetto di tali emergenze, la sicurezza dei consumatori è ormai considerata una questione di etica e responsabilità aziendale. La qualità e la sicurezza dei prodotti commercializzati, infatti, contribuiscono a fidelizzare il consumatore e a rafforzare nell'opinione pubblica l'immagine di un'azienda e dei relativi marchi. Al contrario, il mancato rispetto dei requisiti di qualità e sicurezza degli alimenti è spesso interpretato come scarsa attenzione alla clientela da parte dell'azienda e comporta, nel lungo periodo, danni economici e di immagine ingenti per le aziende proprietarie del marchio. Va infatti sottolineato come il consumatore tenda comunque a identificare il marchio in etichetta come il solo responsabile del basso livello di sicurezza, nonostante tutti gli attori della filiera possano potenzialmente concorrere nel rendere pericoloso un alimento (per esempio, non rispettando i parametri termoigrometrici in fase di stoccaggio e trasporto, oppure nelle operazioni di ricondizionamento del prodotto). Anche l'evoluzione della normativa, in particolare di quella europea, e il corrispondente adeguamento a livello nazionale (vedi par. 5.3) ha contribuito a generare un cambiamento significativo nella concezione della sicurezza alimentare.

La maggior parte delle aziende affronta con serietà il problema della qualità dei prodotti e della sicurezza dei consumatori, come dimostra il fatto che, negli ultimi tempi, numerose linee guida e regole di "buona pratica" sono state sviluppate e attuate su base volontaria. Ciononostante, "se un operatore del settore alimentare ritiene o ha motivo di ritenere che un alimento da lui importato, prodotto, trasformato, lavorato o distribuito non sia conforme ai requisiti di sicurezza degli alimenti, e l'alimento non si trova più sotto il controllo immediato di tale operatore del settore alimentare, esso deve avviare immediatamente procedure per ritirarlo e informarne le autorità competenti. Se il prodotto può essere arrivato al consumatore, l'operatore informa i consumatori, in maniera efficace e accurata, del motivo del ritiro e, se necessario, richiama i prodotti già forniti ai consumatori quando altre misure siano insufficienti a conseguire un livello elevato di tutela della salute" (Reg. CE 178/2002, art. 19, par. 1). La tempestività di tale intervento è legata alla capacità dell'azienda di "rintracciare" i prodotti lungo la filiera, per ritirarli dal canale distributivo e richiamarli, se necessario, dal consumatore finale.

Per tali ragioni, nelle moderne aziende il servizio Qualità, Sicurezza e Ambiente include tra le proprie funzioni anche la gestione della tracciabilità, definita – con riferimento all'ambito alimentare – come la *possibilità di ricostruire e seguire il percorso di un alimento [...] attraverso tutte le fasi della produzione, della trasformazione e della distribuzione* (Reg. CE 178/2002). Coerentemente con tale definizione, un aspetto cruciale nella gestione della tracciabilità consiste nell'ottimizzazione dei costi di ritiro/richiamo di lotti di prodotti difettosi, contaminati o, in generale, non rispondenti alle specifiche tecniche, qualitative o di sicurezza prestabilite e ritenute idonee per il consumatore. Per meglio comprendere la trattazione, è necessario ricordare alcune definizioni fondamentali:

– si parla di *richiamo* nel caso il lotto di prodotto sia già giunto nelle mani del consumatore finale (Direttiva 2001/95/CE);
– per *ritiro* si intende, invece, un'operazione che non coinvolge il consumatore finale, ma solo alcuni livelli a valle della filiera distributiva, ai quali il prodotto può essere stato consegnato (Direttiva 2001/95/CE);

- per *lotto* si intende, infine, un insieme di unità di vendita di una derrata alimentare, prodotte, fabbricate o confezionate o trasportate/movimentate/ricevute in circostanze praticamente identiche (DLgs 27 gennaio 1992, n. 109).

Il ritiro/richiamo di lotti di prodotti pericolosi è conseguenza dell'accertamento di una non conformità degli stessi, causata da problemi sorti durante le fasi del processo logistico-produttivo; ne sono esempi, non conformità dei processi di produzione o difettosità delle materie prime impiegate nel processo.

La FDA individua tre classi di pericolosità per i richiami, che possono essere effettuati spontaneamente da un'azienda produttrice o su esplicita richiesta della FDA stessa (Food and Drug Administration, 2009):

- la prima categoria (*Class I recall*) identifica una situazione di oggettiva pericolosità, nella quale vi è quindi la ragionevole possibilità che l'utilizzo del prodotto comporti seri danni alla salute del consumatore, fino alla morte;
- la seconda categoria (*Class II recall*) individua una situazione nella quale l'esposizione al prodotto o l'utilizzo dello stesso può causare nel consumatore un temporaneo problema di salute, comunque reversibile; la probabilità di danni permanenti o morte è invece decisamente remota;
- la terza categoria (*Class III recall*) indica uno scenario nel quale il prodotto, benché contaminato, non ha serie possibilità di causare danni all'utilizzatore.

5.3 Gli aspetti normativi della tracciabilità

Per anni la sicurezza e la tracciabilità dei prodotti alimentari sono state considerate una scelta volontaria delle aziende. L'emanazione di direttive e regolamenti europei e delle conseguenti normative nazionali in materia di sicurezza alimentare ha modificato radicalmente tale quadro, definendo obblighi di legge in materia di tracciabilità e sicurezza alimentare per tutti gli operatori del settore.

La Direttiva 2001/95/CE, relativa alla sicurezza generale dei prodotti, costituisce una delle prime norme inerenti agli aspetti generali di sicurezza dei prodotti alimentari. Obiettivo della direttiva è stabilire, a livello comunitario, un obbligo generale di sicurezza per tutti i prodotti immessi sul mercato.

A tale scopo, la direttiva definisce *"prodotto* qualsiasi prodotto destinato, anche nel quadro di una prestazione di servizi, ai consumatori o suscettibile, in condizioni ragionevolmente prevedibili, di essere utilizzato dai consumatori, anche se non loro destinato, fornito o reso disponibile a titolo oneroso o gratuito nell'ambito di un'attività commerciale, indipendentemente dal fatto che sia nuovo, usato o rimesso a nuovo". La stessa direttiva definisce *"prodotto sicuro* un prodotto che, in condizioni di uso normali o ragionevolmente prevedibili, compresa la durata e, se del caso, la messa in servizio, l'installazione e le esigenze di manutenzione, non presenti alcun rischio oppure presenti unicamente rischi minimi, compatibili con l'impiego del prodotto e considerati accettabili nell'osservanza di un livello elevato di tutela della salute e della sicurezza delle persone".

Gli aspetti salienti della Direttiva 2001/95/CE sono i seguenti.

- La definizione di obblighi per fabbricanti e distributori di prodotti. In particolare, i produttori sono tenuti a immettere sul mercato soltanto prodotti sicuri.

– Le azioni che produttori e distributori devono intraprendere qualora un prodotto immesso sul mercato presenti rischi per la sicurezza del consumatore, nonché l'obbligo di segnalare, in tali casi, le azioni intraprese per evitare i rischi per il consumatore stesso.
– Il ruolo degli Stati membri dell'Unione Europea nel garantire e salvaguardare la sicurezza dei prodotti alimentari.

Il Regolamento CE 178/2002 è considerato uno dei documenti principali relativi alla legislazione alimentare e fornisce numerose definizioni utili nel contesto della sicurezza alimentare. In primo luogo, definisce *alimento* "qualsiasi sostanza o prodotto trasformato, parzialmente trasformato o non trasformato, destinato a essere ingerito, o di cui si prevede ragionevolmente che possa essere ingerito, da esseri umani". Sono quindi alimenti anche le bevande, nonché le sostanze incorporate negli alimenti in fase di produzione, preparazione o trattamento. Inoltre, il regolamento definisce *rintracciabilità* "la possibilità di ricostruire e seguire il percorso di un alimento, di un mangime, di un animale destinato alla produzione alimentare o di una sostanza destinata o atta a entrare a far parte di un alimento o di un mangime attraverso tutte le fasi della produzione, della trasformazione e della distribuzione". Nella terminologia anglosassone si distingue spesso tra *track* e *trace*, intendendo con track l'attività con la quale si lasciano apposite "tracce" relative a un prodotto, per esempio mediante apposita etichettatura, e con *trace* la possibilità di ricostruire la storia del prodotto attraverso le tracce lasciate.

In accordo con il Regolamento CE 178/2002, obiettivo della legislazione alimentare è salvaguardare un elevato livello di salute dei consumatori; a tale scopo, la legislazione si basa sull'analisi del *rischio*, inteso come "funzione della probabilità e della gravità di un effetto nocivo per la salute, conseguente alla presenza di un pericolo". Alla tracciabilità è dedicato l'art. 18 del citato regolamento, che stabilisce l'obbligo di disporre, in tutte le fasi di produzione, trasformazione e distribuzione, la rintracciabilità di alimenti e mangimi, e, in generale, di qualsiasi sostanza destinata o atta a entrare a far parte di un alimento o di un mangime. In conseguenza di tale obbligo, gli operatori del settore alimentare devono essere in grado di individuare chi abbia fornito loro un alimento, nonché le imprese destinatarie dell'alimento, e devono quindi disporre di sistemi e procedure che consentano di mettere a disposizione delle autorità competenti, che le richiedano, le informazioni al riguardo. Al fine di agevolare l'identificazione dei prodotti e dei relativi fornitori, il regolamento stabilisce anche che alimenti o mangimi immessi sul mercato dell'Unione Europea siano adeguatamente etichettati.

Per quanto attiene alle modalità di attuazione della tracciabilità, per molti alimenti non sono disposte prescrizioni specifiche, ma solo indicazioni generiche, che non definiscono, dal punto di vista pratico, come vada attuata la rintracciabilità. Per esempio, un'azienda può optare per l'impiego di procedure informatiche, costituite da software specifici che si adattano al processo produttivo e che, se opportunamente progettati, permettono di tracciare la storia di ogni singola confezione di prodotto sfruttandone l'etichettatura. Una scelta altrettanto valida potrebbe essere quella di utilizzare un sistema di tracciabilità più "elementare", basato sulla registrazione cartacea di fornitori e clienti a ciascun livello della supply chain, in assenza di condivisione dei dati di tracciabilità. Un esempio di tale sistema di tracciabilità potrebbe essere anche un idoneo meccanismo di fatturazione. Per una descrizione degli aspetti positivi e negativi di tali sistemi, si rimanda al paragrafo 5.4.

Per tutti i casi in cui mancano indicazioni pratiche circa le modalità con le quali un'azienda debba realizzare il proprio sistema di tracciabilità, gli Stati membri dell'Unione Europea hanno definito linee guida in materia di tracciabilità, ritiro e richiamo dei prodotti. Esempi di linee guida, per l'Italia, sono i documenti realizzati dall'ente Indicod-Ecr o dal Ministero delle Politiche Agricole e Forestali. Tuttavia, spesso le linee guida nazionali sono applicabili solo a livello locale, e presentano alcuni limiti per un'applicazione a livello internazionale, rendendo difficoltosa la tracciabilità a livello europeo. Per ovviare a tale limite, ECR Europe (2004) ha realizzato il documento ECR Blue Book, con l'obiettivo di fornire linee guida per un'efficace rintracciabilità dei prodotti alimentari, a prescindere che gli stessi abbiano attraversato, o debbano attraversare, le frontiere nazionali. La sezione 6 del documento, in particolare, descrive i processi che ogni azienda deve mettere in atto al fine di soddisfare i requisiti legali relativi alla tracciabilità, con particolare riferimento al Regolamento CE 178/2002 e alla Direttiva 2001/95/CE. Nello specifico, la completa tracciabilità dei beni può essere ottenuta attraverso un processo che si estende all'intera supply chain, vale a dire dal fornitore di materie prime (siano esse mangimi, imballaggi o ingredienti di un prodotto) utilizzate dal produttore, fino al consumatore finale. Ovviamente, un sistema di tracciabilità così concepito comprende numerosi sottoprocessi, ciascuno dei quali dovrà essere gestito dal soggetto responsabile; per quanto riguarda le interfacce tra i processi, queste dovranno essere gestite in modo da garantire un agevole scambio di informazioni tra i due attori responsabili. Il documento enfatizza il ruolo di procedure di qualità, codifica dei prodotti, procedure di ritiro/richiamo e procedure di gestione delle emergenze nell'ottenere i risultati sopra descritti. In particolare, con riferimento alla codifica dei prodotti, la tracciabilità deve necessariamente basarsi sull'identificazione univoca del produttore, delle unità logistiche e degli imballaggi; l'utilizzo del sistema di codifica EAN.UCC (vedi cap. 2) è raccomandato come standard per la comunicazione e lo scambio di informazioni. Alcuni esempi applicativi di sistemi di tracciabilità basati sullo standard EAN.UCC si trovano in CIES (2005) e Frohberg e colleghi (2006).

Oltre alle norme di carattere generale descritte in precedenza, altri atti dell'Unione Europea disciplinano aspetti specifici della tracciabilità o prodotti specifici; a titolo di esempio, si ricordano:

- Regolamento CE 1953/04, relativo alla rintracciabilità dei materiali a contatto;
- Regolamento CE 1760/2000, relativo alle carni bovine;
- Regolamento CE 2065/2001, relativo all'informazione dei consumatori nel settore dei prodotti della pesca e dell'acquacoltura;
- Regolamento CE 2052/2003, relativo a norme di commercializzazione applicabili alle uova.

Infine, tra gli standard internazionali relativi alla tracciabilità, va citata la norma UNI EN ISO 22005:2008, che ha recentemente sostituito le precedenti norme nazionali di rintracciabilità di filiera (UNI 10939:2001) e di rintracciabilità aziendale (UNI 11020:2002).

La ISO 22005:2008 si propone di fornire le specifiche e i principi basilari per il progetto e lo sviluppo di un sistema di tracciabilità alimentare, ma applicabile anche alla produzione di mangimi, pur riconoscendo che il solo utilizzo di un sistema di tracciabilità non è sufficiente per garantire la sicurezza di un prodotto. La ISO 22005:2008 fornisce, all'art. 3, numerose definizioni utili per il progetto di un sistema di tracciabilità. In particolare, definisce *prodotto* il risultato di un processo, ivi compreso anche l'eventuale packaging, e *processo* l'insieme di attività collegate tra loro che trasformano uno o più elementi in input in un output. Un *lotto* di prodotti è invece un assieme di prodotti che sono stati soggetti a uno o più processi nelle medesime condizioni. Ciascun lotto deve essere, inoltre, identificabile attraverso l'assegnazione allo stesso di un codice univoco. Per *tracciabilità*, infine, in linea con le definizioni già viste, si intende la capacità di seguire i passaggi di un alimento o di un mangime attraverso le fasi di produzione, processo e distribuzione. Obiettivo della norma ISO 22005:2008 è supportare le aziende nella realizzazione di un sistema di tracciabilità che permetta di documentare la storia di un prodotto, consentendo di risalire in qualsiasi momento alla localizzazione e alla provenienza del prodotto o dei suoi componenti, nonché nell'implementazione del sistema stesso e nella verifica del corretto funzionamento. Nello specifico, la norma stabilisce che un sistema di tracciabilità implementato da un'azienda debba essere:

- applicabile praticamente;
- verificabile;
- efficiente in termini di costi;
- conforme a requisiti di accuratezza definiti.

In linea con le caratteristiche sopra esposte, il sistema di tracciabilità realizzato da un'azienda si propone il conseguimento dei seguenti obiettivi:

- fornire un supporto nella gestione della qualità e sicurezza del prodotto;
- soddisfare le esigenze del cliente;
- individuare l'origine di un prodotto e ricostruirne la storia;
- facilitare le operazioni di ritiro e richiamo dei prodotti;
- identificare le responsabilità all'interno di una filiera produttiva;
- semplificare le verifiche relative a informazioni o caratteristiche di un prodotto;
- trasmettere le informazioni ritenute rilevanti a clienti, fornitori o qualunque altro soggetto che ne faccia richiesta.

La norma suggerisce, inoltre, una procedura per il progetto di un sistema di tracciabilità (art. 5); per ciascuna delle aziende coinvolte nella filiera alimentare, la procedura considera aspetti generali, definizione degli obiettivi del sistema, aspetti legislativi, procedure e documentazione da predisporre. Dopo aver illustrato il procedimento per lo sviluppo del sistema di tracciabilità, la ISO 22005:2008 descrive le procedure necessarie per l'implementazione dello stesso (art. 6), nonché per la verifica e il controllo delle prestazioni ottenute (artt. 7, 8).

5.4 Sistemi di tracciabilità: dal risk management alla value added traceability

La precisa definizione degli obiettivi di un sistema di tracciabilità è un prerequisito fondamentale al fine di sviluppare un sistema in grado di fornire un determinato livello di performance nelle operazioni di ritiro/richiamo. La definizione degli obiettivi deve essere considerata dalle aziende al momento di stabilire quale tipo di sistema di tracciabilità dovrà essere implementato. Infatti, in molti casi reali, obiettivi mal definiti, non chiaramente indicati, o modificati nel tempo, comportano oggettive difficoltà nello sviluppo del sistema di tracciabilità, e possono incidere significativamente sui risultati correlati.

È possibile considerare due principali scopi per i quali i sistemi di tracciabilità possono essere implementati all'interno di un'azienda. In accordo con la visione "tradizionale" della tracciabilità e della sicurezza alimentare (par. 5.2), l'obiettivo di un sistema di tracciabilità è fungere da strumento di gestione del rischio, inteso, dal punto di vista matematico, come prodotto tra la probabilità di accadimento di un evento rischioso e l'entità dei danni conseguenti. Ai sensi del citato Reg. CE 178/2002, ridurre l'entità delle conseguenze di un evento dannoso è la principale leva con la quale si possono ridurre i rischi legati alla sicurezza alimentare. Quindi, un sistema di tracciabilità utilizzato come strumento di gestione del rischio non incrementa, di fatto, la sicurezza dei prodotti alimentari. Tuttavia, la tracciabilità può essere considerata come uno strumento per diminuire l'entità delle conseguenze qualora si verifichi un evento di rischio, in quanto permette un rapido ritiro dei prodotti dal mercato. In questo caso, dunque, la tracciabilità è concepita come uno strumento di difesa, adatto per salvaguardare il consumatore qualora si sia verificato un rischio per la sicurezza.

Le normative italiana ed europea hanno imposto alle aziende alimentari di sviluppare sistemi di tracciabilità principalmente allo scopo di gestire e ridurre il rischio alimentare, ma hanno imposto vincoli legislativi minimi allo sviluppo di tali sistemi (par. 5.2). La scelta di molte aziende è stata quella di sviluppare sistemi di tracciabilità focalizzati sui processi interni. La tracciabilità interna, benché non obbligatoria, è suggerita in diversi punti del regolamento di cui sopra, come pure dalle linee guida emanate dalla Conferenza Permanente Stato-Regioni (2005), allo scopo di migliorare le prestazioni dell'intero sistema di tracciabilità.

Come già osservato, poiché le modalità operative con le quali ottenere un sistema di tracciabilità non sono, volutamente, descritte nelle normative, un'azienda può decidere di implementare svariati tipi di sistemi di tracciabilità per raggiungere gli obiettivi di riduzione del rischio. È evidente, tuttavia, che le prestazioni ottenibili dipendono in modo significativo dal sistema di tracciabilità implementato da un'azienda. Nello specifico, le prestazioni di un sistema di tracciabilità possono essere valutate in base ai seguenti parametri.

- *Selettività*: capacità del sistema di ridurre al minimo la quantità di prodotti ritirati dal sistema distributivo.
- *Tempestività*: tempo necessario per trovare e raccogliere i dati di tracciabilità a ogni livello della catena di fornitura, e di utilizzare tali dati per effettuare il ritiro/richiamo dei prodotti.
- *Accuratezza*: numero di errori commessi nelle operazioni di ritiro/richiamo. Due principali tipi di errori possono essere compiuti durante i ritiri/richiami, vale a dire: (i) prodotti non contaminati richiamati dal mercato (falsi positivi); (ii) prodotti contaminati non ritirati dal mercato (falsi negativi). L'errore di tipo (i) può considerarsi un problema di selettività, che non ha ricadute sulla sicurezza del consumatore, ma comporta solo un aggravio dei costi delle operazioni di ritiro; l'errore di tipo (ii) è invece particolarmente critico per la sicurezza alimentare.
- *Costi*: si tratta del costo complessivo del sistema di tracciabilità. Esso comprende i costi per l'implementazione e la gestione del sistema di tracciabilità, come pure i costi per il ritiro/richiamo dei prodotti.

In conclusione, dal punto di vista della gestione del rischio risulta che il sistema di tracciabilità deve essere progettato attenendosi alle indicazioni relative ai requisiti di sicurezza alimentare definiti dalla normativa. Una volta garantita l'ottemperanza alle normative, la scelta del sistema ottimale di tracciabilità diventa un problema di natura economica, nel quale devono essere bilanciati diversi elementi di costo, come illustrato in Fig. 5.1.

Come si può notare dalla figura, un sistema di tracciabilità che fornisca prestazioni elevate in termini di selettività, tempestività e accuratezza, comporta anche costi elevati, principalmente rappresentati dai costi di implementazione e gestione del sistema stesso. D'altra parte, adottando sistemi di tracciabilità a più basse prestazioni, è possibile comunque incorrere in costi elevati; in questo caso, si tratterà di costi di ritiro/richiamo di prodotti dal mercato. Ne consegue che il sistema di tracciabilità ottimale dovrà essere identificato in base al caso specifico, tenendo conto sia dei costi di implementazione e funzionamento del sistema, sia dei costi per ritirare i prodotti dal mercato. Una soluzione più "evoluta" è quella in cui il sistema di tracciabilità diventa uno strumento a valore aggiunto, che permette di ottimizzare

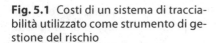

Fig. 5.1 Costi di un sistema di tracciabilità utilizzato come strumento di gestione del rischio

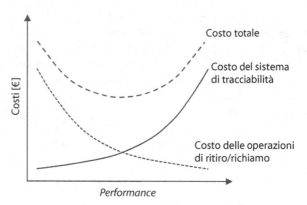

i processi logistici e di migliorare le performance di un'azienda e dell'intera supply chain. La tracciabilità può diventare una leva competitiva per le imprese quando l'idea, limitativa, di tracciabilità come strumento di gestione del rischio viene superata da un approccio nel quale il principale punto di forza è rappresentato dall'ottimizzazione dei processi logistici. Quando un sistema di tracciabilità è inteso come strumento a valore aggiunto per l'ottimizzazione dei processi logistici, un'azienda è in grado di sostituire la gestione "reattiva" dei processi interni con una gestione "proattiva". Tale approccio è giustificato dal fatto che in molti settori alimentari e del largo consumo i prodotti, e la loro qualità, rappresentano un presupposto per il vantaggio competitivo, mentre la gestione logistica rappresenta l'elemento discriminante per tale vantaggio. Come già visto nel capitolo 2, la supply chain in grado di portare i prodotti al consumatore finale al minimo costo logistico totale riesce a ottenere un vantaggio competitivo rispetto alla concorrenza. I sistemi di tracciabilità possono costituire un valido strumento per l'ottimizzazione dei processi aziendali: infatti, un sistema di tracciabilità progettato per raccogliere e memorizzare le informazioni relative ai prodotti che attraversano la supply chain in maniera trasparente da monte a valle, permette anche di sfruttare tali informazioni per ottimizzare i processi logistici legati alla movimentazione dei prodotti. In questo modo, un sistema di tracciabilità diventa uno strumento per monitorare in tempo reale e controllare il flusso dei prodotti attraverso la supply chain e ottimizzare i processi logistici grazie alla disponibilità delle informazioni in tempo reale.

Quando un sistema di tracciabilità è progettato e utilizzato come strumento proattivo, le prestazioni ottenibili permettono di ridurre considerevolmente i costi totali logistici di un'azienda, in relazione a diversi aspetti.

– *Accuratezza.* La disponibilità di informazioni relative alla tracciabilità dei flussi di prodotto attraverso la supply chain permette di ridurre gli errori (di mix, quantità, documenti, identificazione), e i costi relativi alla gestione e correzione degli stessi. Inoltre, la maggiore precisione dei processi riduce la necessità di riallineamenti periodici tra i flussi fisici e quelli informativi, che sono di solito effettuati per mezzo di inventari.
– *Inventario.* Monitorare in modo sistematico i flussi di prodotto permette di realizzare due obiettivi principali: la riduzione degli stock-out e la riduzione dei livelli medi di scorte a ogni livello del canale distributivo. Tali obiettivi possono sembrare antitetici; va però sottolineato che la maggiore visibilità permette di prevedere l'andamento della domanda, riducendo così l'insorgenza di stock-out. Si è visto nel capitolo 2 che a ogni anello della

supply chain sono presenti due tipi di scorte, una determinata da variazione della domanda (scorte di sicurezza) e una dalla politica di riordino (scorte di ciclo). La tracciabilità incide, in primo luogo, sulle scorte di sicurezza, in quanto la previsione della domanda effettuata in base agli ordini ricevuti può essere sostituita da dati di domanda certi, risultanti dai flussi di prodotti all'interno della supply chain, che vengono forniti dal sistema di tracciabilità. Ne consegue una riduzione delle giacenze complessive del sistema, grazie a: (1) riduzione dell'effetto *bullwhip*, fenomeno per il quale, a fronte di una domanda (anche costante) di prodotto da parte del consumatore finale, gli attori più a monte della supply chain rilevano una crescente variabilità della richiesta, con conseguente incremento delle scorte di sicurezza; (2) possibilità di *pooling* dell'inventory, una pratica che consente di utilizzare una giacenza comune di prodotti per soddisfare la domanda proveniente da più clienti o relativa a prodotti diversi; (3) possibilità di sfruttare operazioni di *tranship-ment*, vale a dire trasferimenti di prodotto tra due attori allo stesso livello di una supply chain (Bendoly, 2004; Kilpi, Vepsäläinen, 2004; Wong et al., 2005). Inoltre, la visibilità dei flussi consente anche di ridurre il tempo di evasione dell'ordine, e ciò contribuisce a sua volta alla riduzione delle scorte di ciclo. Infine, l'utilizzo di un sistema di tracciabilità a elevate prestazioni permette di ridurre i disallineamenti tra stock informativo e reale, risparmiando i corrispondenti costi.
- *Produttività*. La disponibilità di dati di tracciabilità inerenti ai processi logistici permette di ridurre la manodopera necessaria per eseguire tali processi e le relative fasi e operazioni elementari, migliorando la produttività degli operatori. L'automazione delle operazioni con cui vengono acquisiti i dati di tracciabilità e la loro condivisione tra i partner della supply chain hanno un ruolo centrale nell'incremento di produttività del sistema.

Al fine di conseguire i vantaggi sopra descritti, il concetto di sistema di tracciabilità deve essere completamente rivisto; in particolare, da tracciabilità come strumento "difensivo" di gestione del rischio, si deve passare a un approccio "proattivo", nel quale il sistema di tracciabilità viene continuamente sfruttato come fonte di informazioni utili per ottimizzare i processi logistici. In questo caso, la scelta del sistema di tracciabilità più appropriato non è più un problema economico, dove cioè le esigenze di selettività, accuratezza e tempestività devono essere confrontate con i costi di implementazione e gestione del sistema di tracciabilità stesso. Viceversa, il sistema di tracciabilità deve essere progettato per garantire selettività, tempestività e accuratezza più elevate possibile: quanto più precise e selettive sono le informazioni fornite dal sistema di tracciabilità e quanto più queste sono disponibili in tempo reale, tanto più elevata è la possibilità di ottimizzare i processi logistici sfruttando tali informazioni.

Va ricordato, inoltre, che l'integrazione tra gli attori della supply chain e la condivisione dei dati di tracciabilità tra i vari livelli del sistema permettono di ridurre la componente chiave del costo totale logistico di un prodotto, ossia i costi delle scorte. Per contro, in assenza di condivisione di tali informazioni, i possibili interventi di riduzione dei costi possono riguardare solo componenti meno importanti, quali l'*accuracy* dei processi e l'automazione degli stessi.

Dal punto di vista della gestione del rischio, i punti critici della supply chain sono rappresentati da processi nei quali possono generarsi perdite di informazioni di tracciabilità, vale a dire, di norma, i processi nei quali il flusso di prodotti si unisce o divide. Se invece s'intende utilizzare il sistema di tracciabilità quale strumento a valore aggiunto, qualsiasi processo aziendale deve essere incluso nell'analisi, in quanto in tutti i processi l'impiego di informazioni di tracciabilità può consentire di ottenere maggiore accuratezza, riduzione delle scorte e miglioramento della produttività. Tutti i processi logistici aziendali sono quindi da considerarsi critici. In altre parole, un sistema di tracciabilità progettato come strumento di gestione del rischio ha come obiettivo principale quello di memorizzare i dati inerenti ai prodotti e di garantire la disponibilità di tali informazioni durante la lavorazione e la commercializzazione del prodotto. Al contrario, un sistema di tracciabilità progettato per permettere il miglioramento dei processi logistici deve tenere traccia e memorizzare informazioni relative ai flussi di prodotti attraverso fasi e attività e processi logistici.

In base a quanto detto, è facile dedurre che un sistema di tracciabilità da utilizzare come strumento per l'ottimizzazione dei processi logistici è un sistema complesso, in grado di raccogliere e memorizzare una gran mole di dati; dal punto di vista economico, quindi, si tratterà di un sistema particolarmente oneroso. Al fine di evitare un costo eccessivo, è necessario progettare adeguatamente alcuni altri aspetti del sistema di tracciabilità, e in particolare i metodi per l'acquisizione dei dati di tracciabilità e le tecnologie adottate per la condivisione dei dati all'interno della supply chain. Per quanto riguarda l'acquisizione dei dati, l'impiego di tecnologie di identificazione automatica, come la tecnologia RFID, è fondamentale per un sistema di tracciabilità. Tali sistemi permettono, infatti, di evitare operazioni manuali di acquisizione dati, e quindi di ridurre considerevolmente i costi di memorizzazione dei dati; al contempo, la precisione dei dati acquisiti può essere notevolmente migliorata. In relazione alla condivisione dei dati, il principale requisito è rappresentato dall'adozione di standard comuni (vedi cap. 1), che permettano agli attori di una supply chain di condividere e scambiare le informazioni relative ai prodotti. Da questo punto di vista, l'EPC network (vedi cap. 1) rappresenta una piattaforma in grado di abilitare la condivisione delle informazioni in maniera standard, affidabile, accurata e sicura tra i vari attori della filiera.

5.5 La tecnologia RFID a supporto della tracciabilità

5.5.1 *RFID per l'identificazione dei prodotti nelle operazioni di ritiro*

Gli strumenti di *Information and Communication Technology* (ICT) sono recentemente emersi come possibili mezzi per migliorare i sistemi di tracciabilità aziendale. La tecnologia RFID, in particolare, ha notevoli potenzialità in termini di identificazione dei prodotti all'interno di una supply chain, acquisizione e archiviazione dei relativi dati e accesso in tempo reale alle informazioni raccolte (McMeekin et al., 2006; Sahin et al., 2002).

Come già illustrato nel capitolo 1, le informazioni relative a un prodotto sono memorizzate, in forma di EPC, all'interno del tag e sono rese accessibili alle diverse aziende componenti la supply chain attraverso la rete EPCglobal Network (EPCGlobal, 2004). L'utilizzo congiunto della tecnologia RFID e dell'EPCglobal Network permette quindi alle aziende appartenenti a una supply chain di avere completa visibilità dei flussi di prodotto all'interno del sistema; tale visibilità può essere sfruttata efficacemente per ottimizzare le operazioni di tracciabilità dei prodotti alimentari.

Nello specifico, dal punto di vista della tracciabilità, l'impiego della tecnologia RFID consente sia l'identificazione sia la rilevazione del prodotto all'interno della supply chain; tali funzionalità consentono di migliorare in modo significativo la capacità di un'azienda di ottenere (o fornire a terzi) informazioni in tempo reale sulla posizione di un prodotto all'interno del sistema distributivo (Angeles, 2005). Inoltre, utilizzando il tag RFID come unità di tracciabilità dei prodotti e la rete EPC Network per la condivisione delle relative informazioni, è possibile sviluppare sistemi di tracciabilità che garantiscono migliore selettività e precisione, grazie al maggiore livello di dettaglio delle informazioni raccolte. Un sistema di tracciabilità basato su tecnologia RFID, inoltre, permette un intervento in tempo reale qualora sia necessario procedere al ritiro o al richiamo dei prodotti. Per esempio, individuando l'imballaggio secondario (collo o con terminologia anglosassone *case* o *SKU*) anziché i pallet di un prodotto, è possibile ridurre considerevolmente la quantità di beni da richiamare o ritirare, limitando di fatto le operazioni ai soli attori coinvolti e ai soli *case* che devono essere ritirati o richiamati. In letteratura si trovano alcuni esempi di sviluppo e utilizzo di soluzioni di tracciabilità basate su tecnologia RFID (Regattieri et al., 2007; Collins, 2003; Rizzi, 2006), principalmente destinati ai prodotti alimentari.

5.5.2 Impatto della tecnologia RFID nelle operazioni di tracciabilità: analisi quantitativa

Per valutare l'impatto economico di un sistema di tracciabilità a valore aggiunto basato su tecnologia RFID, è possibile delineare un modello di analisi quantitativa che consideri le principali voci di costo che intervengono nelle operazioni di ritiro di un prodotto e ne valuti la variazione qualora la supply chain utilizzi la tecnologia RFID a supporto delle operazioni di tracciabilità. In particolare, il modello di analisi quantitativa confronta un sistema di gestione delle operazioni di ritiro di un prodotto sviluppato in un'ottica di *risk management* e conforme ai requisiti cogenti (*scenario AS IS*) con una situazione reingegnerizzata, nella quale la gestione della tracciabilità è effettuata con l'impiego di un sistema di tracciabilità a valore aggiunto basato sulla tecnologia RFID (*scenario TO BE*).

Il modello è stato delineato con il supporto di un panel di aziende operanti nella produzione e distribuzione di prodotti alimentari, e utilizzando indicazioni reperite nella letteratura scientifica. Sulla base delle informazioni ottenute dal panel di aziende, sono state formalizzate le assunzioni di seguito elencate, quali basi del modello.

– Il principale vantaggio derivante dall'impiego di sistemi di tracciabilità basati su tecnologia RFID consiste nella loro capacità di migliorare la selettività delle operazioni di ritiro dei prodotti. Tale capacità deriva, a sua volta, dalla possibilità di identificare ogni singolo collo di prodotto piuttosto che un lotto di produzione (Angeles, 2005).
– Il modello esamina il problema di ritiro di un lotto di produzione di un determinato prodotto, benché, nel corso della descrizione, sarà illustrato come estendere i risultati della valutazione economica in base al numero di lotti complessivamente ritirati dal fornitore. Il lotto oggetto del ritiro è identificato con la sigla L_{xyz}.
– Il ritiro di un prodotto può essere causato da diversi fattori, quali la contaminazione della materia prima (per esempio, un materiale di scarsa qualità o inquinato), oppure un guasto o malfunzionamento dell'impianto produttivo. Nel primo caso, la causa di non conformità non permette di circoscrivere con precisione il rischio associato al prodotto. Infatti, la contaminazione interessa probabilmente l'intera produzione, ma anche se così non fosse sarebbe comunque necessario procedere al ritiro dell'intera produzione, per evidenti ragioni di sicurezza. Di fatto, si è nell'impossibilità di stabilire con precisione quante e quali unità di movimentazione di un dato lotto di produzione sono state contaminate da materia prima non conforme; una maggiore selettività in fase di ritiro non apporterebbe quindi alcun beneficio. Non vi sono, di conseguenza, vantaggi derivanti dall'impiego della tecnologia RFID per la gestione delle operazioni di tracciabilità. Viceversa, un guasto o malfunzionamento di un impianto causa, generalmente, la contaminazione solo di una parte del lotto di produzione. La frazione contaminata potrebbe quindi essere individuata con esattezza qualora il sistema di tracciabilità utilizzasse la tecnologia RFID per l'identificazione dei colli di prodotto. Il modello di analisi si focalizza quindi su quest'ultima situazione.

– Il modello considera una supply chain semplificata, composta di due livelli, schematizzata in Fig. 5.2. Nello specifico, la supply chain considerata comprende un fornitore, che produce o distribuisce il prodotto, e uno o più punti di richiamo, dove il prodotto viene consegnato e dai quali deve essere recuperato in caso di ritiro. Tale struttura semplificata si adatta a situazioni reali, nelle quali si debba ritirare/richiamare il prodotto inviato da un produttore (*Manufacturer*) a Centri di distribuzione (*Cedi*), o inviato da un Cedi a venditori al dettaglio. Analogamente, è possibile esaminare anche la situazione di una supply chain a più livelli: in questo caso, il modello dovrà essere applicato in successione alle diverse coppie di attori che compongono la supply chain.

– Il calcolo di costi e benefici derivanti dall'impiego di un sistema di tracciabilità basato su tecnologia RFID non considera i costi di installazione dell'infrastruttura e di applicazione dei tag ai colli, in quanto si fonda sul presupposto che tale tecnologia, come pure il sistema EPC Network, sia già disponibile all'interno della supply chain esaminata. La logica alla base di questa assunzione è che gli attori della supply chain abbiano già implementato la tecnologia RFID allo scopo di sfruttare l'identificazione dei prodotti per gestire e automatizzare le proprie attività logistiche, in quanto queste ultime rappresentano il principale campo di applicazione della tecnologia RFID (Agarwal, 2001; Karkkainen, 2003; Prater et al., 2005). Ne deriva, come detto, che il costo di implementazione della tecnologia RFID non è considerato all'interno del modello. L'analisi si limita quindi a considerare gli ulteriori benefici che la tecnologia RFID, già impiegata per applicazioni logistiche, può portare se utilizzata anche per la gestione della tracciabilità.

5.5.2.1 Scenario AS IS

Nello scenario AS IS si fa riferimento a un sistema concepito unicamente per il rispetto dei vincoli cogenti; la gestione della tracciabilità richiede quindi che l'azienda, produttrice o distributrice del prodotto, definisca una certa "dimensione" del lotto di produzione. Per esempio, il lotto può riflettere la produzione giornaliera, di un turno o al limite di una sola ora di produzione. La "selettività" con la quale viene definita la dimensione del lotto di produzione può essere funzionale alla semplificazione delle operazioni di ritiro, in quanto permette di circoscrivere con maggiore precisione la produzione che può essere stata oggetto di contaminazione.

Fig. 5.2 Gestione della tracciabilità nello scenario AS IS

Tuttavia, nella generalità dei casi, la dimensione del lotto è definita in funzione del tipo di processo produttivo, dell'organizzazione dello stesso, del numero di informazioni di cui si ha disponibilità e di cui si vuole tenere traccia. Nella definizione della dimensione del lotto intervengono anche criteri economici, dal momento che da essa dipendono, da un lato, la selettività delle operazioni di ritiro, dall'altro, i costi dei ritiri/richiami stessi: la scelta della dimensione del lotto è spesso il risultato di un compromesso tra tali aspetti.

Con riferimento alla Fig. 5.2, le operazioni di ritiro realizzate nello scenario AS IS possono essere descritte come segue. Il fornitore, accertata una non conformità nel processo produttivo, individua dapprima il lotto LN_{xyz} di prodotti la cui non conformità causa la necessità di ritiro. Le attività di ritiro sono quindi limitate al lotto LN_{xyz} e agli n punti di richiamo ai quali è stato consegnato quel lotto. Il produttore è, infatti, in grado di stabilire, in base alle spedizioni effettuate, quanti e quali attori a valle abbiano ricevuto il lotto LN_{xyz}. Qualora uno di questi attori abbia già spedito il prodotto a valle, sarà necessario che ripeta la procedura di richiamo presso i punti vendita ai quali ha spedito il lotto di prodotti.

Dal punto di vista della selettività sulle strutture distributive, si può quindi affermare che, già nello scenario AS IS, è possibile individuare con precisione il numero di punti di ritiro, cosicché l'operazione di ritiro è sempre circoscritta ai singoli attori effettivamente in possesso del lotto non conforme (il cui numero in questo caso è pari a n). A tale riguardo, si deve però osservare che il numero di strutture presso le quali il produttore deve effettuare il ritiro del prodotto dipende, a sua volta, dalla dimensione del lotto di identificazione e dalla quantità di prodotto consegnato a ciascuna struttura. In particolare, a parità di quantità consegnata a una struttura, più ampio è il lotto, più elevato è il numero di strutture presso le quali effettuare le operazioni di ritiro.

Con riferimento alle quantità ritirate, invece, nello scenario AS IS non è possibile ottenere la stessa selettività delle operazioni di ritiro. Infatti, benché il fornitore proceda alla richiesta dello specifico lotto di prodotto, la quantità che ciascun punto di ritiro restituisce è generalmente più ampia, e non necessariamente limitata alla quantità di prodotto effettivamente da ritirare. Ciò deriva dal fatto che nella pratica il cliente, in fase di ritiro, non identifica il lotto di prodotti da ritirare, bensì fa uso di altri parametri per identificare le unità di vendita da restituire, sia per ragioni di sicurezza (per evitare falsi negativi), sia per ragioni di costo (identificare il numero di lotto per ogni unità di vendita è un'operazione costosa). Esempi di tali parametri sono la data di scadenza o il codice referenza. Questo aspetto è chiarito in Fig. 5.3, nella quale si osserva che la quantità ritirata presso il generico punto di ritiro, indicata come "quantità effettivamente ritirata per ritiro", si compone di due termini:

- una frazione di prodotto non conforme, denominata "quantità non conforme per ritiro", che risulta, in seguito a controlli successivi, effettivamente difettosa (tale quantità è spesso una frazione del lotto di prodotto richiesto);
- una quota aggiuntiva, non facente parte del lotto da ritirare; tale quota coincide, generalmente, con lotti diversi della stessa referenza, che hanno, per esempio, la stessa data di scadenza; in alcuni casi, tuttavia, il cliente potrebbe addirittura restituire l'intera giacenza della referenza presente presso il proprio magazzino.

Come risultato generale, a fronte del ritiro di uno specifico lotto di prodotto non conforme, la quantità di prodotti complessivamente ritirata è sempre superiore a quella richiesta. A ciò si aggiunge il fatto che, se la non conformità del prodotto è stata generata da un malfunzionamento dell'impianto produttivo e non da contaminazione della materia prima, la quantità di prodotto effettivamente da ritirare potrebbe essere solo una frazione del lotto LN_{xyz}.

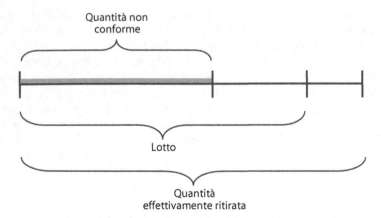

Fig. 5.3 Quantità considerate nello scenario AS IS

Come accennato in precedenza, laddove la causa di non conformità lo permetta, il ritiro dei prodotti può essere circoscritto a un preciso numero di unità di carico, che spesso rappresentano un sottoinsieme del lotto produttivo. In tale caso, ridurre la dimensione del lotto di ritiro comporterebbe un'ulteriore riduzione del numero di punti di ritiro coinvolti nel processo.

5.5.2.2 Scenario TO BE

Nello scenario TO BE l'utilizzo di un sistema di tracciabilità a valore aggiunto, basato su tecnologia RFID e su sistema EPC, consente di identificare, al limite, il singolo collo di prodotto, tramite il codice SGTIN, e quindi permette di ridurre il lotto di ritiro ai soli colli contaminati. Come osservato in precedenza, si ritiene di poter intervenire in questo senso qualora la causa di non conformità consenta di circoscrivere il ritiro a un preciso numero di imballaggi secondari (colli) all'interno di un dato lotto produttivo. Ne deriva un sensibile miglioramento delle operazioni di tracciabilità, come schematicamente illustrato in Fig. 5.4.

Come risulta dall'esempio della figura, il lotto di produzione al quale si fa riferimento, sempre indicato con LN_{xyz}, comprende un certo numero di colli della referenza, per esempio 1000 imballaggi secondari, identificati dai codici $SGTIN_1 \div SGTIN_{1000}$. Grazie all'impiego della tecnologia RFID per l'identificazione dei singoli colli, è possibile individuare un sottogruppo di unità, all'interno del lotto, che devono essere sottoposte a ritiro, per esempio 200, identificate dei codici $SGTIN_1 \div SGTIN_{200}$. Ne consegue che, nello scenario TO BE, il ritiro può essere effettuato limitatamente ai colli individuati, anziché interessare l'intero lotto LN_{xyz}, riducendo così le quantità da ritirare. Il principale beneficio risultante da tale riduzione consiste nella diminuzione del numero di punti coinvolti nelle operazioni di ritiro del lotto contaminato. Infatti, come descritto in precedenza, il numero di strutture presso le quali effettuare i ritiri dipende dalla dimensione del lotto di ritiro e dalla quantità di prodotto mediamente consegnato a ciascuna struttura. Nell'esempio proposto in Fig. 5.4 il ritiro di 200 SGTIN richiede di visitare solo 2 dei punti di ritiro presenti nella supply chain, in luogo dei precedenti *n*.

Va però precisato, a tale proposito, che la situazione esemplificata in figura corrisponde a uno scenario particolarmente favorevole, in cui i colli di prodotto sono stati consegnati secondo una modalità di evasione ordini di tipo *First In First Out* (FIFO), nella quale viene

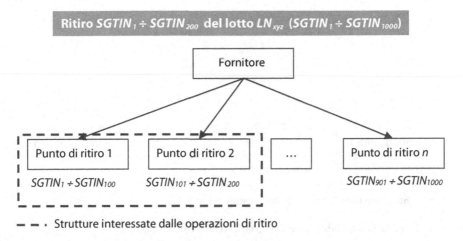

Fig. 5.4 Gestione della tracciabilità nello scenario TO BE

completato l'ordine di un cliente prima di procedere alla consegna al successivo cliente. In questo caso, i colli di prodotto contaminato saranno consegnati solo ad alcuni clienti. La situazione diametralmente opposta è quella in cui gli SGTIN sono consegnati mediante un processo *shared*, nel quale, in fase di preparazione della consegna, i colli di prodotto contaminato vengono distribuiti all'interno degli ordini destinati a tutti gli attori. Ne consegue che tutti gli *n* punti ricevono perciò almeno uno tra gli SGTIN da 1 a 200; il ritiro dei 200 SGTIN potrebbe quindi richiedere il coinvolgimento di tutti gli *n* punti di ritiro, senza sostanziali modifiche rispetto alla situazione AS IS.

Di conseguenza, nello scenario TO BE devono essere considerate due situazioni antitetiche, denominate appunto *Approccio FIFO* e *Approccio shared*, illustrate nelle Figg. 5.5 e 5.6, e di seguito descritte.

- *Approccio FIFO*. In questo caso (Fig. 5.5) l'evasione degli ordini dei clienti segue una rigorosa sequenza, che corrispondente alla logica FIFO. Ne consegue che, in caso di ritiro, il prodotto contaminato è distribuito solo presso specifici attori, corrispondenti a quelli che hanno ricevuto una consegna dopo il verificarsi della non conformità. In base alla quantità di prodotto consegnato mediamente a ciascun cliente, è possibile determinare il numero di punti di ritiro da visitare; nell'esempio proposto, si suppone che a ciascun cliente venga mediamente consegnata una quantità di prodotto pari a 100 SGTIN, con la conseguenza che il numero di attori interessati al ritiro nello scenario TO BE è pari a 2. Questa situazione corrisponde, di fatto, a quella di Fig. 5.4.
- *Approccio shared*. Nel caso di ordini evasi secondo una logica *shared* (Fig. 5.6), il numero di clienti interessati dal ritiro non dipende dalla quantità di prodotto ricevuta da ciascun attore, dal momento che ogni ordine evaso potrebbe contenere una quota di prodotto non conforme.

Da alcuni colloqui con aziende produttrici e distributrici di prodotti food, è emerso che l'approccio FIFO è tipico di un Manufacturer, che generalmente evade ordini a pallet interi; la modalità di evasione ordini secondo l'approccio *shared* è invece più frequente per un Cedi

Fig. 5.5 Gestione della tracciabilità nello scenario TO BE: approccio FIFO

della grande distribuzione organizzata, in quanto questo deve normalmente effettuare operazioni di allestimento ordini, partendo da diversi pallet interi consegnati da uno o più Manufacturer. È quindi possibile che un eventuale prodotto contaminato si distribuisca su più ordini, o al limite su tutti gli ordini, destinati ai punti vendita.

Dalla riduzione del numero di strutture visitate nella situazione TO BE, consegue, come accennato, la proporzionale riduzione della quantità complessiva di prodotti ritirati. Inoltre, nello scenario TO BE è possibile ottenere un'ulteriore riduzione della quantità ritirata da ogni singola struttura. Infatti, con riferimento alla selettività sulle quantità ritirate da ciascun punto di ritiro, la criticità emersa nell'analisi dello scenario AS IS è rappresentata dal fatto che a fronte della richiesta dello specifico lotto LN_{xyz} da ritirare, la quantità effettivamente ritirata è superiore, perché comprensiva di una quota aggiuntiva. Tale criticità, derivante

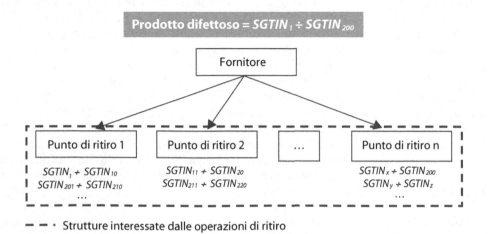

Fig. 5.6 Gestione della tracciabilità nello scenario TO BE: approccio *shared*

principalmente dalla mancata gestione dei lotti da parte del punto di ritiro, potrebbe, in linea di principio, essere risolta dall'impiego della tecnologia RFID, grazie alla precisa individuazione dei singoli EPC dei colli da ritirare sulla base del codice SGTIN. Va tuttavia sottolineato che l'indicazione precisa da parte del fornitore dei colli da ritirare (per esempio, i prodotti identificati dai codici $SGTIN_1 \div SGTIN_{200}$, nel caso illustrato nelle Figg. 5.5 e 5.6) non comporta necessariamente la gestione degli SGTIN in fase di ritiro da parte del punto di consegna, e quindi la riduzione della quantità ritirata da ciascun attore coinvolto nel ritiro. Infatti, anche se l'ausilio di un supporto di identificazione come un tag RFID può consentire al punto di ritiro di individuare agevolmente i codici SGTIN da ritirare, grazie a terminali portatili opportunamente programmati, per ragioni di sicurezza il cliente può comunque decidere di allargare lo spettro di ritiro.

In virtù di tale considerazione, nello scenario TO BE si considerano due ulteriori situazioni, denominate *scenario senza gestione EPC* e *scenario con gestione EPC*, di seguito brevemente descritte.

– *Scenario senza gestione EPC*. Si assume che i punti di ritiro non gestiscano la tracciabilità a livello di *case*. Ne consegue che, come accade nello scenario AS IS, gli attori coinvolti nelle operazioni di ritiro non sono in grado di individuare i colli identificati dai codici $SGTIN_1 \div SGTIN_{200}$ del lotto richiesto (LN_{xyz}), e restituiscono quindi al fornitore l'intera giacenza di prodotti appartenenti a tale lotto. In questo scenario, la quantità di prodotti complessivamente ritirata rimane, quindi, superiore a quella richiesta, e può contenere anche quantità di prodotti non appartenenti al lotto da ritirare.
– *Scenario con gestione EPC*. Si assume che i punti di ritiro coinvolti gestiscano la tracciabilità allo stesso livello di dettaglio del fornitore, e siano quindi in grado di restituire a quest'ultimo esclusivamente le quantità di prodotto effettivamente non conformi ($SGTIN_1 \div SGTIN_{200}$). Le operazioni di identificazione e di ritiro potrebbero, come detto, essere gestite mediante terminali portatili dotati di lettore RFID brandeggiabile, con cui individuare nella giacenza i colli da ritirare.

Tornando alla situazione di ritiro dei *case* identificati con $SGTIN_1 \div SGTIN_{200}$, all'interno del lotto LN_{xyz}, gli scenari sopra descritti possono essere rappresentati come in Fig. 5.7.

5.5.2.3 Impatto economico da AS IS a TO BE

Con riferimento alla supply chain a due livelli, precedentemente descritta, passando dalla situazione AS IS alla situazione TO BE si possono ottenere variazioni nelle voci di costo di seguito elencate e descritte.

– *Riduzione del mancato fatturato da ritiro di prodotti conformi*. Tale voce di costo rappresenta il mancato guadagno, conseguente alla mancata vendita del prodotto conforme inutilmente ritirato. Nello scenario TO BE, potendo circoscrivere i colli da ritirare, è ragionevole supporre una riduzione del mancato fatturato.
– *Riduzione del costo di trasporto*. Come descritto in precedenza, nel passaggio dallo scenario AS IS allo scenario TO BE è possibile ridurre il numero di *case* da ritirare circoscrivendoli a uno specifico gruppo identificato da un range di codici SGTIN. Ne deriva, da parte del fornitore, la possibile riduzione del numero di punti presso i quali effettuare i ritiri, limitandoli agli attori in possesso dei codici SGTIN individuati. La riduzione del costo di trasporto è quindi determinata dalla possibilità di individuare con precisione i punti

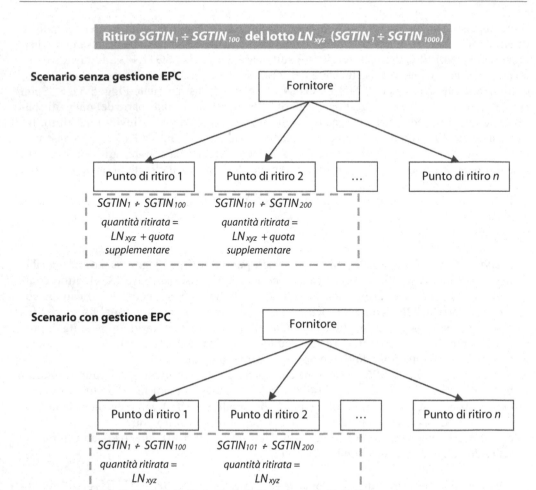

Fig. 5.7 Gestione della tracciabilità: scenari TO BE con e senza gestione EPC

presso i quali effettuare i ritiri, gestendo, al limite, il ritiro dello specifico *case*. Ai fini della valutazione quantitativa, si utilizzerà un costo medio a viaggio [€/viaggio], ipotizzando un dato di costo comprensivo di costi fissi e variabili del trasporto utilizzato. Tale ipotesi consente di considerare il costo del trasporto indipendente dalla quantità ritirata, e funzione solo del numero di viaggi effettuati.

– *Riduzione del costo di smaltimento*. Rappresenta il costo sostenuto per lo smaltimento dei prodotti ritirati. Da colloqui con le aziende del settore food, è emerso che, benché lo smaltimento dei prodotti non conformi possa essere effettuato a qualsiasi livello della supply chain, il relativo costo è da considerarsi a carico del primo anello, identificabile con il Manufacturer, che provvede all'eventuale rimborso delle operazioni di smaltimento effettuate da altri soggetti. La riduzione del costo di smaltimento è una diretta conseguenza della riduzione della quantità di prodotti ritirati nel passaggio dallo scenario AS IS al TO BE. Si è già osservato che solo una certa quota della quantità complessivamente ritirata presso i punti di ritiro visitati è effettivamente non conforme. Ai fini del calcolo, si introduce una percentuale di prodotti smaltiti, corrispondente a una frazione di quelli complessivamente ritirati, considerando l'eventualità di poter riutilizzare o rivendere parte del prodotto conforme ritirato. Tale ipotesi è supportata dal fatto che il Manufacturer, completato il ritiro del lotto, effettua controlli per accertare l'effettiva non conformità della merce ritirata, e può quindi valutare la possibilità di rivendere parte del prodotto conforme ritirato. Si assume che gli oneri derivanti dai controlli sulla merce ritirata bilancino sostanzialmente gli eventuali ricavi della vendita del prodotto conforme ritirato, e quindi non verranno considerati nell'analisi. Il costo di smaltimento è determinabile a partire da un costo unitario [€/q] e dalla quantità di merce da smaltire.

– *Riduzione del costo per operazioni di tracing.* Per completezza della trattazione, nel costo totale logistico si include una voce di costo relativa alla manodopera impiegata nelle operazioni di *tracing* dei prodotti, ovvero all'insieme di attività che permettono di individuare la posizione del prodotto lungo la supply chain, consentendone il ritiro. Nello scenario AS IS vi è senz'altro necessità di prevedere manodopera addetta alle operazioni di *tracing* dei prodotti. Anche nello scenario TO BE è necessario prevedere la presenza di alcuni operatori impegnati nelle operazioni di *tracing* del lotto da ritirare; tuttavia, grazie all'impiego della tecnologia RFID e del sistema EPC per l'identificazione dei prodotti, i tempi necessari per l'attività di *tracing* possono considerarsi ragionevolmente ridotti. Il costo risultante, quindi, non si ritiene completamente eliminabile nel passaggio dallo scenario AS IS al TO BE, bensì ridotto, in quanto l'impiego della tecnologia RFID e dell'EPC network permette una maggiore tempestività dell'operatore. Da colloqui con le aziende del settore food, è altresì emerso che, ai fini del calcolo quantitativo, tale costo appare ragionevolmente trascurabile, se confrontato con i costi di ritiro dei prodotti e con i costi di trasporto.

5.5.3 Procedimento di calcolo

In base a quanto descritto, il costo cessante totale nel passaggio dallo scenario AS IS allo scenario TO BE è ricavabile come somma della riduzione dei costi di trasporto, di smaltimento, di *tracing* e del mancato fatturato. Il calcolo di queste voci di costo è dettagliato nei paragrafi che seguono. Ai fini della trattazione si utilizza la terminologia riportata nel box 5.1.

5.5.3.1 Riduzione dei costi di trasporto

Per determinare la riduzione dei costi di trasporto, è quindi necessario calcolare il numero di attori coinvolti nel ritiro del lotto di prodotto nello scenario TO BE. Tale valore è determinabile a partire dalla percentuale di prodotto non conforme rispetto al lotto di ritiro; inoltre, è necessario considerare le due possibili modalità di evasione degli ordini ai clienti finali (FIFO e *shared*), come precedentemente descritto.

La percentuale di prodotto non conforme può essere determinata come segue:

$$\%_{contaminated} \, [\%] = (C/A) \times 100$$

In base alla modalità di consegna dei prodotti ai clienti, è possibile determinare un diverso numero di clienti coinvolti nel ritiro nello scenario TO BE. Nel seguito si descrive il procedimento di calcolo distinguendo l'approccio FIFO dall'approccio *shared*.

Box 5.1   Terminologia utilizzata per la descrizione del modello matematico

n	numero di punti di ritiro serviti da un fornitore [clienti]
A	dimensione del lotto di identificazione da ritirare [kg/lotto]
a	dimensione del lotto di identificazione da ritirare per cliente [kg/lotto/cliente]
B	quantità di prodotto ritirato non appartenente al lotto richiesto [kg/lotto]
b	quantità di prodotto ritirato non appartenente al lotto richiesto, per cliente [kg/lotto/cliente]
C	quantità non conforme sul totale della quantità ritirata [kg/lotto]
c	quantità non conforme sul totale della quantità ritirata per cliente [kg/lotto/cliente]
$\%_{contaminated}$	percentuale di prodotto non conforme per lotto [%]
N_{lot}	numero di lotti da ritirare all'anno [lotti/anno]
$\%_{shared}$	probabilità di consegna secondo logica shared [%]
$\%_{FIFO}$	probabilità di consegna secondo logica FIFO [%]
n_{shared}	numero di clienti coinvolti nel ritiro TO BE secondo logica shared [clienti]
n_{FIFO}	numero di clienti coinvolti nel ritiro TO BE secondo logica FIFO [clienti]
n_{TO_BE}	numero di clienti coinvolti nel ritiro TO BE [clienti]
$\%_{transp\_red}$	riduzione percentuale dei trasporti da ritiro prodotti conformi [%]
n_{transp_red}	numero di viaggi risparmiati annualmente per ritiro prodotti conformi [viaggi]
$c_{transport}$	costo medio del trasporto [€/viaggio]
$S_{transport}$	risparmio nel costo di trasporto [€/anno]
$Q_{TOBE\_no\_EPC}$	quantità ritirata TO BE senza gestione EPC [kg]
$\%_{no\_EPC}$	probabilità di non gestire il codice EPC in fase di ritiro [%]
$S_{Q\_TOBE\_no\_EPC}$	quantità risparmiata TO BE senza gestione EPC [kg]
Q_{TOBE_EPC}	quantità ritirata TO BE con gestione EPC [kg]
$\%_{EPC}$	probabilità di gestire il codice EPC in fase di ritiro [%]
$S_{Q\_TOBE\_EPC}$	quantità risparmiata TO BE con gestione EPC [kg]
p	valore economico del prodotto (prezzo vs. ricarico applicato) [€/kg]
$S_{turnover}$	riduzione mancato fatturato da ritiro prodotti conformi [€/anno]
$c_{disposal}$	costo dell'operazione di smaltimento [€/kg]
$\%_{disposal}$	percentuale quantità smaltita [%]
$S_{disposal}$	riduzione del costo di smaltimento [€/anno]
$h_{tracing}$	ore uomo dedicate al tracing dei prodotti [ore/uomo]
$c_{tracing}$	costo medio orario della manodopera necessaria per il tracing dei prodotti [€/h]
$\%_{tracing\_red}$	percentuale di riduzione del tempo per attività di tracing [%]
$S_{tracing}$	riduzione costo per operazioni di tracing [€/anno]

Considerando l'evasione degli ordini secondo l'approccio FIFO, il lotto di prodotto da ritirare risulta distribuito solo presso un sottoinsieme degli *n* punti di ritiro serviti dal Manufacturer; il numero di clienti interessati al ritiro nello scenario TO BE è quindi il minore possibile, ed è determinato dalla seguente relazione:

$$n_{FIFO} \text{ [clienti]} = \%_{contaminated} \times n$$

La formula proposta sottintende che, se solo il 10% del lotto di prodotti ritirati è effettivamente non conforme, nello scenario TO BE sarebbe possibile limitare il ritiro al 10% dei clienti originari. Va osservato che il calcolo precedente può restituire un numero di clienti non intero, che deve essere quindi arrotondato all'intero superiore.

Nel caso di evasione degli ordini secondo l'approccio *shared*, non è possibile ridurre il numero di clienti da coinvolgere nel ritiro, poiché tale modalità di evasione ordini comporta che il prodotto non conforme si distribuisca su tutti i clienti del fornitore. Ne consegue che, nello scenario TO BE, non si registrano variazioni rispetto alla situazione AS IS, vale a dire:

$$n_{shared} \text{ [clienti]} = n$$

In base ai due precedenti risultati e alle percentuali di casi in cui l'evasione ordini è gestita secondo le due modalità descritte, è possibile determinare un numero medio di clienti interessati al ritiro nello scenario TO BE. Il calcolo è illustrato nell'equazione che segue:

$$n_{TO\_BE} \text{ [clienti]} = n_{shared} \times \%_{shared} + n_{FIFO} \times \%_{FIFO}$$

Il risparmio in termini di costi di trasporto può quindi essere calcolato individuando il numero di viaggi risparmiati nello scenario TO BE. A tale fine, si applica la relazione:

$$n_{transp\_red} \text{ [viaggi]} = (n - n_{TO\_BE}) \times \%_{transp\_red}$$

Il valore di riduzione percentuale dei trasporti dovuti al ritiro di prodotti conformi ($\%_{transp\_red}$) è indicativo dell'effettiva possibilità di eliminare alcuni dei viaggi effettuati per il ritiro dei prodotti. Tale valore è stato inserito nel modello in quanto, in alcuni casi, il ritiro dei prodotti viene eseguito sfruttando i viaggi di ritorno di trasporti realizzati per la consegna di prodotti ai clienti. Ne consegue che tali viaggi, anche in assenza del prodotto da ritirare, non sarebbero eliminati nella situazione TO BE.

Come si può vedere dalla precedente equazione, ai fini del calcolo si è implicitamente assunto che venga effettuato un viaggio per ciascun cliente coinvolto nel ritiro; tale assunto è supportato dal fatto che le quantità di prodotti ritirati da ciascun cliente sono generalmente ridotte e non tali da richiedere più di un viaggio per il recupero.

I costi cessanti conseguenti al numero di viaggi risparmiati sono, infine, dati da:

$$S_{transport} \text{ [€/anno]} = n_{transp\_red} \times c_{transport} \times N_{lot}$$

5.5.3.2 Riduzione del mancato fatturato da ritiro di prodotti conformi

Come illustrato in precedenza, nello scenario TO BE la riduzione del numero di strutture visitate comporta la corrispondente diminuzione delle quantità ritirate. In aggiunta, nel caso il cliente gestisca i codici SGTIN dei colli, è possibile ottenere un'ulteriore riduzione delle quantità complessivamente ritirate.

Per quantificare la riduzione del mancato fatturato, occorre prima determinare la riduzione delle quantità di prodotto ritirato, considerando separatamente le due situazioni di gestione degli SGTIN da parte del cliente o assenza di gestione degli SGTIN. A tale fine, è necessario calcolare dapprima i valori delle quantità di prodotto ritirato da ciascun cliente, come dettagliato nel seguito:

$$a+b \text{ [kg/cliente]} = (A+B) \mathbin{/} n$$

$$a \text{ [kg/cliente]} = A \mathbin{/} n$$

$$c \text{ [kg/cliente]} = A \times \%_{contaminated}$$

Nello scenario TO BE, grazie alla possibilità di circoscrivere con precisione i colli da ritirare, il ritiro viene effettuato coinvolgendo un numero limitato di clienti, pari a n_{TO_BE}, determinato come descritto in precedenza, Nel caso in cui i punti di ritiro non gestiscano il codice SGTIN, ciascuna struttura coinvolta restituisce comunque al fornitore una quantità di prodotto superiore a quella effettivamente richiesta, e pari ad $a+b$. Ne deriva:

$$Q_{TOBE\_no\_EPC} \text{ [kg]} = (a+b) \times n_{TO\_BE}$$

In termini di quantità di prodotto ritirato, il risparmio è quindi pari a:

$$S_{Q\_TOBE\_no\_EPC} \text{ [kg]} = (A+B) - Q_{TOBE\_no\_EPC}$$

Nel caso di gestione dei codici SGTIN, oltre alla riduzione della quantità conseguente al minor numero di attori coinvolti nel ritiro, è possibile ottenere ulteriori benefici derivanti dalla possibilità di gestione dei codici EPC da parte dei clienti. Si assume quindi che i clienti interessati al ritiro restituiscano al fornitore esclusivamente le quantità effettivamente non conformi, pari a c, precedentemente determinata. Si ricava quindi:

$$Q_{TOBE\_EPC} \text{ [kg]} = c \times n_{TO\_BE}$$

In termini di quantità di prodotto ritirato, il risparmio è quindi pari a:

$$S_{Q\_TOBE\_EPC} \text{ [kg]} = (A+B) - Q_{TOBE\_EPC}$$

Il costo cessante conseguente alla riduzione delle quantità ritirate può, infine, essere determinato a partire dai valori calcolati in precedenza:

$$S_{turnover} \text{ [€/anno]} = N_{lot} \times p \times (S_{Q\_TOBE\_no\_EPC} \times \%_{no\_EPC} + S_{Q\_TOBE\_EPC} \times \%_{EPC})$$

Nell'equazione precedente sono state inserite le percentuali di clienti che effettuano/non effettuano la gestione dei codici SGTIN in fase di ritiro, al fine di determinare un risparmio medio delle quantità ritirate. Il risultato precedente è utilizzato per la determinazione dei costi cessanti; un ulteriore dato di interesse, che non rientra nel calcolo dei costi cessanti, è rappresentato dal risparmio derivante dalla riduzione delle quantità ritirate grazie alla gestione dei codici SGTIN presso il cliente, determinabile come segue:

$$\textit{risparmio da gestione SGTIN} \text{ [€/anno]} = N_{lot} \times p \times (Q_{TOBE\_no\_EPC} - Q_{TOBE\_EPC})$$

5.5.3.3 Riduzione del costo di smaltimento

Il risparmio in termini di quantità nei casi di gestione/non gestione dei codici SGTIN, rappresentando un valore differenziale tra gli scenari AS IS e TO BE, può essere direttamente utilizzato per quantificare la riduzione del costo di smaltimento dei prodotti ritirati. Nello specifico, tale riduzione di costo è espressa dalla relazione che segue:

$$S_{disposal} \text{ [€/anno]} = N_{lot} \times (S_{Q\_TOBE\_no\_EPC} \times \%_{no\_EPC} + S_{Q\_TOBE\_EPC} \times \%_{EPC}) \times c_{disposal} \times \%_{disposal}$$

dove si è introdotta la percentuale quantità smaltita sul totale quantità ritirata ($\%_{disposal}$) al fine di considerare l'eventualità di un parziale recupero delle quantità ritirate, che può essere rivenduto su canali alternativi.

5.5.3.4 Riduzione del costo delle operazioni di tracing

Nello scenario TO BE è ragionevole ritenere che le operazioni di *tracing* possano essere più tempestive, in considerazione del fatto che l'impiego della tecnologia RFID e del sistema EPC consente di disporre di dati puntuali aggiornati in tempo reale relativamente ai flussi dei prodotti all'interno della supply chain. Ne consegue la possibile riduzione dei corrispondenti costi. La quantificazione può essere effettuata come segue:

$$S_{tracing} \text{ [€/anno]} = h_{tracing} \times c_{tracing} \times N_{lot} \times \%_{tracing\_red}$$

dove si è introdotta la percentuale di riduzione del tempo di *tracing* ($\%_{tracing\_red}$) a indicare che, benché nello scenario TO BE le operazioni di *tracing* possano essere ottimizzate grazie alla completa visibilità dei flussi, è comunque necessario prevedere l'impiego di operatori per tale attività.

5.5.4 Dati necessari

Con riferimento alla supply chain a due livelli precedentemente descritta, i dati richiesti dal modello di calcolo sono riferiti al ritiro di un lotto di un dato prodotto; come accennato in precedenza, il calcolo dei risparmi annui è comunque parametrizzato sul numero complessivo di lotti ritirati all'anno.

Al fine di valutare quantitativamente l'impatto della tecnologia RFID e dell'EPC Network nel passaggio dalla situazione AS IS alla situazione TO BE, è necessario disporre di diverse tipologie di dati, quali (Tabella 5.1):

- dati quantitativi che permettano di determinare la dimensione dei lotti di produzione, l'entità del ritiro annuo e il numero di strutture coinvolte nelle operazioni di ritiro;
- dati economici relativi al valore del prodotto perso a causa del ritiro, al costo medio unitario del trasporto e al costo unitario di smaltimento;
- dati relativi alla manodopera impegnata nelle operazioni di *tracing*.

Con riferimento ai dati presentati in Tabella 5.1, si precisa che:

- la voce "valore del prodotto perso in seguito al ritiro per il fornitore" corrisponde al prezzo di vendita del prodotto nel caso il ritiro comporti la mancata vendita del prodotto stesso,

Tabella 5.1 Dati in input del modello

Dati economici	Unità di misura
Valore economico del prodotto (*p*)	[€/kg]
Costo unitario di smaltimento (*c_{disposal}*)	[€/kg]
Costo unitario del trasporto (*c_{transport}*)	[€/viaggio]
Costo medio orario manodopera (*c_{tracing}*)	[€/ora]

Dimensione ed entità dei ritiri	Unità di misura
Dimensione del lotto di identificazione da ritirare (*A*)	[kg/lotto]
Numero lotti da ritirare (*N_{lot}*)	[lotti/anno]
Numero di punti di ritiro serviti da un fornitore (*n*)	[clienti/lotto]
Quantità totale ritirata (*A+B*)	[kg/ritiro]
Quantità non conforme sul totale della quantità ritirata (*C*)	[kg/ritiro]
Probabilità di consegna secondo logica shared (%_{shared})	[%]
Probabilità di consegna secondo logica FIFO (%_{FIFO})	[%]
Probabilità di non gestire il codice EPC in fase di ritiro (%_{no_EPC})	[%]
Probabilità di gestire il codice EPC in fase di ritiro (%_{EPC})	[%]
Percentuale di prodotto smaltito (%_{disposal})	[%]

Dati tracing	Unità di misura
Ore uomo dedicate al tracing dei prodotti (*h_{tracing}*)	[ore uomo/ritiro]

mentre nel caso il ritiro comporti la consegna di nuovo prodotto al cliente, il dato da fornire è il costo industriale del prodotto stesso. Nel caso di un Cedi, il dato richiesto coincide con il ricarico applicato dalla struttura al prezzo di vendita del prodotto;
- il dato "quantità totale ritirata (*A+B*)" corrisponde a quello indicato, nella precedente Fig. 5.3, come "quantità effettivamente ritirata per ritiro". Si tratta, quindi, di un valore superiore al dato "dimensione del lotto di identificazione da ritirare (*A*)";
- analogamente, la voce "quantità non conforme sul totale della quantità ritirata (*C*)" corrisponde a quanto indicato come "quantità non conforme per ritiro" in Fig. 5.3. In questo caso, il dato fornito dovrà essere inferiore alla "dimensione del lotto di identificazione da ritirare (*A*)".

5.5.5 Case study

Si illustra ora un'applicazione numerica del modello di calcolo elaborato per quantificare l'impatto della tecnologia RFID e del sistema EPC sul processo di tracciabilità. Lo scenario considerato ai fini dell'applicazione consiste in una supply chain a tre livelli, dove un Manufacturer serve 15 Cedi (Cedi$_i$, $i = 1,...15$) e questi ultimi servono ciascuno 100 punti vendita (PV$_{i,j}$, $i = 1,...15, j = 1,...100$). La supply chain di riferimento è rappresentata in Fig. 5.8.

Il modello di calcolo elaborato può essere utilizzato per la quantificazione dei benefici apportati dalla tecnologia RFID per ogni singolo anello della catena logistica. Allo scopo, il modello deve essere applicato in tre step successivi:

- STEP 1 (*Manufacturer – Cedi*): in questa situazione si considera il Manufacturer come fornitore, mentre i Cedi come punti di ritiro;

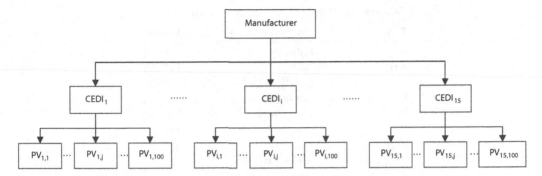

Fig. 5.8 Supply chain considerata nel case study

- STEP 2 (*Cedi "recall" – PV*): in questa situazione si considerano come fornitore i Cedi che hanno ricevuto prodotto non conforme e come punti di ritiro i relativi punti vendita;
- STEP 3 (*Cedi "non recall" – PV*): in questa situazione si considerano come fornitore i Cedi che, pur avendo ricevuto il lotto oggetto di ritiro, hanno ricevuto in realtà prodotto conforme e che quindi potrebbero essere esclusi da un recall selettivo, e come punti di ritiro i relativi punti vendita.

La distinzione tra gli step 2 e 3, che sono relativi agli stessi livelli della supply chain, si rende necessaria in quanto lo scenario TO BE è diverso a seconda che il Cedi abbia ricevuto, o meno, prodotto non conforme nella situazione AS IS; anche i benefici economici sono quindi da valutare separatamente. Si consideri, per esempio, la situazione di due Cedi che, nello scenario AS IS, abbiano ricevuto entrambi una parte del lotto LN_{xyz}; uno dei due Cedi, tuttavia, ha ricevuto prodotto effettivamente non conforme, mentre l'altro ha ricevuto prodotto conforme. Nello scenario AS IS, essendo il ritiro basato sul lotto, entrambi i Cedi determinano gli stessi costi di ritiro; viceversa, nello scenario TO BE, i costi di ritiro si ripresentano solo per il primo Cedi, mentre si annullano per il secondo. Dovendo quindi valutare gli effetti della tecnologia RFID sull'intera supply chain, è necessario distinguere il caso di Cedi "*Recall*" – *PV* dal caso di Cedi "*non Recall*" – *PV*.

5.5.5.1 Step 1: *Manufacturer – Cedi*

Ai fini dell'applicazione del modello tra Manufacturer e Cedi, si ipotizzano i dati proposti in Tabella 5.2. La quantità *A* è stata assunta pari alla tipica produzione di un'azienda *food* in un turno di otto ore, supponendo una produzione oraria pari a 15 pallet (1000 kg/pallet). Dal dato fornito relativo alla quantità complessivamente ritirata, si deduce che la quantità *B* ammonta a 36.000 kg/lotto.

Per quanto riguarda invece il valore del prodotto perso in seguito al ritiro, si sceglie di utilizzare il prezzo di vendita applicato dal fornitore nei confronti dei propri clienti; tale valore tiene conto sia dei costi di produzione già sostenuti, sia del margine di contribuzione perso in seguito alla mancata vendita.

Nel primo step dell'applicazione, si considera come fornitore il produttore, che di norma evade gli ordini a pallet interi; è quindi ragionevole supporre che il lotto preso in esame venga

Tabella 5.2 Dati in input del case study – step 1

Dato	Unità di misura	Valore
A	kg/lotto	120.000
$A+B$	kg/ritiro	156.000
C	kg/ritiro	30.000
N_{lot}	lotti/anno	1
N	clienti/ritiro	15
P	€/kg	1
$c_{transport}$	€/cliente	200
$h_{tracing}$	ore uomo/ritiro	4
$c_{tracing}$	€/ora uomo	15
$c_{disposal}$	€/kg	0,15

distribuito in sequenza ai Cedi riforniti, secondo uno schema di tipo FIFO. Ai fini del calcolo si assume quindi una gestione al 100% di tipo FIFO per l'applicazione del modello. Diretta conseguenza di una gestione completamente FIFO del lotto è la minimizzazione del numero di Cedi che ricevono prodotto non conforme, come precedentemente illustrato nella trattazione teorica del problema. Nello scenario TO BE si suppone, inoltre, una probabilità di gestione del codice SGTIN presso i Cedi pari all'80%.

In base alle ipotesi fatte, l'applicazione del modello di calcolo comporta, per il Manufacturer, i costi cessanti illustrati nella Tabella 5.3.

La probabilità di ridurre i costi di trasporto è supposta pari al 50%: si ipotizza quindi che una volta su due sia possibile sfruttare, per il ritiro dei prodotti non conformi, trasporti di prodotti resi o in generale flussi di *reverse logistics* già esistenti (per esempio, per il ritiro degli imballaggi).

Nel calcolo del risparmio sulle operazioni di *tracing*, si ipotizza una riduzione del tempo di *tracing* pari al 90% (vale a dire, da alcune ore a pochi minuti), grazie alla visibilità dei flussi offerta della tecnologia RFID e dal sistema EPC.

Per quanto attiene ai costi di smaltimento, si suppone che il fornitore smaltisca nello scenario AS IS il 50% della quantità ritirata, in quanto parte del prodotto conforme, ma comunque ritirato, può essere indirizzato in circuiti paralleli ottenendo un ricavo che si ipotizza compensi i costi connessi con la relativa gestione. Essendo il bilancio nullo, la voce non viene considerata nell'analisi.

La somma delle voci di costo cessante proposte in Tabella 5.3 porta a un risparmio complessivo, per il fornitore, pari a 131.686,00 €/anno per lotto di prodotto ritirato. Tale valore corrisponde anche al bilancio costi cessanti/costi sorgenti, non essendovi, nel caso in esame, costi sorgenti per il Manufacturer.

5.5.5.2 Step 2: Cedi "recall" – Punti Vendita

Si considerano ora i costi cessanti di un Cedi che abbia effettivamente ricevuto prodotto appartenente al lotto sottoposto a ritiro.

In questo caso il modello di calcolo viene applicato considerando come "fornitore" ogni Cedi della catena logistica in possesso di prodotto non conforme, e come "punto di ritiro" ogni punto vendita servito dal Cedi che ha ricevuto tale prodotto.

Tabella 5.3 Risultati del case study – step 1

Riduzione mancato fatturato da ritiro prodotti conformi per il fornitore - $S_{turnover}$	*[€/anno]*	**€ 123.680,00**
$a+b$	[kg/cliente]	10.400
C	[kg/cliente]	2000
A	[kg/cliente]	8000
B	[kg/cliente]	2.400
$\%_{contaminated}$	[%]	25,00%
n_{FIFO}	[clienti/ritiro]	4
$\%_{FIFO}$	[%]	100%
n_{shared}	[clienti/ritiro]	15
$\%_{shared}$	[%]	0%
n_{TO_BE}	[clienti/ritiro]	4,0
$Q_{TOBE\_no\_EPC}$	[kg/ritiro]	41.600
Q_{TOBE_EPC}	[kg/ritiro]	30.000
$\%_{EPC}$	[%]	80%
$\%_{no\_EPC}$	[%]	20%
$S_{Q\_TOBE\_EPC}$	[€/anno]	€11.600,00
Riduzione dei costi di trasporto - $S_{transport}$	*[€/anno]*	**€ 1.100,00**
$\%_{transp\_red}$	[%]	50%
Riduzione del costo delle operazioni di tracing - $S_{tracing}$	*[€/anno]*	**€ 54,00**
$\%_{tracing\_red}$	[%]	90,00%
Riduzione del costo di smaltimento - $S_{disposal}$	*[€/anno]*	**€ 6.852,00**
$\%_{disposal}$	[%]	50%

Il Cedi "recall" considerato in questo step corrisponde a un cliente dello step 1; quindi, la quantità di prodotto da ritirare che il Cedi ha a disposizione è già nota, ed è pari alla quantità $(A+B)$ mediamente ritirata dal Manufacturer presso ciascun Cedi. Nel caso specifico, tale quantità ammonta a 10.400 kg/lotto (Tabella 5.2).

Nello step 1 dell'applicazione è stato inoltre ipotizzato che la quantità di prodotto non conforme (C) all'interno del lotto ammontasse a 30.000 kg/lotto, e che il lotto fosse distribuito con logica FIFO tra i clienti del Manufacturer. Da tale informazione si deduce che ogni Cedi "recall" riceve 8.000 kg/lotto di prodotto non conforme (C), tranne l'ultimo che ne riceve 6.000 kg/lotto, come illustrato in Fig. 5.9.

Poiché il prodotto è distribuito con logica FIFO, per i Cedi "recall" si ha anche che la quantità relativa al lotto di identificazione (A) coincide con la quantità di prodotto non conforme per lotto (C), e non vi è quantità di prodotto non contaminato appartenente allo stesso lotto. Fa eccezione il Cedi$_4$, per il quale vi sarà una quantità di prodotto non contaminato pari a 2.000 kg/lotto. I dati del problema sono quindi riassunti in Tabella 5.4. Si fa notare che, per quanto riguarda il valore del prodotto perso in seguito al ritiro, per poter calcolare la riduzione di mancato fatturato si utilizza il ricarico applicato dal Cedi sul prodotto.

Seguendo il procedimento di calcolo applicato nello step 1, per calcolare il numero di punti di ritiro nella situazione TO BE, è necessario effettuare una media tra gli scenari in cui

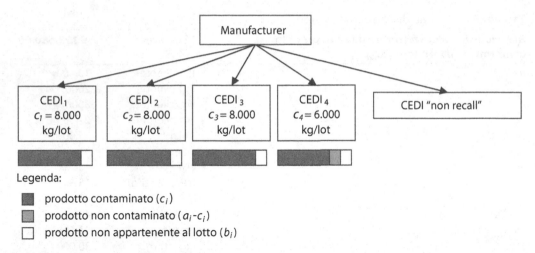

Legenda:

- ■ prodotto contaminato (c_i)
- ▨ prodotto non contaminato $(a_i - c_i)$
- ☐ prodotto non appartenente al lotto (b_i)

Fig. 5.9 Distribuzione delle quantità di prodotto non conforme nel case study – step 2

Tabella 5.4 Dati in input del case study – step 2

Dato	Unità di misura	Valore
A	kg/lotto	8.000
A+B	kg/ritiro	10.400
C	kg/ritiro	8.000 per $CEDI_{1-3}$ 6.000 per $CEDI_4$
N_{lot}	lotti/anno	1
n	clienti/ritiro	100
p	€/kg	0,22
$c_{transport}$	€/cliente	200
$h_{tracing}$	ore uomo/ritiro	4
$c_{tracing}$	€/ora uomo	15
$c_{disposal}$	€/kg	0,15

il lotto ritirato viene gestito secondo una logica FIFO e quelli in cui viene gestito secondo una logica *shared*, pesando tale media con le rispettive percentuali di accadimento. In questo esempio di applicazione del modello di calcolo si suppone pari a 100% la gestione di tipo *shared*, in quanto si suppone che il Cedi non segua una particolare sequenza per la distribuzione dei prodotti ai PV. Infatti, il Cedi effettua operazioni di allestimento ordini partendo da diversi pallet interi consegnati da un Manufacturer; quindi ogni PV può ricevere prodotto non conforme, e non vi è nello scenario TO BE riduzione del numero di PV visitati da ciascun Cedi. Inoltre, per coerenza con lo step 1, si ipotizza che la percentuale di clienti che gestisce il SGTIN sia pari all'80%.

L'applicazione del modello conduce ai risultati mostrati in Tabella 5.5.

Per quanto attiene ai costi di trasporto, si è ipotizzata una riduzione del numero di trasporti del 50%, considerando che, per la metà dei viaggi, sia possibile sfruttare per il ritiro dei

Tabella 5.5 Risultati del case study – step 2

Riduzione mancato fatturato da ritiro prodotti conformi per il fornitore - $S_{turnover}$	*[€/anno]*	*€422,00*
$a+b$	[kg/cliente]	104
C	[kg/cliente]	80 per $CEDI_{1-3}$
		60 per $CEDI_4$
a	[kg/cliente]	80
B	[kg/cliente]	24 per $CEDI_{1-3}$
		44 per $CEDI_4$
n_{TO_BE}	[clienti/ritiro]	100,0
$Q_{TOBE\_no\_EPC}$	[kg/ritiro]	10.400
Q_{TOBE_EPC}	[kg/ritiro]	8.000
$\%_{EPC}$	[%]	80%
$\%_{no\_EPC}$	[%]	20%
$S_{Q\_TOBE\_EPC}$	[€/anno]	€960,00
Riduzione dei costi di trasporto - $S_{transport}$	*[€/anno]*	*€ –*
$\%_{transp\_red}$	[%]	50%
Riduzione del costo delle operazioni di tracing - $S_{tracing}$	*[€/anno]*	*€54,00*
$\%_{tracing\_red}$	[%]	90,00%

prodotti non conformi i flussi di *reverse logistics*. Non si ottengono tuttavia risparmi, poiché, essendo il prodotto contaminato distribuito a tutti i PV, non è possibile ridurre, nello scenario TO BE il numero di trasporti da effettuare per il ritiro. Nel calcolo del costo di *tracing*, si ipotizza una riduzione del tempo necessario per tali operazioni del 90%. Non vengono calcolati, infine, i costi di smaltimento per il Cedi, in quanto, come già osservato, le operazioni di smaltimento sono effettuate (o comunque pagate) dal Manufacturer. Dalla somma delle voci di costo precedentemente proposte, si ottiene un beneficio di 476,00 €/Cedi/anno, che corrisponde anche al bilancio costi cessanti/costi sorgenti, non essendovi per l'attore in questione costi sorgenti in seguito all'introduzione della tecnologia RFID. Il costo cessante complessivo sarà determinato in base al numero di Cedi "recall" componenti la supply chain esaminata.

5.5.5.3 Step 3: Cedi "non recall" – Punti Vendita

Quale ultimo step dell'applicazione, si considerano i costi cessanti relativi ai Cedi che, pur avendo ricevuto il lotto oggetto di ritiro (LN_{xyz}), hanno in realtà ricevuto prodotto conforme. Nello scenario AS IS tali strutture sarebbero comunque visitate per ritirare il lotto, mentre nello scenario TO BE ciò non è più necessario; ne derivano consistenti risparmi in termini economici.

Come nel caso precedente, il modello di calcolo viene applicato considerando fornitore ogni Cedi "non recall", e punto di ritiro ogni punto vendita servito dal Cedi.

Dato che il Cedi "non recall" è stato considerato come punto di ritiro nel primo step dell'applicazione, la quantità di prodotto da ritirare che il Cedi ha a disposizione sarà pari alla quantità ($A+B$) mediamente ritirata dal Manufacturer, e quindi pari a 10.400 kg/lotto, calcolata in precedenza.

Tabella 5.6 Dati in input del case study – step 3

Dato	Unità di misura	Valore
A	kg/lotto	8.000
$A+B$	kg/ritiro	10.400
C	kg/ritiro	0
N_{lot}	lotti/anno	1
n	clienti/ritiro	100
p	€/kg	0,22
$c_{transport}$	€/cliente	200
$h_{tracing}$	ore uomo/ritiro	4
$c_{tracing}$	€/ora uomo	15
$c_{disposal}$	€/kg	0,15

Ipotizzando l'utilizzo della tecnologia RFID nella gestione dalla tracciabilità, si ha che i Cedi che hanno ricevuto prodotto conforme non sono coinvolti nelle operazioni di ritiro, ottenendo come costo cessante il totale annullamento dei costi relativi al ritiro stesso.

Per ipotesi sulla struttura della supply chain il numero di punti di ritiro è uguale a 100. Dagli step precedenti dell'applicazione, e dai dati relativi allo scenario AS IS, si ricavano alcuni dati in input. Innanzi tutto, la quantità totale ritirata dai PV (pari ad $A+B$) rimane invariata rispetto alla quantità mediamente ritirata da ogni Cedi nel livello superiore, e corrisponde a 10.400 kg/ritiro. Analogamente, la dimensione del lotto di identificazione da ritirare (A) rimane invariata rispetto alla quantità media di prodotti appartenenti al lotto non conforme distribuita tra i Cedi; si è già trovato che tale quantità ammonta a 8.000 kg/lotto. Viceversa, la quantità non conforme (C) sul totale della quantità ritirata diventa pari a 0 kg/ritiro, in quanto si fa riferimento ai Cedi che ricevono prodotto conforme. I dati di input dello step 3 sono riassunti in Tabella 5.6.

Al fine di valorizzare il prodotto perso in seguito al ritiro, anche in questo caso si utilizza il ricarico applicato dal Cedi al prodotto; tale dato permette di svincolare i due livelli della supply chain presa in considerazione.

Poiché i Cedi "non recall" ricevono prodotto conforme, nello scenario TO BE il numero medio di clienti interessati da ritiro sarà pari a zero, come pure la quantità ritirata di prodotti, indipendentemente dalla gestione del SGTIN in fase di ritiro. Seguendo il procedimento precedentemente illustrato, l'applicazione del modello conduce ai risultati mostrati in Tabella 5.7.

Per coerenza con gli step precedenti, la riduzione effettiva dei costi di trasporto è valutata al 50%, ipotizzando che una volta su due sia possibile sfruttare i flussi di *reverse logistics* per il ritorno dei prodotti ritirati.

Nel calcolo dei costi di *tracing* si ipotizza una riduzione del tempo totale impiegato dalla manodopera pari al 100%: infatti, poiché nello scenario TO BE il Cedi "non recall" non viene coinvolto dal ritiro, l'attività di *tracing* viene completamente eliminata.

Come per gli step precedenti, si suppone che il Cedi non smaltisca la quantità di prodotti ritirata, in quanto si è ipotizzato che la stessa sia trasferita al fornitore e da questi trattata.

I costi cessanti totali per ciascun Cedi "non recall" sono determinati come somma dei costi cessanti precedentemente calcolati e ammontano a 12.348 €/anno/ritiro. Il risultato complessivo a livello di supply chain dovrà essere determinato considerando il numero di Cedi di tipo "non recall".

Tabella 5.7 Risultati del case study – step 3

Riduzione mancato fatturato da ritiro prodotti conformi per il fornitore – $S_{turnover}$	[€/anno]	€2.288,00
$a+b$	[kg/cliente]	104
C	[kg/cliente]	0
A	[kg/cliente]	80
B	[kg/cliente]	24
%$_{contaminated}$	[%]	0%
n_{FIFO}	[clienti/ritiro]	0
%$_{FIFO}$	[%]	100%
n_{shared}	[clienti/ritiro]	100
%$_{shared}$	[%]	0%
n_{TO_BE}	[clienti/ritiro]	0
$S_{Q\_TOBE\_EPC}$	[kg/ritiro]	10.400
Riduzione dei costi di trasporto – $S_{transport}$	**[€/anno]**	**€10.000,00**
%$_{transp\_red}$	[%]	50%
Riduzione del costo delle operazioni di tracing – $S_{tracing}$	**[€/anno]**	**€60,00**
%$_{tracing\_red}$	[%]	100,00%

5.5.5.4 Costi cessanti di supply chain

In base a quanto illustrato nei precedenti paragrafi, è possibile determinare il beneficio complessivo della supply chain nel passaggio dallo scenario AS IS allo scenario TO BE. In particolare, si sono determinati i seguenti benefici:

– Step 1: risparmio pari a 131.686,00 €/anno, per lotto di prodotto ritirato;
– Step 2: risparmio pari a 476,00 €/Cedi/anno per lotto di prodotto ritirato;
– Step 3: risparmio pari a 12.348 €/anno per lotto di prodotto ritirato.

Per valutare l'impatto economico sull'intera supply chain, è necessario distinguere, nello scenario AS IS, due possibili situazioni estreme, corrispondenti agli scenari sotto elencati:

1. all'atto del ritiro il lotto incriminato si trova nella sua totalità presso i Cedi;
2. all'atto del ritiro il lotto incriminato si trova nella sua totalità presso i PV.

Dal punto di vista della gestione dei ritiri, lo scenario AS IS più favorevole è senza dubbio il primo, in quanto si interviene solo sui Cedi e non si coinvolgono i PV. Di conseguenza, l'impatto della tecnologia RFID nel primo scenario è minore, in quanto comprende solo i costi cessanti calcolati a livello Manufacturer – Cedi (step 1 dell'applicazione). Nel secondo scenario l'effetto è invece maggiore, in quanto comprensivo, oltre che dei costi cessanti ottenibili nel primo step dell'applicazione, anche dei benefici economici risultanti dalla riduzione dei Cedi coinvolti dal ritiro nella situazione TO BE e dalla riduzione della quantità di prodotti conformi ritirati. Nel seguito vengono calcolati i benefici di supply chain risultanti nelle due situazioni sopra descritte.

Nello scenario (1), la supply chain beneficia di un risparmio pari a 131.686,00 €/anno per lotto di prodotto ritirato; tale risultato corrisponde, di fatto, al solo risparmio ottenuto dalla semplificazione delle attività di ritiro presso Cedi. In base alle ipotesi fatte sulla struttura della supply chain e sulle quantità di prodotto in gioco, il sistema distributivo si compone di 4 Cedi "recall" e 11 Cedi "non recall". Sommando i contributi calcolati durante gli step precedenti, si evince che nella situazione (2) il risparmio complessivo ottenuto dalla supply chain ammonta a 269.419,60 €/anno per lotto di prodotto ritirato.

Va però specificato che, nella realtà, si presenta frequentemente una situazione intermedia tra le due descritte, nella quale cioè, all'atto del ritiro, il lotto non conforme è suddiviso tra Cedi e PV. Dal momento che la ripartizione del lotto non conforme tra Cedi e PV non è nota, né ipotizzabile, a priori, questo scenario non può essere analizzato in dettaglio in termini economici; tuttavia, è ragionevole ipotizzare che tale situazione avrà un bilancio costi cessanti/costi sorgenti intermedio tra i due scenari antitetici precedentemente descritti.

Si può quindi affermare che, in caso di ritiro di un lotto di prodotto nel sistema considerato, l'impiego della tecnologia RFID permette consistenti risparmi in termini economici, variabili tra 131.686,00 €/anno (nella situazione favorevole in cui tutto il prodotto è nei Cedi al momento del ritiro) a 269.419,60 €/anno (nella situazione, più critica, in cui tutto il prodotto è già stato distribuito ai punti vendita nel momento del ritiro).

5.6 La tecnologia RFID come strumento di anticontraffazione

5.6.1 Il problema della contraffazione nel settore alimentare

Secondo l'art. 473 del Codice Penale, per *contraffazione* si intende l'alterazione di marchi o segni distintivi, nazionali o esteri, di opere di ingegno o di prodotti industriali, ovvero l'utilizzo di tali marchi o segni contraffatti o alterati. Il Regolamento CE 1383/2003 definisce, inoltre, *merci contraffatte* le merci, compreso il loro imballaggio, su cui sia stato apposto, senza autorizzazione, un marchio di fabbrica o di commercio identico a quello validamente registrato per gli stessi tipi di merci, o che non possa essere distinto nei suoi aspetti essenziali da tale marchio di fabbrica o di commercio e che pertanto violi i diritti del titolare del marchio in questione.

In ambito alimentare, il fenomeno della contraffazione sta assumendo una crescente importanza, in quanto dalla contraffazione dei prodotti scaturiscono notevoli svantaggi economici per un Paese.

Di norma la contraffazione interessa prodotti alimentari di target elevato e marchio noto, rispetto ai quali un "imitatore" può offrire un prezzo più basso, oppure sfruttare le elevate vendite tipiche del prodotto originario. Ne derivano perdite di reddito nel settore e diminuzione della possibilità di crescita per le aziende che vi operano (Federalimentare, 2003). Inoltre, non è infrequente che, in presenza di prodotti contraffatti, un'azienda debba sostenere costi aggiuntivi per provare l'autenticità del proprio prodotto, eventualmente anche in sede giudiziaria. Anche l'immagine aziendale è intaccata dalla presenza di prodotti contraffatti: l'importanza del brand può essere diminuita e svalorizzata, e il rapporto dell'azienda con fornitori e clienti può risultare difficoltoso. In ultima analisi, i danni economici e d'immagine che derivano dalla contraffazione possono essere riversati da un'azienda sui propri clienti, gravando quindi anche sul consumatore finale, tramite un incremento del prezzo di vendita del prodotto.

In termini numerici, Federconsumatori stima che circa il 10% del commercio internazionale sia rappresentato da merci contraffatte, ma il dato ancora più allarmante è che l'Italia è il primo paese in Europa per consumo e produzione di beni contraffatti e il terzo al mondo per produzione (Federconsumatori, 2008).

In virtù della possibilità di identificare in modo univoco ciascun prodotto movimentato all'interno di una supply chain, la tecnologia RFID può costituire uno strumento di supporto nella lotta alla contraffazione. Tale argomento è affrontato nei paragrafi che seguono, nei quali si illustrano le principali modalità di contraffazione e le caratteristiche che rendono un sistema RFID adatto a essere impiegato come strumento a supporto dell'anticontraffazione.

5.6.2 Possibili meccanismi di contraffazione di un sistema

La vulnerabilità è una caratteristica intrinseca di qualsiasi sistema, ed è definibile come l'insieme di tutti i punti deboli che possono essere sfruttati per minacciare o attaccare il sistema. La vulnerabilità di un sistema può essere sfruttata da un sabotatore o contraffattore esterno per compiere un attacco al sistema stesso; in ambito alimentare, i principali attacchi che possono compromettere la sicurezza di un sistema o contraffarlo sono l'attacco fisico e la clonazione.

5.6.2.1 Attacco fisico

Un'azione di attacco fisico consiste nella rimozione di un supporto di identificazione (per esempio, il tag RFID) da un prodotto originale e nell'applicazione dello stesso su un bene contraffatto. Un sistema che preveda la sola lettura del supporto di identificazione, senza associare quest'ultimo al prodotto, è decisamente vulnerabile a un attacco fisico. L'attacco fisico è frequente nei contesti produttivi in cui il singolo bene ha un elevato valore economico unitario; in questo caso, infatti, anche un numero limitato di attacchi può comportare una rilevante perdita economica e un conseguente vantaggio per il contraffattore.

La prevenzione di un attacco fisico può essere realizzata, per esempio, tramite l'adozione di sistemi di identificazione più "robusti". L'utilizzo del tag RFID in luogo dell'etichetta barcode rappresenta una possibile difesa dall'attacco fisico, in quanto il tag può essere progettato per essere integrato all'interno del prodotto, adeguatamente nascosto, così che la rimozione sia difficoltosa o comporti il danneggiamento del prodotto. Nei casi in cui non è invece possibile applicare il tag direttamente al prodotto, ma lo si deve apporre per esempio sull'imballaggio, non è garantita la protezione nei confronti di un attacco fisico, se non nascondendo opportunamente il tag nell'imballaggio stesso. L'impiego della tecnologia RFID ha comunque il vantaggio di rendere difficoltosa l'attuazione di un attacco fisico su larga scala, poiché il contraffattore deve disporre di tag RFID originali in ampie quantità, oppure deve possedere un elevato volume di beni originali da cui ottenere il tag; entrambe le situazioni comportano costi ingenti per il contraffattore, e non rendono fattibile la contraffazione.

5.6.2.2 Clonazione

La clonazione è un meccanismo con il quale un contraffattore intercetta dati da un supporto di identificazione autentico, per copiarli su un supporto contraffatto (vuoto), che verrà apposto al prodotto contraffatto. La facilità con cui può essere realizzata la clonazione dipende dalle caratteristiche del supporto di identificazione utilizzato; in caso di impiego della tecnologia RFID, è possibile ridurre l'incidenza della clonazione sfruttando, per esempio, meccanismi di crittografia con chiave segreta (*Secret Key*). In alternativa, è possibile considerare l'impiego di tag con particolari caratteristiche di leggibilità e riproduzione.

Con riferimento alla clonazione del prodotto, una difesa è rappresentata dalla possibilità di rendere unico e facilmente identificabile ogni singolo prodotto attraverso una o più sue caratteristiche (Lehtonen et al., 2007), spesso anche chiamate identificatori unici di prodotto (*Unique Product Identifier*). Le caratteristiche del prodotto utilizzate a tale scopo possono essere di varia natura, per esempio fisiche (peso, materiale, resistenza elettrica ecc.) o chimiche (composizione del prodotto ecc.), e sono tutte registrate sul tag che verrà apposto al prodotto. L'autenticazione del prodotto viene quindi effettuata tramite un'apposita applicazione che confronta i valori memorizzati nel tag con quelli rilevati o misurati sul prodotto esaminato.

Una più diffusa linea di difesa nei confronti della clonazione si concentra sui tag, cercando di ottimizzare la protezione del loro contenuto. La maggior parte delle tecniche che rientrano in questa categoria fa uso di determinati protocolli di identificazione del tag definiti *Challenge-Response*, nei quali, per prevenire attacchi come l'*eavesdropping* (di cui, nell'ambito delle telecomunicazioni, è un esempio l'intercettazione telefonica), un codice segreto non viene trasmesso in chiaro, ma è elaborato attraverso una determinata funzione propria del tag, che ha come input il codice e la domanda del reader. Un noto meccanismo che opera secondo lo schema descritto è la crittografia.

Infine, riguardo ai tag UHF, occorre precisare che questi non possono essere propriamente clonati ma solo "copiati". Clonare significa infatti duplicare qualcosa in modo da rendere il risultato indistinguibile dall'originale. Nel caso del tag UHF, ciò che un contraffattore può fare è leggere il contenuto del tag e programmarne uno nuovo con le stesse informazioni. I due tag potrebbero essere, a una prima analisi, indistinguibili; tuttavia, i tag UHF Class1 Gen2 sono dotati di un codice, noto come *Tag ID* (TID), che codifica univocamente e in modo permanente ogni tag. Il TID è registrato nei chip dei tag durante il processo di fabbricazione, non può essere modificato e riporta informazioni sul produttore del tag; tali informazioni e il TID corrispondente vengono registrate in una banca dati, gestita da EPCglobal o da altre organizzazioni abilitate (RSA Laboratories, 2009). Ne deriva che due tag copiati sono comunque distinguibili tra loro mediante la lettura dei rispettivi TID.

Il TID non era stato inizialmente pensato come soluzione contro la contraffazione, ma la sua applicazione in questo campo è oggi la più utilizzata nei vari settori industriali. Un contraffattore, per clonare, nel vero senso del termine, un tag UHF Class1 Gen2, dovrebbe avere la possibilità di produrre nuovi tag e di programmarne i chip con i codici contraffatti. Nella pratica, quindi, l'attività di contraffazione del TID richiede investimenti tali da renderla economicamente insostenibile (Alfano, 2007).

5.6.3 La sicurezza del sistema RFID: confronto con altre tecnologie

Oltre alla tecnologia RFID, è possibile utilizzarne altre nella lotta alla contraffazione. Le principali sono codici a barre, ologrammi, *watermarks* e firma digitale. Nel seguito, si riporta una breve descrizione di tali tecnologie e delle relative prestazioni; l'analisi è completata da un confronto con la tecnologia RFID.

5.6.3.1 Codici a barre

Un codice a barre è una rappresentazione ottica di dati e informazioni leggibile da appositi scanner, ed è tuttora il sistema più utilizzato per l'identificazione e l'autenticazione dei prodotti nel contesto alimentare e del largo consumo. I barcode sono stati ampiamente descritti nel capitolo 2, al quale si rimanda per una trattazione dettagliata delle tipologie di codice e dei relativi standard.

Per quanto riguarda il problema della contraffazione, con l'impiego dei barcode il rischio è presente ed elevato. I principali aspetti che rendono il barcode vulnerabile alla contraffazione sono la tipologia di codifica, relativamente semplice, e la ridotta quantità di informazioni che possono essere contenute al suo interno. Come già visto nel capitolo 2, il barcode non consente, infatti, di identificare univocamente ciascun oggetto all'interno di una supply chain, ma solo la tipologia di prodotto. L'identificazione univoca del singolo oggetto richiederebbe un volume di dati decisamente superiore a quello che può essere contenuto nel codice a barre. Inoltre, la semplicità della codifica rende relativamente agevole la lettura e la riproduzione del barcode. Per un contraffattore è piuttosto facile reperire, eventualmente anche in rete, software in grado di riprodurre la grafica barcode. In alcuni casi, sono disponibili anche strumenti che permettono di verificare la validità della codifica barcode, e quindi consentono di produrre barcode personalizzati, letti correttamente dallo scanner e riconosciuti come autentici (Ghirardi, 2010).

Negli ultimi anni sono state proposte tipologie di barcode più "evolute", allo scopo di superare i limiti descritti e garantire maggiore protezione nei confronti della contraffazione. Nel DataMatrix, per esempio, la codifica delle informazioni è più complessa, ed è possibile veicolare all'interno del codice un numero maggiore di dati. In questo caso, infatti, dato l'elevato numero di combinazioni di spazi bianchi e neri realizzabile, è possibile anche crittografare l'informazione contenuta all'interno del codice; ne deriva che quest'ultimo, benché imitabile dal punto di vista grafico, non necessariamente conterrà, se contraffatto, le giuste informazioni relative al prodotto (Sinerlab, 2007).

5.6.3.2 Ologrammi

L'ologramma è un supporto fotografico tridimensionale. La tecnologia alla base degli ologrammi è denominata DOVIDs (*Diffractive Optically Variable Image Devices*) e permette di creare immagini che hanno la proprietà di cambiare disposizione dei colori in base all'angolatura di visione. Al pari del codice a barre, l'ologramma è una tecnologia ottica, che si basa sul fatto che la luce emessa può essere letta, memorizzata e ricostruita. Gli ologrammi sono di norma utilizzati per l'archivio di informazioni, ma anche per ragioni di sicurezza; esempi tipici di applicazione sono all'interno di banconote e documenti (per esempio, passaporti, carte d'identità elettroniche o carte di credito), ma anche di alcuni tipi di prodotti di elettronica (per esempio, DVD o ricariche telefoniche). Costituiscono un supporto di identificazione molto versatile, in quanto applicabile su quasi tutte le superfici.

Gli ologrammi tuttora più utilizzati sono 2D o 3D. I primi si caratterizzano per un principio di funzionamento relativamente semplice, in base al quale, cambiando l'angolazione dell'immagine, i colori cambiano posizione, senza però che il disegno subisca modifiche. Gli ologrammi 2D sono anche più semplici da falsificare, e per l'occhio umano può risultare difficile distinguere un ologramma contraffatto da uno originale. Gli ologrammi 3D sono invece un sistema più robusto: in base all'angolazione di visuale cambia anche la forma, o meglio, la posizione dell'immagine. L'ologramma 3D permette anche di ottenere un effetto "cinetico", attraverso il quale, modificando l'angolazione dell'immagine, questa sembra compiere un movimento.

La contraffazione di un ologramma può essere ottenuta per semplice imitazione, che non richiede né mezzi particolari né specifiche conoscenze da parte del contraffattore; per esempio, l'imitazione approssimativa di un ologramma può essere ottenuta anche solo con la riproduzione attraverso uno scanner. Imitazioni più sofisticate sono più difficili da ottenere, e necessitano sia di macchinari ottici sia di competenze tecniche da parte del contraffattore.

Come già accennato, distinguere a occhio nudo l'ologramma contraffatto da quello originale può essere difficile; vi sono però alcuni accorgimenti che agevolano l'identificazione di un ologramma contraffatto. In primo luogo, è necessario esaminare l'ologramma alla luce del sole, evitando l'impiego di lampade; inoltre, l'ologramma deve essere mosso in tutte le direzioni (dall'alto al basso, avanti-indietro, destra-sinistra, e con rotazioni), in modo da valutare i cambiamenti dell'immagine e individuare le eventuali carenze dell'imitazione.

5.6.3.3 Watermarks

Il termine *watermark* descrive un processo con il quale alcune informazioni vengono incluse all'interno di un contrassegno (multimediale o di altro genere); tali informazioni possono essere successivamente rilevate o estratte per valutare autenticità, origine e provenienza del prodotto su cui sono applicate. Un esempio di informazione che può essere inserita come *watermark* in un prodotto è il logo che ne indica il produttore.

Il *watermark* può essere immediatamente visibile, oppure occultato, attraverso tecniche di stenografia, che si propongono di mantenere nascosta l'esistenza delle informazioni all'utente o a un eventuale contraffattore.

5.6.3.4 Firma digitale

La firma digitale è un meccanismo di crittografia asimmetrica e costituisce un sistema di autenticazione robusto, in quanto si basa sull'uso di un certificato digitale memorizzato su di un dispositivo hardware. È soprattutto utilizzata in ambito informatico, per verificare la fonte di un documento. Un tipico meccanismo di firma digitale consiste di tre step:

– un primo algoritmo genera una coppia di chiavi, denominate *Public Key* (*PK*) e *Secret Key* (*SK*). *PK* è la chiave pubblica di verifica della firma, mentre *SK* è la chiave privata posseduta dal firmatario, utilizzata per firmare il documento;
– un secondo algoritmo di firma riceve in input un messaggio e la chiave privata *SK*, e produce, come risultato, una firma da apporre al messaggio;
– infine, un algoritmo di verifica permette, a partire dal messaggio, dalla chiave *PK* e dalla firma apposta al messaggio, di valutare l'autenticità della firma, e di decidere se rifiutare o accettare il messaggio.

5.6.3.5 Confronto tra le tecnologie

Le tecnologie illustrate possono essere confrontate in base ai seguenti criteri:

– protezione della funzionalità di identificazione;
– disponibilità di un seriale univoco e permanente, che permetta di associare a ogni unità di vendita un numero seriale unico;
– protezione dell'accesso ai dati: solo utenti muniti di un'apposita autorizzazione possono accedere a determinate informazioni sul prodotto;
– robustezza nei confronti della contraffazione.

La Tabella 5.8 riassume il confronto delle tecnologie precedentemente descritte in funzione dei parametri sopra elencati.

Tabella 5.8 Confronto tra le tecnologie anticontraffazione (Alien Technology, 2008)

Tecnologia	Protezione della funzionalità di identificazione	Disponibilità di un seriale univoco e permanente	Protezione dell'accesso ai dati	Robustezza nei confronti della contraffazione
RFID	buona	buona	buona	buona
Codici a barre	scarsa	scarsa	scarsa	scarsa
Ologrammi	scarsa	media	scarsa	media
Watermarks	scarsa	scarsa	scarsa	scarsa
Firma Digitale	scarsa	scarsa	scarsa	scarsa

Come si può osservare, alcuni supporti di identificazione sono decisamente semplici da clonare o duplicare; è il caso, per esempio, dei codici a barre o dei *watermarks*. Altre tecnologie, quali l'RFID e gli ologrammi, permettono invece una maggiore protezione nei confronti della clonazione, grazie alla possibilità di applicarvi sofisticati sistemi di autenticazione. La tecnologia RFID è inoltre particolarmente all'avanguardia per quanto riguarda la possibilità di applicare un seriale univoco al prodotto. Come già ricordato nei capitoli 1 e 2, nel caso della tecnologia RFID il seriale identificativo non è indicativo della categoria di referenze, come nel caso del barcode, bensì ogni prodotto può essere dotato del proprio tag, che contiene informazioni univoche relative al prodotto stesso. Benché più dispendioso, tale risultato può essere ottenuto anche con l'impiego degli ologrammi, che grazie ad avanzate tecniche di elaborazione permettono l'identificazione del singolo prodotto. Viceversa, *watermark* e firme digitali sono raramente associate a un unico prodotto, poiché di norma identificano il produttore di una categoria di referenze.

Anche con riferimento alla protezione dell'accesso ai dati, il sistema RFID mostra prestazioni migliori rispetto alle altre tecnologie. Nello specifico, i codici a barre non forniscono protezione nell'accesso ai dati, in quanto la lettura, tramite l'apposito reader, è sempre possibile. Nel caso dell'ologramma, una lettura "superficiale" può avvenire anche a occhio nudo, benché la lettura specifica richieda l'impiego di apparecchiature laser. Infine, *watermarks* e firme digitali non richiedono apparecchiature di lettura. Oltre alle modalità di lettura, una differenza sostanziale rispetto alle altre tecnologie è rappresentata dal fatto che per conoscere le informazioni riguardanti il prodotto su cui è applicato il tag RFID è necessaria la connessione a un server protetto; ne consegue che gli eventi registrati sono consultabili da un numero ristretto di persone autorizzate. Inoltre, con la tecnologia RFID è possibile effettuare on line il processo di autenticazione per l'accesso ai dati; quindi, al contrario di ologrammi e codici a barre si può creare una banca dati on line contenente informazioni sui prodotti contraffatti. Grazie alla connessione alla rete EPC, il numero di prodotti non autentici man mano individuati può essere aggiornato automaticamente; inoltre, un'azienda ha la possibilità di creare una sorta di *black list* dei codici EPC copiati, così da prevenirne il riutilizzo (ETH Zurich, SAP Research, 2009).

Bibliografia

Agarwal V (2001) Assessing the Benefits of Auto-ID Technology in the Consumer Goods Industry. Cambridge University, Auto-ID Centre. http://autoidlabs.mit.edu/CS/files/folders/2919/download.aspx

Alfano A (2007) Sicurezza di sistemi RFID: criticità e vulnerabilità in ambienti eterogenei. http://www. dmi.unipg.it/~bista/didattica/sicurezza-pg/seminari2009-10/sic_rfid/relazione_stage_ Alfano_.pdf

Alien Technology (2008) RFID for Product Integrity. http://www.alientechnology.com/docs/applications/ SBRFID_Prod.Integrity.pdf

Altroconsumo (2006) Vino al metanolo: venti anni dopo. http://www.altroconsumo.it/emergenze-e-controlli/vino-al-metanolo-venti-anni-dopo-s100601.htm

Angeles R (2005) RFID technology: Supply-chain applications and implementations issues. Information Systems Management, 22(1): 51-65

Bendoly E (2004) Integrated inventory pooling for firms servicing both on-line and store demand. Computers & Operations Research, 31(9): 1465-1480

CIES-The Food Business Forum (2005) Implementing traceability in the food supply chain. http://www. ciesnet.com/pfiles/programmes/foodsafety/impl-traceab-doc.pdf

Collins J (2003) Safeguarding the Food Supply Global Technology - Resources' system uses RFID to track edible products throughout the supply chain. RFID Journal, December 16, 2003. http://www. rfidjournal.com/article/articleview/691/1/1/

Conferenza permanente per i rapporti tra lo Stato, le Regioni e le Province autonome di Trento e Bolzano (2005) Schema di accordo Stato - Regioni concernente Linee guida ai fini della rintracciabilità degli alimenti e dei mangimi per fini di sanità pubblica, volte a favorire l'attuazione del regolamento (CE) n. 178 del 2002

Decreto Legislativo 27 gennaio 1992, n. 109: Attuazione delle direttive (CEE) n. 395/89 e (CEE) n. 396/89, concernenti l'etichettatura, la presentazione e la pubblicità dei prodotti alimentari

Direttiva 2001/95/CE del Parlamento Europeo e del Consiglio del 3 dicembre 2001 relativa alla sicurezza generale dei prodotti

ECR Europe (2004) ECR Blue Book – Using traceability in the supply chain to meet consumer safety expectations. http://www.ecr-institute.org/publications/best-practices/using-traceability-in-the-supply-chain-to-meet-consumer-safety-expectations/files/full_report.pdf

EPCGlobal (2004) The EPCglobal Network: overview of design, benefits and security. http://www. gs1nz.org/documents/TheEPCglobalNetworkfromepcglobalinc_001.pdf

Eriksson M (2004) An Example of a Man-in-the-middle Attack Against Server Authenticated SSL-sessions. Paper. http://www8.cs.umu.se/education/examina/Rapporter/MattiasEriksson.pdf

ETH Zurich, SAP Research (2009) BRIDGE - Building Radio frequency IDentification for the Global Environment - WP05 Anti-counterfeiting requirements report. http://www.bridge-project.eu/data/ File/BRIDGE%20WP05%20Anti-Counterfeiting%20Requirements%20Report.pdf

Federalimentare (2003) Cibo italiano tra imitazione e contraffazione. http://www.federalimentare.it/ Documenti/Censis2003/Contraffazione%20Alimentare%20sui%20mercati%20esteri%20-%20dossier.pdf

Federconsumatori (2008) Consumatori e contraffazione. http://www.federconsumatori.it/news/wysiwyg_ news/istreditor/includes/inc_cmds_DB.asp?c=getobject&a=2&l=20070622220602

Food and Drug Administration (2009) Recalls, Market Withdrawals, & Safety Alerts – Background and definitions. http://www.fda.gov/Safety/Recalls/ucm165546.htm

Frohberg K, Grote U, Winter E (2006) EU Food Safety Standards, Traceability and Other Regulations: A Growing Trade Barrier to Developing Countries' Exports? International Association of Agricultural Economists Conference, August 12-18, 2006. http://ageconsearch.umn.edu/bitstream/25668/1/ ip06fr01.pdf

Ghirardi M (2010) Barcode Security. Notiziario Tecnico Telecom Italia 19(1). http://www.telecomitalia.it/ content/dam/telecomitalia/it/archivio/documenti/Innovazione/NotiziarioTecnico/2010/fd_numero01/ 04_barcode.pdf

ISO (2007) ISO 22005:2008. Traceability in the feed and food chain - General principles and basic requirements for system design and implementation

Karkkainen M (2003) Increasing efficiency in the supply chain for short shelf life goods using RFID tagging. International Journal of Retail and Distribution Management, 31(3): 529-536

Kilpi J, Vepsäläinen APJ (2004) Pooling of spare components between airlines. Journal of Air Transport Management, 10(2): 137-146

Lehtonen MO, Michahelles F, Fleish E (2007) Trust and security in RFID-based product authentication system. IEEE System Journal, 1(2): 129-144

McMeekin TA, Baranyi J, Bowman J et al (2006) Information systems in food safety management. International Journal of Food Microbiology 112: 181-194

Ministero delle Politiche Agricole e Forestali (2006) Manuale di sicurezza alimentare. http://www.politicheagricole.it/SicurezzaAlimentare/default

Prater E, Frazier GV, Reyes PM (2005) Future impacts of RFID on e-supply chains in grocery retailing. Supply Chain Management: An International Journal, 10(2): 134-142

Regattieri A, Gamberi M, Manzini R (2007) Traceability of food products: General framework and experimental evidence. Journal of Food Engineering, 81(2): 347-356

Regolamento CE 178/2002 del Parlamento Europeo e del Consiglio, che stabilisce i principi e i requisiti generali della legislazione alimentare, istituisce l'Autorità europea per la sicurezza alimentare e fissa procedure nel campo della sicurezza alimentare

Regolamento CE 1383/2003 del consiglio del 22 luglio 2003, relativo all'intervento dell'autorità doganale nei confronti di merci sospettate di violare taluni diritti di proprietà intellettuale e alle misure da adottare nei confronti di merci che violano tali diritti

Rizzi A (2006) La tracciabilità nel settore alimentare, un'analisi critica. Logistica Management, 166: 85-98

RSA Laboratories (2009) Securing RFID tags from eavesdropping. http://www.rsa.com/rsalabs/node. asp?id=2118

Sahin E, Dallery Y, Gershwin S (2002) Performance evaluation of a traceability system: an application to the radio frequency identification technology. In: Systems, Man and Cybernetics, 2002 IEEE International Conference

Sinerlab (2007) Color Data Matrix. http://www.sinerlab.it/uploads/Presentazione%20ColorDataMatrix-20081013.pdf

Wong H, Cattrysse D, Van Oudheusden D (2005) Inventory pooling of repairable spare parts with non-zero lateral transshipment time and delayed lateral transhipments. European Journal of Operational Research, 165(1): 207-218

Capitolo 6

Impiego della tecnologia RFID per la gestione degli asset logistici

6.1 Introduzione

Uno degli ambiti in cui la tecnologia RFID si sta rapidamente diffondendo è quello della tracciabilità degli *asset*. Sempre più spesso aziende del settore alimentare implementano soluzioni di identificazione automatica a radiofrequenza per tracciare il flusso diretto e inverso di contenitori a rendere (cassette, bins, fusti ecc.) nella supply chain estesa di clienti e fornitori.

Questo capitolo è dedicato alla descrizione dei principali asset logistici dell'industria alimentare e all'analisi dell'impatto della tecnologia RFID sulla gestione della loro tracciabilità. L'analisi viene affrontata in riferimento a un caso reale, rappresentato da un primario produttore di alimenti e da un importante retailer del panorama della grande distribuzione organizzata (GDO) italiana.

6.2 I principali asset logistici per l'industria alimentare

Negli ultimi anni i supporti logistici (quali pallets, cassette, bins ecc.) hanno visto crescere la propria importanza in termini di volumi di utilizzo, costi e impatto ambientale. Si è diffusa perciò l'esigenza di gestire tali oggetti non come semplici materiali di consumo o strumenti di trasporto, bensì come veri e propri *asset aziendali*. Ciò ha fatto sì che essi vengano oggi genericamente indicati come *asset logistici*.

Quando si parla di asset logistico si intende un contenitore o un supporto logistico riutilizzabile. In letteratura è indicato con l'acronimo RTI (*Returnable Transport Item* o *Reusable Transport Item*), del quale l'International Council for Reusable Transport Item (IC-RTI) fornisce la seguente definizione:

> "I RTIs includono ogni supporto logistico in grado di assemblare beni per il trasporto, l'immagazzinamento, la movimentazione e la protezione del prodotto nella supply chain, e di ritornare per poter essere nuovamente utilizzato. Fanno parte di questa tipologia: pallet, cassette, roll, ecc."

Si tratta, quindi, di imballaggi secondari e terziari caratterizzati dalla possibilità di essere riutilizzati; ciò implica l'esistenza di un sistema ciclico che ne permetta il ritorno.

Per comprendere le origini del forte interesse nei confronti degli asset logistici, è utile procedere con una classificazione preliminare delle varie tipologie utilizzate dalle imprese.

A. Rizzi et al. *Logistica e tecnologia RFID*
© Springer-Verlag Italia 2011

La descrizione di ogni asset non è limitata alla sua accezione di RTI, ma comprende tutte le forme più o meno diffuse sul mercato.

Lo scopo è sottolineare l'importanza crescente delle tipologie di contenitori riutilizzabili, rispetto a quelle cosiddette *a perdere*.

6.2.1 Il pallet

Il pallet, o paletta, rappresenta l'unità di carico terziaria maggiormente utilizzata per la movimentazione, lo stoccaggio e il trasporto di beni. Ogni attore della catena logistica (fornitori, industrie manifatturiere, società di servizi e distributori) utilizza pallet. Si tratta di una piattaforma di stoccaggio concepita per essere movimentata con transpallet o carrelli elevatori. L'UNI (Ente Nazionale Italiano di Unificazione) lo definisce come segue (UNI EN ISO 445:2009):

"Il pallet è una piattaforma orizzontale caratterizzata da un'altezza minima compatibile con la movimentazione tramite carrelli transpallet e/o carrelli elevatori a forche e altre appropriate attrezzature di movimentazione, impiegata come supporto per la raccolta, l'immagazzinamento, la movimentazione ed il trasporto di merci e di carichi. Essa può essere costruita o equipaggiata con struttura superiore".

A dispetto del suo basso valore – che ad aprile 2009 era di € 8,11 (Indicod-Ecr, 2009) – l'importanza strategica del pallet nella supply chain è enorme.

In quanto supporto per la costituzione di unità di carico, il pallet permette il raggruppamento dei materiali in modo tale da poterli movimentare e trasportare agevolmente. La sua primaria finalità, quindi, è velocizzare gli spostamenti di grosse quantità di merce da un luogo a un altro.

Una delle caratteristiche distintive delle palette è quella di essere *forconabili*, ovvero movimentabili attraverso l'utilizzo di attrezzature dotate di forche, quali carrelli elevatori e transpallet. Tale proprietà permette di facilitare le operazioni di handling meccanico e automatizzato, di immagazzinamento e di carico e scarico dei mezzi di trasporto.

Altrettanto utile nell'immagazzinamento delle merci presso le aziende è la sovrapponibilità delle palette, che permette una riduzione degli spazi necessari per lo stoccaggio dei materiali e una migliore utilizzazione degli ambienti in altezza.

Anche le operazioni di trasporto risultano favorite dall'impiego del pallet. Le sue dimensioni sono state studiate per consentire la saturazione dei vani di carico, riducendo gli spazi

Fig. 6.1 Pallet EUR EPAL

inutilizzati, il numero di viaggi necessari per il trasferimento dello stesso quantitativo di merci e, conseguentemente, i relativi costi di trasporto.

Esistono molteplici forme di pallet, che si differenziano sensibilmente in termini di materiale di composizione, tipologia di utilizzo e strategia di gestione.

I pallet maggiormente diffusi sono quelli in legno, poiché garantiscono l'isolamento e la protezione della merce, sono durevoli e facilmente riparabili e hanno un costo contenuto. Altri tipi di pallet trovano impiego per applicazioni specifiche: in alluminio, estremamente leggeri; in metallo, caratterizzati da un'elevata durata; e in plastica, particolarmente indicati per il settore alimentare, quando la paletta entra a contatto diretto con il prodotto.

In realtà sono le diverse tipologie di utilizzo che differenziano maggiormente i pallet, che, come si è detto, vengono adottati sia per processi interni sia per processi esterni. Per i processi interni, e per applicazioni particolari, spesso sono progettati secondo specifici disegni dell'utilizzatore e fabbricati con materiali speciali.

Negli anni l'UNI ha emanato diverse norme che definiscono le caratteristiche costruttive e le dimensioni delle palette, che possono essere a *due* o a *quattro vie*, *reversibili* o *non reversibili*.

Nonostante la molteplicità di misure unificate, il pallet standard è rappresentato dal pallet EUR-EPAL (Fig. 6.2). Nel 1950 è stato definito – sulla base di un capitolato tecnico preciso – un supporto di dimensioni 800×1200 mm, derivante dalla necessità di armonizzare le misure sul mercato mondiale. Questo pallet è stato in seguito adottato da alcune reti ferroviarie europee; è infatti noto come *pallet europeo* ed è marchiato con la sigla EUR racchiusa in un'ovale.

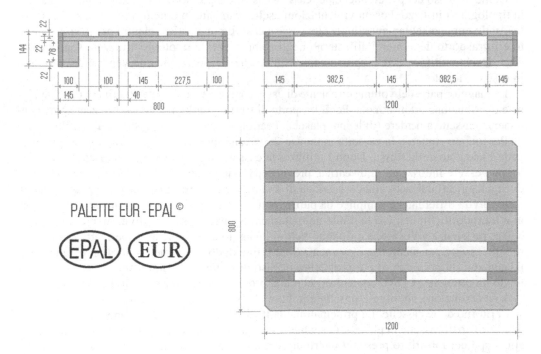

PALETTE EUR-EPAL©

Fig. 6.2 Dimensioni del pallet EUR-EPAL

Il pallet europeo è caratterizzato, oltre che dalle dimensioni, anche dalla presenza di 9 "piedini" uniti inferiormente tra loro in gruppi di tre attraverso liste di legno poste nel senso della misura maggiore, che lo rendono così non reversibile, cioè non inforcabile da ogni direzione (a *quattro vie*).

Il 1° marzo 1999 in Italia è stato introdotto il sistema EPAL (European Pallet Association) con lo scopo di certificare la qualità dei pallet EUR. I requisiti di qualità e prestazione sono quindi garantiti dalla contemporanea presenza di due ovali, contenenti uno il marchio EUR e l'altro il marchio EPAL.

6.2.2 Casse e cassette

Casse e cassette sono utilizzate da numerosi attori della catena logistica, ma trovano impiego soprattutto nel settore alimentare. Si tratta, infatti, di contenitori di piccole e medie dimensioni che bene si prestano alla raccolta e alla movimentazione di alimenti quali prodotti ortofrutticoli, lattiero-caseari ecc.

Questo tipo di asset è caratterizzato da dimensioni ridotte e da elevata maneggevolezza, che permettono una facile movimentazione delle merci in esso contenute. Sono disponibili sul mercato innumerevoli tipologie di casse e cassette, che pur differenziandosi per dimensioni e forme sono accomunate da alcune caratteristiche. Devono essere impilabili e presentare dimensioni in pianta che siano sottomultipli delle dimensioni standard delle palette, in modo da garantire, per sovrapposizione, la formazione di unità di carico di configurazione regolare. La stabilità dell'unità di movimentazione, così garantita, permette lo stoccaggio e il trasporto sicuro delle merci. Per questo motivo, le cassette sono generalmente realizzate in tre misure standard: 30×40×16 cm, 60×40×10 cm e 60×40×16 cm.

Come nel caso dei pallet, anche per casse e cassette è possibile una distinzione basata sulla tipologia di utilizzo. Per movimentazioni esclusivamente interne di prodotti finiti e semilavorati vengono solitamente impiegate casse e cassette in plastica, mentre per lo spostamento e il trasporto delle merci all'esterno degli stabilimenti le tipologie utilizzate sono molteplici. Queste ultime devono spesso consentire anche l'esposizione e la vendita del prodotto in esse contenuto.

La maggior parte del volume circolante di casse e cassette è destinata alla filiera di produzione e distribuzione ortofrutticola. Per il trasporto di frutta e verdura vengono utilizzate prevalentemente cassette a perdere (di legno, plastica o cartone) e cassette in plastica riutilizzabili.

Per quanto riguarda la cassetta monouso di cartone, plastica o legno, ogni consegna prevede l'acquisto della stessa. Dopo l'utilizzo, la cassetta a perdere viene smaltita come rifiuto: può essere indirizzata in discarica, previa separazione dei materiali, o verso un processo di riciclaggio finalizzato alla costruzione di una nuova cassetta. La cassetta in plastica ha un ciclo di vita differente: è semplice da pulire, non arrugginisce ed è resistente ad agenti esterni e a prodotti chimici; ciò la rende un materiale di imballaggio sicuro e igienico. La particolare resistenza all'usura, e a ripetuti cicli di lavaggio e sanificazione, permette di utilizzare tali cassette per numerose movimentazioni prima dello smaltimento. Inoltre, essendo realizzate con un polimero di polipropilene, in caso di rotture possono essere "rigranulate", in modo da ottenere ex novo contenitori con una produzione di scarti o rifiuti trascurabile.

Una distinzione ulteriore è possibile in base al sistema implementato di gestione del flusso di ritorno delle cassette. Le principali modalità di gestione impiegate sono due. Una prevede l'utilizzo di cassette in plastica (a sponde fisse o abbattibili) di proprietà del produttore, che si occupa del loro ritiro presso il distributore e delle successive fasi di controllo e sanificazione. Il secondo tipo di gestione riguarda i flussi di cassette in plastica a sponde abbattibili

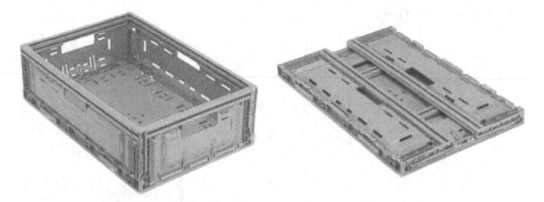

Fig. 6.3 Cassetta a sponde abbattibili

ed è basato sul noleggio o l'acquisto dei contenitori da parte degli utilizzatori e sulla loro movimentazione da parte di una società terza attraverso un circuito di centri logistici specializzati che fungono da deposito. La società terza ritira gli imballi presso le catene distributive e li riporta a destinazione presso i propri magazzini per renderli nuovamente disponibili agli utilizzatori, dopo aver provveduto alla loro manutenzione, al loro lavaggio e alla loro disinfestazione.

La scelta delle cassette a sponde abbattibili (Fig. 6.3), per questa tipologia di gestione, non è casuale. Le sponde abbattibili consentono, infatti, di risparmiare spazio e costi nella movimentazione a vuoto: quattro cassette chiuse occupano lo spazio di una aperta. Il che significa che dopo tre viaggi a pieno carico, il quarto è pieno anche al ritorno, con le casse vuote, risparmiando così sui costi di trasporto.

6.2.3 Bins e minibins

Il termine bin indica un contenitore o cassone in legno o materiale plastico, di dimensioni variabili, adibito prevalentemente alla conservazione in celle frigorifere, allo stoccaggio e al trasporto di ortofrutticoli. La base ha solitamente forma rettangolare, le dimensioni sono simili a quelle del pallet EUR e l'altezza non è mai superiore a 1 metro. I bins sono solitamente impilabili e forconabili per permettere un'agevole movimentazione e un immagazzinamento più efficiente.

Per le loro caratteristiche, questi contenitori sono adatti non solo al settore ortofrutticolo, ma anche a quelli che necessitano di contenitori molto capienti, allo scopo di movimentare, immagazzinare e proteggere grandi quantità di merci, solitamente sfuse. A seconda delle esigenze dell'utilizzatore, possono essere forati o a pareti piene; possono essere muniti di coperchio e anche di un'apertura laterale per le operazioni di ispezione del contenuto.

Molto utilizzati nel settore ortofrutticolo e in particolari occasioni di vendita presso la GDO, sono i cosiddetti minibins. Questi presentano le stesse caratteristiche dei bins, ma sono di dimensioni più ridotte. I formati maggiormente diffusi sono 80×120 cm e 80×60 cm. Spesso le sponde sono abbattibili per ottimizzare i volumi durante il trasporto dei contenitori vuoti. Anche i minibins sono interessati dal sistema di gestione terziarizzato; vi sono infatti aziende che si occupano del noleggio e, successivamente, del ritiro di tali item.

Fig. 6.4 Esempi di roll container

6.2.4 Roll container

Il roll container (chiamato anche *contenitore unificato su ruote*) è una struttura costituita da un telaio in tubo e filo di acciaio zincato perlopiù composto da una base con ruote e da due spalle. A seconda delle esigenze di utilizzo, può essere accessoriato di una terza (ed eventualmente una quarta) parete, di ripiani spostabili in filo e di speciali dispositivi antitaccheggio (Fig. 6.4). La presenza di ruote lo rende ideale per movimentare le merci dai magazzini centrali ai punti vendita, anche attraverso stretti corridoi, poiché si può facilmente spostare a mano senza l'ausilio di attrezzature (come i transpallet). Alcuni modelli presenti sul mercato sono concepiti anche per permettere l'esposizione della merce nei punti vendita. È il caso dei roll container destinati al trasporto del latte fresco: una volta caricato, il roll può essere posizionato direttamente all'interno dei banchi frigo.

La struttura composita del roll container, permette all'utilizzatore di smontarlo e rimontarlo facilmente, riducendo gli ingombri quando necessario. È possibile, infatti, accatastare un gran numero di sponde all'interno di un roll montato e impilare le basi rimanenti. In questo modo si opera un importante risparmio di spazio, soprattutto durante il trasporto di tali asset dal punto vendita al fornitore. Tutto ciò implica, tuttavia, maggiori complessità nella gestione della tracciabilità, dal momento che spesso ci si trova a gestire i singoli componenti anziché il roll nella sua interezza. Nonostante i molteplici impieghi, il roll segue quasi sempre circuiti particolarmente articolati, perciò necessita di un'accurata gestione di flussi in entrata, uscita e reso. Inoltre, è un asset logistico a elevato valore (il costo minimo è di circa 40 euro). Per tali ragioni, la tracciabilità dei roll è particolarmente critica.

6.2.5 Roll isotermici e banchi frigo

I roll isotermici (Fig. 6.5) sono particolari contenitori refrigerati dotati di un'ottima autonomia, che può essere aumentata con l'impiego di piastre eutettiche le quali, riposte all'interno, sottraggono calore garantendo il mantenimento delle basse temperature per lungo tempo. Si tratta di asset "importanti", in quanto il loro costo si aggira attorno a 1500 euro.

Fig. 6.5 Roll isotermico (esterno e interno)

La funzione dei roll isotermici è garantire un corretto e igienico trasporto di alimenti freschi o congelati dai magazzini ai punti vendita. Permettono di non interrompere la catena del freddo neppure durante il carico e lo scarico delle merci dai camion, riparando le derrate dai bruschi sbalzi di temperatura. Evitare sbalzi termici significa ridurre il rischio di proliferazione microbica, preservando al meglio l'aspetto e le proprietà organolettiche dei prodotti.

L'utilizzo dei contenitori isotermici costituisce, quindi, la soluzione per il trasporto misto di prodotti in legame fresco e surgelato su veicoli non coibentati, aumentando la flessibilità del mezzo, l'efficienza del magazzino e assicurando la continuità della catena del freddo. Infine,

Fig. 6.6 Banchi frigo e colonne frigo brandizzabili

non richiedendo l'impiego di camion refrigerati, i roll isotermici permettono la riduzione dei costi di trasporto.

Un altro tipo di asset è costituito dal banco frigo (Fig. 6.6). Mentre i roll isotermici, una volta svuotati, tornano ai fornitori, i banchi frigo raggiungono e rimangono presso i punti vendita, dove svolgono anche la funzione di espositori.

I banchi frigo vengono solitamente concessi dal fornitore al punto vendita attraverso un contratto di comodato gratuito; il proprietario dell'asset rimane quindi il fornitore. Tale forma di contratto viene impiegata dal fornitore per favorire la vendita dei propri prodotti.

Questi particolari contenitori rappresentano un asset molto importante per l'azienda, sia in termini di valore economico complessivo, sia in termini di qualità del prodotto che arriva al consumatore finale. Lo stato di funzionamento, conservazione e manutenzione di questi asset influisce, infatti, in modo determinante sull'esperienza del cliente finale. Il prodotto deve arrivare al consumatore nella qualità prevista, in un frigorifero ben tenuto e correttamente utilizzato; a tale scopo, si possono utilizzare tecnologie RFID attive o semi-passive per il monitoraggio della temperatura del banco frigo (vedi cap. 4).

6.3　La gestione degli asset logistici per l'industria alimentare

Una volta stabiliti uno o più modelli di asset rispondenti alle proprie esigenze, dal punto di vista delle caratteristiche dimensionali e prestazionali, un'impresa deve valutare la modalità di gestione dei propri asset logistici che consenta di ridurre i costi di movimentazione, magazzinaggio e trasporto, nel rispetto dei requisiti di sicurezza e servizio al cliente.

Nel caso degli RTIs, è possibile adottare sino a quattro diverse modalità di gestione, a seconda del tipo di asset e del settore in cui si opera:

– sistema cauzionale;
– fatturazione;
– sistema a noleggio;
– interscambio.

Gli operatori della catena logistica definiscono, di comune accordo, dei modelli di asset da utilizzare, creando così un sistema che possa facilitarne gli scambi e la gestione stessa.

L'efficacia e l'efficienza dei diversi sistemi di gestione è influenzata dai rapporti intercorrenti tra gli attori della filiera, dal grado di responsabilità attribuita a ciascuno di loro e dalle capacità organizzative e decisionali dei soggetti interessati.

6.3.1　Sistema cauzionale

Questo sistema di gestione riguarda in particolare pallet e cassette. Il proprietario delle merci è anche proprietario degli asset oggetto di cauzione, e può marchiarli con il nome o il logo aziendale come segno di riconoscimento e distinzione. All'atto della vendita, gli asset vengono ceduti all'acquirente dietro cauzione, che potrà recuperare successivamente con la restituzione degli stessi supporti al proprietario.

Nonostante possa essere considerato in disuso, in realtà questo sistema trova ancora impiego nel mondo della distribuzione organizzata, dato che in caso di punti vendita poco collaborativi, i fornitori delle merci e i proprietari degli asset possono chiedere delle cauzioni per assicurarne la restituzione ai propri centri di distribuzione.

6.3.2 Fatturazione

Il proprietario delle merci esprime anche il valore dell'asset nella fattura all'acquirente, che ne diventa così proprietario. In questo sistema non esiste alcun flusso di *reverse logistics*, cioè nessun processo di restituzione degli asset che, una volta ceduti all'acquirente, possono essere nuovamente ceduti e scambiati con altri soggetti. È il sistema tipico dei pallet e delle cassette a perdere, cioè supporti logistici intesi come bene di consumo per il quale non è prevista una gestione specifica. L'imballo può anche non figurare come voce di fatturazione, ma essere indicato nelle note; in questo caso il suo valore è "annegato" nel prezzo di vendita delle merci.

6.3.3 Sistema a noleggio (pooling)

Il sistema a noleggio, o *pooling*, prevede un contratto tra la società di noleggio e l'utilizzatore. Il noleggiatore mette a disposizione dell'azienda produttrice di beni un numero di asset (in questo caso pallet, cassette, bins e minibins) corrispondente alle esigenze di movimentazione. Una volta imballate le merci, l'utilizzatore dovrà comunicare alla società di noleggio la quantità di supporti inviata a ciascuna località di consegna finale (Cedi e punti vendita). Sarà poi compito del noleggiatore effettuare il ritiro, il controllo, l'ispezione e, eventualmente, la riparazione (nel caso di pallet) o la sanificazione (nel caso di cassette, bins e minibins), al fine di rimettere in circolazione gli asset in adeguate condizioni di igiene e qualità.

Le principali caratteristiche di un sistema a noleggio sono:

- assenza di investimento iniziale, in quanto gli asset sono messi a disposizione quando servono, evitando l'acquisto di un parco proprio, e riducendo altresì lo spazio necessario al loro stoccaggio;
- riduzione di una parte dei costi amministrativi e contabili (si riduce il numero di contenziosi, ma permane il controllo dei rapporti con il noleggiatore);
- riduzione dei costi di recupero, selezione e riparazione degli asset (la manutenzione viene assicurata a ogni giro di trasporto).

Il cliente dei servizi di noleggio corrisponde alle società specializzate un compenso stabilito contrattualmente, che viene determinato in base ad alcuni fattori:

- tipologia di asset richiesto;
- tempo di attraversamento dell'asset presso gli stabilimenti e i magazzini del cliente;
- trasporto di ritorno (consegna da parte del noleggiatore o ritiro con mezzi propri);
- numero di supporti movimentati all'anno;
- collocazione geografica delle destinazioni.

6.3.4 Interscambio

Lo scambio alla pari (*interscambio*) rappresenta la metodologia più diffusa per la gestione del parco pallet nel settore della distribuzione moderna in Europa. Il sistema richiede l'adozione di un asset standard a qualità controllata, come il pallet EUR EPAL, che rappresenta il sistema più diffuso di interscambio in Europa nel settore dei beni di largo consumo. Il sistema EPAL garantisce i migliori risultati dal punto di vista della gestione economica del parco pallet nel caso in cui le imprese che vi aderiscono si adoperino per eseguire l'interscambio immediato, vale a dire la restituzione contestuale di un numero di pallet equivalenti in quantità e qualità a quelli ricevuti. Qualora ciò non sia possibile, si posticipa la restituzione dei pallet (interscambio differito) generando così oneri e costi aggiuntivi che minano l'efficienza dell'intero sistema e, in particolare, danneggiano le aziende virtuose che sostengono il principio di fondo dell'interscambio pallet.

L'interscambio immediato consiste nella restituzione immediata dei pallet trasportati al momento della consegna, corrispondente in qualità e quantità al numero di unità utilizzate per il trasporto. Nell'interscambio differito l'addetto al ricevimento merci presso il punto di consegna (sia esso il Cedi o un punto vendita) genera un *buono pallet* valido per il ritiro in un secondo momento di una quantità di bancali pari al numero di pallet non interscambiati in diretta. Il vettore viene così in possesso di un titolo valido per il ritiro della quantità di pallet indicata, secondo i tempi e le modalità concordate tra le parti.

In realtà i possibili benefici dell'interscambio spesso non si realizzano, a causa delle perdite presenti nel sistema e del mancato rispetto delle normative e delle regolamentazioni introdotte alla creazione del pallet EPAL. Il tutto è reso più difficile dal continuo e massiccio ricorso all'utilizzo di pallet differenti, a volte personalizzati, che rende vano il principio dell'utilizzo di un unico bancale per le aziende, e dal comportamento scorretto di alcuni soggetti che alimentano il mercato parallelo (ECR Italia, 2006).

6.4 Impatto della tecnologia RFID nella gestione degli asset logistici

Data la sempre maggiore rilevanza che gli asset logistici vanno assumendo nell'industria alimentare, un numero crescente di aziende del settore sta valutando soluzioni ICT di ausilio nella gestione della tracciabilità di asset logistici nei processi interni o di filiera. Queste soluzioni permettono di conoscere in maniera accurata, selettiva e puntuale la posizione di un asset nella supply chain, come pure il relativo utilizzo durante tutto il ciclo di vita. La disponibilità di tali informazioni riduce le perdite e i costi di gestione, aumenta i tassi di rotazione e ottimizza l'immobilizzo di capitale in asset logistici.

La tecnologia RFID rappresenta una soluzione tecnologica ottimale per generare questo tipo di informazioni. Grazie a un tag RFID, è infatti possibile identificare in maniera univoca un singolo asset e tracciarne i flussi in entrata e uscita tra i diversi anelli della catena produttiva e/o logistica durante tutto il suo ciclo di vita (GS1 France, WP9 partners, 2007a, 2007b).

L'identificazione totalmente automatizzata e simultanea di più oggetti, la possibilità di operare senza visibilità diretta e in ambienti aggressivi rappresentano aspetti peculiari della tecnologia RFID che la rendono vincente rispetto ad altre tecnologie di identificazione automatica. La disponibilità di standard per l'identificazione (per esempio, lo standard GRAI sinteticamente illustrato nel paragrafo 6.4.1), l'archiviazione e lo scambio di informazioni tra i partner di filiera è un supporto fondamentale dei sistemi di tracciabilità evoluti per la gestione degli asset logistici. Ovviamente, per rendere sostenibile dal punto di vista economico l'adozione di tali sistemi, i costi sorgenti della soluzione RFID, rappresentati principalmente dal costo dei tag e dell'infrastruttura tecnologica per la rilevazione e la gestione del dato, devono essere più che bilanciati dai costi cessanti abilitati dalla nuova soluzione. Le principali criticità attorno alle quali ruota il business case per l'asset tracking nell'industria alimentare e del largo consumo sono riportate in dettaglio di seguito.

Riduzione delle perdite. I flussi fisici di ritorno degli asset logistici risultano complessi e articolati. Al contrario dei flussi in andata, ovvero quelli in cui l'asset accompagna la merce, i flussi di reverse logistics sono gestiti in modo poco efficace ed efficiente, soprattutto a causa delle peculiari complessità operative. Complicazioni derivano da triangolazioni di giri di presa in consegna, dalla scarsa trasparenza dei rapporti tra gli attori coinvolti e dall'esistenza di un mercato parallelo, principale causa di furti. Per la maggior parte degli asset logistici i reintegri annuali possono essere stimati in un range che va dal 5 al 10% del parco rotante; di questi, una percentuale significativa è attribuibile a furti e differenze inventariali. I maggiori costi che derivano dalla perdita di asset rimangono in capo all'industria di marca e finiscono per essere riversati in modo indifferenziato sul prodotto, penalizzando in questo modo le aziende che hanno investito in sistemi di supporto per il controllo degli asset. Una maggiore visibilità e la possibilità di identificazione univoca dell'asset impattano positivamente sul problema, consentendo l'individuazione dei punti critici del processo, laddove si verificano differenze inventariali e disallineamenti tra atteso e ricevuto. In definitiva, l'introduzione della tecnologia RFID consente di ridurre smarrimenti e furti, e di controllare puntualmente la logistica di rientro da piattaforma o da cliente finale, grazie a una registrazione puntuale e affidabile delle entrate e delle uscite. Ciò riduce i costi di reintegro, ovvero i costi sostenuti dall'azienda per l'acquisto di nuovi asset in seguito a smarrimenti o furti, operazione necessaria per mantenere in efficienza il proprio parco asset.

Riduzione dei costi di gestione
1. Riduzione dei tempi per inventari – dati maggiormente affidabili riducono la necessità di effettuare inventari con lo scopo di riallineare gli stock amministrativi a quelli fisici. Le operazioni inventariali sono solitamente molto costose, poiché richiedono l'impiego di manodopera diretta; la possibilità di utilizzare tag RFID per identificare gli asset riduce drasticamente tali tempi.
2. Miglioramento e semplificazione della gestione della tracciabilità in ingresso e in uscita.
3. Diminuzione dei costi amministrativi – l'introduzione della tecnologia RFID riduce l'impiego di risorse dedicate al conteggio degli asset in uscita e in ingresso o alla gestione amministrativa di tali movimentazioni, eliminando per esempio i tempi di imputazione manuale dei dati a sistema informativo.
4. Riduzione dei costi dei contenziosi – la visibilità abilitata dalla tecnologia RFID su quantità e tipologie di asset scambiate riduce molte cause di contenziosi tra gli attori coinvolti nello scambio stesso.

Aumento del tasso di rotazione. La conoscenza puntuale e accurata dello stato del parco asset e dei livelli di inventario consente di ottimizzarne la gestione, prevenendo fenomeni di mancata disponibilità, che spesso hanno ripercussioni importanti sui sistemi produttivi o logistici, ovvero di limitare l'immobilizzo di capitale in inutili livelli di giacenza. Di conseguenza, il tasso di rotazione di un singolo item aumenta, il che si traduce in un minore immobilizzo di capitale.

6.4.1 Standard di identificazione degli asset logistici con tecnologia RFID

Come si è visto nel capitolo 1, EPCglobal ha definito degli standard per la codifica dei tag e delle informazioni in essi contenute. Per l'identificazione degli asset logistici è stato proposto lo standard *Global Returnable Asset Identifier* (GRAI), che fa parte del sistema GS1.

Lo standard GRAI prevede i seguenti elementi:

- *company prefix* GS1;
- un *asset type*, assegnato dall'azienda a una particolare classe di asset;
- un *serial number*, assegnato dall'azienda al singolo oggetto.

6.5 Business case

Per illustrare l'impatto della tecnologia RFID nella gestione degli asset logistici, si presenta un caso studio in cui sono state analizzate le principali voci di costo cessante e di costo sorgente relative alla gestione di una particolare categoria di asset logistici, costituita dai pallet.

Viene analizzata in particolare una supply chain composta da un produttore food, una società di pallet pooling e un retailer food, allo scopo di individuarne le criticità e valutare i vantaggi che la tecnologia RFID potrebbe apportare a ognuna di esse. Per ragioni di brevità, allo scopo di comprendere la natura dei processi e le modalità con cui il business case è stato condotto, si riportano in questo capitolo solo gli aspetti legati all'analisi dei processi di gestione degli asset per un produttore di alimenti.

L'analisi AS IS ha riguardato sia parametri qualitativi (tipologie di legni utilizzati, mansioni e attività degli operatori nelle varie fasi, tipologia di informazioni tracciate ecc.) sia informazioni quantitative (percentuali di rotture e di perdite ecc.).

6.5.1 Analisi AS IS

L'analisi AS IS si pone come obiettivo principale la mappatura puntuale e accurata di tutte le fasi e le attività che interessano un pallet, ponendo in evidenza le eventuali criticità in un'ottica di reingegnerizzazione TO BE.

Allo scopo di individuare le carenze, i problemi e le cause di inefficienze dei sistemi di gestione attualmente in uso – che determinano diseconomie e incrementi nei costi di gestione – ogni processo è stato scomposto in operazioni elementari e descritto dettagliatamente.

Per visualizzare tali operazioni e rendere possibile l'identificazione immediata delle criticità del processo, è stato utilizzato lo strumento grafico *Activity Diagram*. Si tratta di un modello nel quale le varie attività vengono rappresentate mediante rettangoli collegati tra loro in modo sequenziale attraverso linee di transizione o punti di decisione che separano diverse casistiche di comportamento. Le attività così raffigurate sono poi raggruppate all'interno di sezioni in base al soggetto che le compie.

Più in dettaglio, un Activity Diagram definisce:
- una serie di attività o flusso, anche in termini di relazioni tra di esse;
- il soggetto responsabile per la singola attività;
- i punti di decisione che caratterizzano il flusso delle attività.

Tabella 6.1 Simbologia utilizzata nell'Activity Diagram

Simbolo	Descrizione
●	Inizio flusso
▭	Attività
◇	Punto di decisione
→	Flusso
◉	Fine flusso

Tabella 6.2 Tipologie di linee utilizzate nell'Activity Diagram

Tipo di flusso	*Tipo di linea*
Flusso informativo	Linea continua
Flusso fisico	Linea tratteggiata
Flusso RFID	Linea punteggiata

Poiché molte delle attività svolte avvengono contemporaneamente, il flusso fisico e quello informativo devono essere rappresentati sullo stesso grafico; pertanto sono stati adottati tracciati differenti per ogni tipo di flusso per agevolarne l'individuazione.

Le Tabelle 6.1 e 6.2 riportano le legende relative agli Activity Diagram creati.

6.5.2 Sistema di gestione parco pallet utilizzato

L'azienda oggetto del caso studio è un'importante realtà nazionale nella produzione di prodotti da forno e gelati, ed è presente sia presso la GDO sia in bar e ristoranti (canale HO.RE.CA.), che costituiscono il canale distributivo principale. Presso la GDO l'azienda è presente con i soli prodotti di ricorrenza (per esempio, prodotti per le festività pasquali e natalizie), mentre presso i concessionari effettua consegne per tutti gli altri prodotti.

Realtà tra loro così differenti implicano una molteplicità di esigenze, alle quali l'azienda è chiamata a rispondere. La GDO richiede solitamente la consegna di unità di carico monoprodotto, mentre i concessionari ritirano il pallet a strati, cioè composto da prodotti diversi, lo trasportano in cella frigorifera e posizionano nei vani dedicati la merce in esso contenuta.

La gestione del parco pallet costa all'azienda circa 300.000 euro all'anno. L'azienda gestisce un unico centro di costo, nel quale rientrano costo del personale, licenza del software, costo dei trasporti sostenuti e acquisto dei legni nuovi o usati.

Il fabbisogno annuo dell'azienda è pari a 300.000 legni, dei quali il 5% circa è da ripristinare ogni anno in quanto danneggiato in modo irreparabile e il 10% circa è perduto. Ciò significa che la perdita fisiologica annua cui l'azienda deve far fronte è pari a circa 45.000 legni. Rispetto ad altre realtà industriali, presso i magazzini dell'azienda esaminata non vengono effettuate riparazioni sui pallet, ma vengono svolti controlli sui legni in entrata e in uscita. La verifica della qualità dei pallet ricevuti e resi viene effettuata dal magazziniere. Il controllo della qualità si limita all'identificazione del tipo di pallet – tramite la verifica della presenza del marchio – e all'individuazione di eventuali danneggiamenti evidenti. Un esame di questo tipo viene effettuato contestualmente al carico e allo scarico delle palette, quindi non richiede risorse dedicate né tempi di realizzazione elevati; per questo motivo tale operazione non verrà considerata nella successiva descrizione dei processi individuati. Come accennato,

Tabella 6.3 Dati relativi ai pallet gestiti dall'azienda

Voce	*Dato*	*Unità di misura*
Fabbisogno annuo di legni	300.000	pallet/anno
Percentuale di pallet "non standard" ricevuta ogni anno	5	%
Percentuale annua di pallet danneggiati	5	%
Percentuale annua di pallet perduti	10	%

una percentuale pari al 15% del totale delle palette rappresenta i legni da ripristinare annualmente, in quanto perduti ovvero danneggiati in modo irreparabile lungo la filiera. Tali perdite sono considerate dall'azienda come un costo di esercizio. In particolare, dati gli stress termici cui sono sottoposti, i pallet utilizzati per il trasporto del gelato sono quelli che generano la percentuale maggiore di perdite.

Lo stabilimento in cui vengono prodotti gelati richiede quotidianamente 450 palette, corrispondenti alla quantità trasportabile da un autoarticolato a pieno carico. Inoltre, la produzione di gelati è fortemente stagionale, concentrata nei mesi precedenti la stagione estiva. In questa fase di accumulo di prodotto finito, vengono riempite le celle frigorifere, che vengono successivamente svuotate tra maggio e agosto. La concentrazione della produzione in pochi mesi genera un consumo di legni elevatissimo, ulteriormente amplificato dal fatto che il prodotto "gelato" è stoccato su "mezzi-pallet". La tipologia di prodotto "gelato" richiede, infatti, l'utilizzo di due legni, ovvero due mezzi-pallet sovrapposti. Se un simile utilizzo dei bancali potesse essere evitato, o comunque ridotto, si avrebbe un dimezzamento dei costi di gestione. Il prodotto "gelato", infatti, è quello che consuma il maggior numero di palette e genera la percentuale maggiore di perdite, poiché ogni volta viene consegnata una quantità doppia di legni. Inoltre, il ritorno dei bancali dai clienti è in questo caso spesso incerto. Ogni anno, quindi, le perdite sostenute devono essere integrate con l'acquisto di nuovi pallet. Tenendo conto delle considerazioni precedenti, è semplice intuire la dimensione delle spese che l'azienda è costretta ad affrontare.

Da qualche tempo l'azienda ha adottato un'applicazione web per la gestione contabile della movimentazione dei bancali, che consente di ottenere la tracciabilità delle operazioni di consegna e resa dei pallet, nonché il controllo delle relative giacenze presso i clienti. L'applicazione web permette inoltre di effettuare accurate analisi dei dati registrati, principalmente in termini di statistiche relative ai flussi di asset (per esempio: quantità possedute, quantità rese, percentuale di rotti, percentuale di bancali contestati per ogni cliente, per ogni fornitore o per ogni vettore, in un determinato intervallo di tempo).

L'applicazione web si avvale di un sito internet che, costantemente aggiornato con i movimenti di consegna, favorisce l'interazione tra azienda, trasportatori e clienti, per disporre di informazioni costantemente aggiornate.

Il database è alimentato mediante un archivio movimenti trasmesso dall'azienda al sito. Nell'archivio sono riportati i riferimenti ai documenti di consegna, con indicazioni relative al trasportatore, al mittente e al destinatario, tipi di bancale e quantità.

Gli attori coinvolti nella movimentazione dei pallet dell'azienda sono principalmente magazzini e trasportatori, che hanno un ruolo ben preciso nella gestione del parco pallet. Infatti, entrambi i soggetti possono, a diverso titolo, accedere all'applicazione web e fornire precise informazioni riguardanti i movimenti dei legni. L'applicazione gestisce tutti i tipi di pallet utilizzati; permette di specificarne la tipologia (EUR EPAL, EUR, Centro Marca o comune) e le relative quantità.

L'azienda si avvale di tre magazzini di stabilimento e tre magazzini esterni. Presso ogni magazzino è presente un operatore che si occupa della gestione dei bancali e che ha il compito di registrarne le entrate e le uscite dal deposito.

L'azienda si avvale, inoltre, del servizio di una decina di società di trasporto, il cui ruolo nel processo di scambio pallet è cruciale. Infatti, collegandosi on line al sito web, il trasportatore fornisce informazioni relative alle rese di bancali, indicando i riferimenti al documento originale, lo stato dei bancali resi e la data del ritiro.

Un'eccezione, rispetto allo scenario descritto, è costituita dai magazzini che svolgono anche la funzione di trasporto. In questo caso i due soggetti (deposito e vettore) coincidono, ma l'utente, responsabile sia del magazzino sia dei trasporti, deve gestire i flussi in modo distinto. Deve accedere, quindi, a due ambienti software, quello inerente la gestione pallet stoccati e quello riguardante le movimentazioni dei legni.

6.5.3 Descrizione dei processi AS IS

Il flusso dei pallet segue quattro direzioni differenti:

- trasporto da e verso fornitori;
- trasporto da e verso clienti (concessionari e GDO);
- trasporto tra magazzini di proprietà dell'azienda;
- flusso di pallet nuovi.

In tutti i processi sopra elencati, l'azienda privilegia, in generale, l'interscambio diretto dei pallet, operazione che consente di evitare l'apertura di una specifica posizione all'interno del sistema. Come regola generale, ogni movimentazione diversa dall'interscambio viene registrata a sistema. Nel seguito, si analizzerà nel dettaglio il caso rappresentativo di trasporto da e verso i clienti. Gli altri casi, pur presentando alcune singolarità rispetto a quello trattato, non sono tali da giustificare una trattazione separata. Si ricorda che per visualizzare i processi individuati è stato utilizzato lo strumento grafico Activity Diagram.

6.5.4 Gestione pallet da e verso cliente

La gestione dei pallet con i concessionari prevede la registrazione di qualsiasi movimento in uscita e in entrata dei bancali, rispettivamente pieni e vuoti. Il processo di gestione dei pallet verso clienti si articola secondo lo schema riportato in Fig. 6.7.

6.5.4.1 Preparazione ordini

In seguito al ricevimento di un ordine d'acquisto da un concessionario, il magazzino di stabilimento avvia le attività di allestimento dell'ordine. Preleva dal suo parco pallet una paletta per ogni unità di carico da comporre, e su di essa dispone la merce richiesta.

Terminata la fase di preparazione dell'ordine, le unità di carico vengono caricate sul mezzo di proprietà del trasportatore, che si occuperà della consegna.

6.5.4.2 Emissione bolla

A ogni ordine spedito corrisponde l'emissione di una bolla; questa operazione viene effettuata tramite il software di gestione aziendale. Il gestionale aziendale è in grado di comunicare direttamente con il software di gestione pallet; tale collegamento permette, quando necessario, il trasferimento di dati automatico da un ambiente all'altro.

Per esempio, quando il trasportatore prende in carico un certo numero di bancali per la consegna a un concessionario, il dialogo diretto tra il gestionale aziendale e l'applicazione web per la gestione dei pallet risulta vantaggioso, poiché la registrazione dell'uscita delle palette piene avviene automaticamente. L'informazione dei pallet usciti viene caricata, durante la notte, dal gestionale all'applicazione web in modo automatico. Tale procedimento evita l'ulteriore operazione di registrazione dei dati relativi alle palette in uscita già registrati al momento di emissione della bolla.

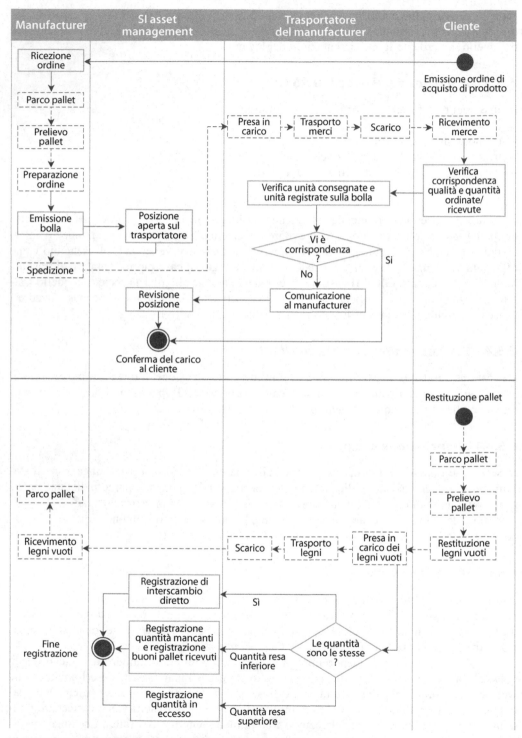

Fig. 6.7 Activity Diagram del processo di gestione del trasporto dei pallet verso clienti (per l'interpretazione dei simboli e delle tipologie di linee, vedi Tabelle 6.1 e 6.2)

6.5.4.3 Trasporto e consegna

Dal momento in cui le unità di carico vengono caricate sul mezzo, i bancali sono in carico al vettore, che si occuperà del trasporto e della consegna al cliente.

6.5.4.4 Verifica unità consegnate

Contestualmente alla consegna presso il concessionario, il vettore verifica la correttezza del carico assegnato. Successivamente, attraverso le proprie credenziali (username e password), il trasportatore accede al sistema per confermare la corrispondenza tra ciò che ha scaricato e ciò che è stato indicato nella bolla. Se la merce scaricata non rispecchia le informazioni registrate a sistema informativo, il vettore può contestare tali dati. In questo caso, deve comunicare al magazzino di partenza le differenze riscontrate, per consentire la correzione. L'addetto del deposito cancella i dati originari ed emette una nuova documentazione corretta. A questo punto il vettore può confermare la movimentazione avvenuta e chiudere così la sua posizione nei confronti del magazzino di partenza.

La conferma della consegna da parte del trasportatore non avviene contestualmente alla consegna del carico, ma viene effettuata in un momento successivo presso la sede del vettore da un operatore dedicato a tale compito. Questa operazione richiede mediamente 2 minuti uomo per ogni movimentazione. Non è stabilito un tempo entro il quale effettuare la registrazione, anche se mediamente i trasportatori si occupano di tale operazione 15 giorni dopo la consegna; ne consegue che l'azienda deve spesso sollecitare il trasportatore affinché la registrazione a sistema informativo venga completata rapidamente. Ciò richiede la presenza, presso la sede aziendale, di una risorsa dedicata, che mediamente si occupa di tale aspetto per 30 minuti al giorno.

6.5.4.5 Restituzione legni dal punto di consegna

L'operatore responsabile del trasporto consegna la merce caricata su pallet EUR EPAL e ritira dal cliente un uguale numero di pallet equivalenti. Ciò significa che i pallet ritirati devono possedere le stesse caratteristiche qualitative di quelli ceduti.

Può accadere, però, che nel punto di consegna non sia presente un numero sufficiente di pallet da restituire o che il vettore non disponga dello spazio necessario sul mezzo per poterli caricare. In questi casi si ricorre all'interscambio "differito", ovvero l'operatore responsabile del punto di consegna produce un *buono pallet* valido per il successivo ritiro del numero di bancali non corrisposti in diretta.

Qualsiasi operazione avvenga presso il concessionario deve essere riferita al magazzino. Attraverso il software a disposizione, il vettore deve innanzitutto definire la tipologia di scambio effettuata (interscambio diretto o differito) e, in secondo luogo, entrare nel dettaglio delle operazioni eseguite. Deve registrare le quantità di pallet ricevuti in difetto o in eccesso, la quantità di buoni ritirati ed eventuali altre osservazioni. Per esempio, è possibile che i bancali consegnati vengano contestati in termini di qualità dal concessionario e che questi non sia disposto a corrispondere un eguale numero di legni. Tale operazione richiede mediamente 2 minuti uomo. Queste e altre informazioni devono essere comunicate per dare all'azienda la possibilità di definire la condotta di ogni cliente. Il software, infatti, permette di individuare i clienti che abitualmente restituiscono pallet difettosi, che non utilizzano l'interscambio come pratica regolare o che contestano con una certa frequenza i legni ricevuti. Ciò consente all'azienda di richiamare i propri clienti al rispetto delle regole fissate per la buona riuscita del sistema di gestione applicato.

L'applicazione, inoltre, offre la possibilità di registrare quantità eccedenti, poiché capita che qualche concessionario voglia restituire qualche legno non consegnato durante movimentazioni precedenti. Il vettore può quindi utilizzare queste quantità per chiudere la posizione di buoni pallet ricevuti in precedenza.

Può verificarsi anche il caso in cui il vettore ritiri legni per conto di altri vettori; in questo caso l'azienda può spostare i buoni registrati da un vettore a un altro; tale operazione, infatti, può essere registrata a sistema informativo solo da un responsabile. Questa operazione viene eseguita tramite due passaggi. Il primo consiste nella chiusura fittizia dei buoni aperti da un vettore (per esempio, il vettore A), attraverso la registrazione di una consegna virtuale dei legni presso uno dei magazzini. Il secondo passaggio prevede l'apertura di nuovi buoni pallet (nella stessa quantità), relativi allo stesso cliente, a carico del vettore che si è occupato del ritiro dei vuoti (vettore B). In un successivo momento, il nuovo vettore (B) effettuerà la chiusura dei buoni stessi. Questo spostamento virtuale permette all'azienda di tenere sotto controllo anche questa casistica.

Nel caso di trasporto verso cliente, i debiti e i crediti di palette vengono registrati nei confronti dei clienti stessi. Ogni volta che l'accumulo di buoni diventa eccessivo, l'azienda richiede ai propri concessionari la restituzione dei legni corrispondenti ai buoni ricevuti.

6.5.4.6 Scarico legni

Il vettore che si è occupato della consegna successivamente restituisce all'azienda i bancali resi dal punto di consegna. Contestualmente alla consegna, l'operatore presso il magazzino registra a sistema informativo la ricezione dei legni. Questa operazione richiede mediamente 2 minuti uomo.

6.5.5 *Criticità complessive*

Nel corso dell'analisi AS IS sono state rilevate le seguenti criticità, che andranno considerate in fase di reingegnerizzazione TO BE.

1. Come primo aspetto si è riscontrato che il 5%, sul totale annuo, dei pallet ricevuti dall'azienda non è conforme in quanto non EPAL. In alcune situazioni – per esempio durante il processo di receiving di merce da fornitore – l'individuazione di tali non conformità può essere difficoltosa. La merce riposta sopra i bancali, infatti, spesso fuoriesce dai margini e ne impedisce l'ispezione visiva.
2. In secondo luogo si è rilevato che la perdita di legni annua sostenuta dall'azienda (somma di perdite effettive e rotture irreparabili) ammonta a circa il 15% del totale dei pallet movimentati. Dato che il fabbisogno annuo è di circa 300.000 pallet, ogni anno è necessario il reintegro di circa 45.000 unità. Si ritiene che la mancanza di circa 30.000 pallet possa essere ricondotta a comportamenti illeciti da parte del personale coinvolto nelle attività di movimentazione/gestione/trasporto.
3. La terza criticità rilevata riguarda le operazioni di inserimento dati a sistema informativo. Tutte le registrazioni che devono essere effettuate dal trasportatore non avvengono contestualmente alla consegna dei carichi e al caricamento dei vuoti resi, ma vengono effettuate, successivamente, presso la sede del vettore da un operatore dedicato a tale compito. Non avendo tempi prestabiliti entro i quali effettuare le registrazioni a sistema, il trasportatore preferisce raccogliere più dati, relativi a diverse consegne, ed effettuare una singola registrazione, anziché accedere al sistema a ogni movimentazione. L'imputazione dei dati, quindi, avviene mediamente nei 15 giorni successivi alla consegna. Questo ritardo

nelle registrazioni è spesso causa di errori e rende impossibile effettuare una stima accurata dei legni in circolazione. A tale scopo l'azienda dispone, presso la sede, di una risorsa dedicata che si occupa di sollecitare i vettori, affinché inseriscano tempestivamente i dati relativi alle movimentazioni eseguite.

6.5.6 Test tecnologici

A supporto della reingegnerizzazione TO BE, è stata eseguita una campagna sperimentale strutturata con l'obiettivo di determinare le prestazioni ottenibili mediante tecnologia RFID nell'identificazione di pallet. Sono stati simulati diversi scenari e processi; di seguito si riportano brevemente i dettagli dei test e i principali risultati conseguiti (RFID Lab, 2008).

La tecnologia RFID di riferimento per l'esecuzione dei test è la tecnologia UHF secondo standard ETSI EN 302 208, con protocollo di comunicazione tag-reader EPC Class1 Gen2. Le attività di sperimentazione sono state realizzate presso il laboratorio RFID Lab dell'Università degli Studi di Parma. I test di laboratorio sono stati effettuati utilizzando una configurazione a varco con reader fisso a 2W ERP e antenne polarizzate circolarmente. Durante i test sono state utilizzate differenti tipologie di tag: (i) un dipolo commerciale a basso costo per applicazioni su larga scala e (ii) tag specifici, ingegnerizzati per l'applicazione all'interno di pallet di legno.

Per quanto riguarda i test su pallet, sono state valutate differenti configurazioni relative all'applicazione del tag sul pallet e alle modalità di movimentazione dello stesso. Per quanto riguarda le applicazioni del tag si hanno:

– 2 tag a basso costo applicati tra i legni dei pallet, schiodando le parti componenti;
– tag specifici applicati praticando un foro negli zoccoli del pallet;
– 2 tag specifici applicati esternamente, sugli zoccoli centrali.

Sono stati replicati tre differenti test:

– letture con movimentazione del pallet con carrello elevatore;
– letture con movimentazione del pallet tramite rulliera;
– letture con rotazione del pallet tramite fasciatrice.

L'obiettivo del test pallet su carrello è determinare le performance di un sistema tag-reader in configurazione multi tag e in condizione di moto traslatorio. I pallet sono mossi sotto un varco realizzato secondo gli standard EPC, tramite un carrello a forche.

La procedura operativa seguita nella sperimentazione, il cui schema è riportato in Fig. 6.8, consiste nel movimentare dieci pallet, opportunamente muniti di tag, in traslazione su un carrello elevatore rispetto alle antenne del lettore.

Per tale configurazione si andranno quindi a determinare il numero di tag letti sul totale dei tag applicati all'interno della finestra temporale di lettura, il numero di letture effettuate per ogni singolo tag all'interno della finestra temporale di lettura e la percentuale di pallet identificati sul totale dei pallet. I tag sono stati disposti sui pallet in modo casuale.

La sperimentazione, basata sulla logica del *Design of Experiment* (DOE), prevede lo sviluppo di un piano fattoriale 2^3, con tre fattori variabili su due livelli ("alto, +1" e "basso, −1"). I fattori considerati sono:

– tipo di tag applicato sul pallet;
– lato di inforcamento del pallet;
– velocità di traslazione sotto il varco.

Fig. 6.8 Schema Test Multi lettura su carrello
(vista dall'alto)

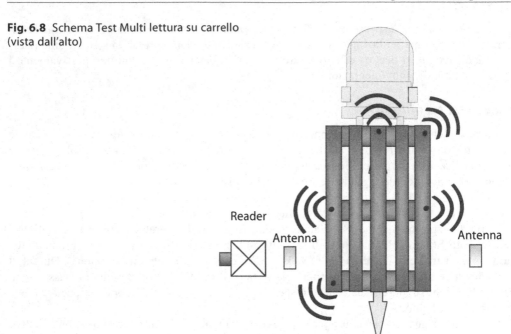

Ogni prova è stata replicata 20 volte, effettuando 20 passaggi distinti sotto il varco e movimentando una pila di 10 pallet a ogni passaggio; per ogni singola replicazione la pila dei pallet è stata realizzata sovrapponendo i legni in modo casuale.

La procedura operativa seguita nell'esecuzione del test pallet su rulliera, il cui schema è riportato in Fig. 6.9, consiste nel movimentare dieci pallet, opportunamente muniti di tag, in traslazione su una rulliera rispetto alle antenne del lettore.

Anche in questo caso la sperimentazione, è basata sulla logica del DOE con lo sviluppo di un piano fattoriale 2^2, considerando i seguenti fattori:

– tipo di tag applicato sul pallet;
– velocità di traslazione sotto il varco.

Ogni prova è stata replicata 50 volte, effettuando 50 passaggi distinti sotto il varco e movimentando una pila di 10 pallet a ogni passaggio; per ogni singola replicazione la pila dei pallet è stata realizzata sovrapponendo i legni in modo casuale.

6.5.6.1 Test su carrello

Secondo i risultati ottenuti dal test, l'identificazione certa degli asset si ottiene nelle seguenti condizioni:

– 2 tag a basso costo applicati tra i legni dei pallet, inforcamento lato corto e velocità bassa;
– 2 tag a basso costo applicati tra i legni dei pallet, inforcamento lato lungo e velocità bassa;
– 2 tag specifici applicati esternamente sugli zoccoli centrali, inforcamento lato lungo, velocità bassa.

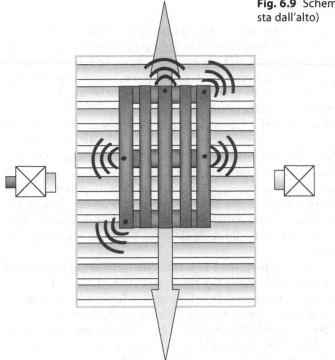

Fig. 6.9 Schema Test Multi lettura su rulliera (vista dall'alto)

In particolare si può osservare che:

- per quanto riguarda l'accuratezza di lettura, il tipo di tag è il fattore più influente e la prestazione migliora utilizzando 2 tag a basso costo applicati tra i legni dei pallet;
- per quanto riguarda il read rate medio di lettura, la velocità di traslazione è il fattore maggiormente influente e la prestazione migliore si ha con velocità bassa.

L'applicazione di tag specifici all'interno di un foro praticato negli zoccoli del pallet permette di ottenere al massimo la lettura dell'85% dei pallet a ogni passaggio.

6.5.6.2 Test su rulliera

Secondo i risultati ottenuti dal test, l'identificazione certa degli asset si ottiene in due condizioni, corrispondenti a:

- 2 tag a basso costo applicati tra i legni dei pallet e velocità bassa/alta;
- 2 tag specifici applicati esternamente sugli zoccoli centrali e velocità alta/bassa.

L'applicazione di tag specifici all'interno di un foro praticato negli zoccoli del pallet permette di ottenere al massimo la lettura del 45% dei pallet a ogni passaggio.

6.5.7 Reingegnerizzazione TO BE

Nello sviluppo dello scenario TO BE si assumono le ipotesi descritte di seguito.

In primo luogo, si suppone che l'introduzione della tecnologia RFID per il tracking degli asset logistici possa sfruttare un'infrastruttura RFID già esistente presso le aziende prese in esame e utilizzata per il tracking del flusso dei prodotti. È ragionevole, infatti, supporre che l'obiettivo di tracciabilità degli asset logistici sia perseguito successivamente all'installazione di un'infrastruttura RFID finalizzata alla tracciabilità delle merci.

Si ipotizza che il parco pallet utilizzato nello scenario TO BE si componga unicamente di pallet taggati. Per tali pallet, è ragionevole supporre che l'azienda sia disposta a pagare un sovrapprezzo rispetto al costo attuale, pari al costo del tag e della relativa applicazione. Inoltre, i pallet muniti di tag rispondono solo allo standard EPAL, in modo tale da risolvere il problema della contraffazione e dell'interscambio di pallet non conformi. L'ipotesi è d'altra parte in linea con le strategie della stessa EPAL, che dopo aver testato in diversi progetti pilota la fattibilità dell'applicazione di tecnologia RFID per l'identificazione dei pallet, sembra intenzionata in un prossimo futuro a inserire il tag RFID come parte del capitolato tecnico del pallet EPAL (Wessel, 2008).

La tecnologia RFID di riferimento per il progetto è la tecnologia UHF secondo standard ETSI EN 302 208, con protocollo di comunicazione tag-reader EPC Class1 Gen2. La scelta è supportata dal fatto che tali standard rappresentano la soluzione di riferimento per applicazioni di identificazione automatica di merci e asset nella logistica del largo consumo.

In seguito a specifici test di laboratorio, RFID Lab suggerisce l'utilizzo concomitante di due tag RFID su un singolo pallet. I tag vengono inseriti tra gli zoccoli e le assi superiori o inferiori del pallet; l'inserimento avviene prima del processo di inchiodatura, se i pallet sono in fase di produzione, o previa rimozione dei chiodi e successiva nuova inchiodatura, nel caso i pallet siano stati prodotti senza l'applicazione dei tag RFID. Un esempio di applicazione è illustrato in Fig. 6.10.

La soluzione, proposta da RFID Lab in seguito a un'estesa campagna di prove sperimentali di laboratorio, garantisce un'ottima protezione del tag, essendo quest'ultimo non direttamente esposto ad agenti chimico-fisici e a sollecitazioni meccaniche. Inoltre, la presenza di due tag RFID su ogni pallet garantisce la massima affidabilità nel riconoscimento di ogni singolo pallet.

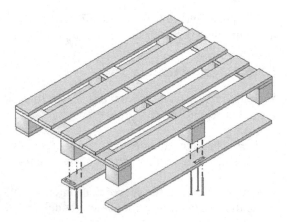

Fig. 6.10 Esempio di applicazione dei tag a un pallet

La particolare disposizione dei due tag sul pallet assicura che almeno uno di essi sia in posizione ottimale rispetto alle antenne preposte alla lettura. Ciò contribuisce ulteriormente ad aumentare l'affidabilità di lettura e quindi di riconoscimento di ogni singolo pallet.

Nei test tecnologici effettuati nel laboratorio RFID Lab si è infatti raggiunto il 100% di affidabilità nelle letture dei singoli asset, sia nella movimentazione su rulliera sia mediante transpallet.

I due tag RFID devono essere programmati con lo stesso codice identificativo, che identifica univocamente il pallet. In alternativa, i due tag possono essere programmati con due distinti codici identificativi, ambedue associati univocamente al singolo pallet, in modo da identificare lo stesso pallet.

6.5.8 Dispositivi hardware per la reingegnerizzazione TO BE

Di seguito vengono descritti i componenti hardware che si utilizzeranno per la reingegnerizzazione dei processi di tracciabilità degli asset in ottica RFID.

6.5.8.1 Infrastruttura hardware

Per l'implementazione dei processi di spedizione e receiving degli asset sono necessari i seguenti devices (Fig. 6.11):
- server, in cui risiede il database e vengono avviate le web application sui dispositivi portatili. Tramite le web application sarà possibile avviare e gestire i diversi processi (per esempio receiving, spedizione, interscambio ecc.);

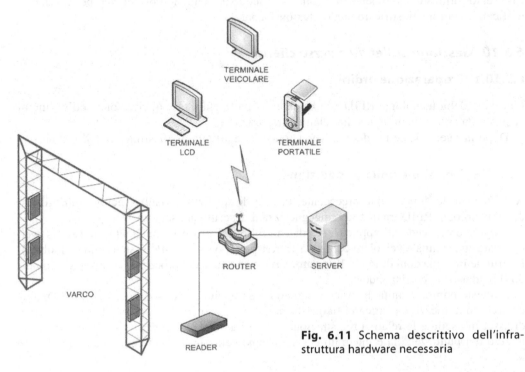

Fig. 6.11 Schema descrittivo dell'infrastruttura hardware necessaria

- terminale portatile veicolare con touch screen da installare su carrello commissionatore elettrico, oppure terminale wireless, oppure terminale fisso;
- varco RFID dotato di 4 antenne;
- disponibilità di rete LAN per il collegamento dei reader fissi e del server;
- copertura wireless per permettere la comunicazione dei dispositivi portatili;
- stampante collegata al sistema RFID per l'emissione automatica della documentazione e dei buoni pallet.

6.5.9 Reingegnerizzazione gestionale dei processi

Nella reingegnerizzazione TO BE dei processi dell'Azienda, sono state effettuate le seguenti assunzioni aggiuntive:

- i fornitori non sono coinvolti nella reingegnerizzazione TO BE, pertanto non sono dotati di infrastruttura RFID. Quest'ultima infatti non avrebbe alcun impatto sulla gestione degli asset dell'Azienda;
- i concessionari fanno parte integrante della reingegnerizzazione, sono quindi provvisti di varchi RFID in prossimità delle banchine o dei generici punti di carico/scarico. In quest'ultimo caso è necessario prevedere un passaggio obbligato al di sotto del varco.

In una più ampia visione d'impiego delle tecnologie RFID, è opportuno introdurre una condivisione delle informazioni tra i concessionari e il sistema centrale, che garantisce una più efficace tracciabilità degli asset logistici.

Per esigenze di sinteticità, analogamente al criterio seguito per l'analisi AS IS, si riporta unicamente l'ingegnerizzazione relativa al caso di gestione parco pallet da e verso clienti; i casi verso fornitore, movimentazione interna e acquisto pallet non presentano peculiarità significative, tali da giustificare una trattazione separata.

6.5.10 Gestione pallet da e verso cliente

6.5.10.1 Preparazione ordini

L'utilizzo della tecnologia RFID non ha alcun impatto sulla fase di ricezione dell'ordine di acquisto da concessionario e sulla relativa preparazione.

Dopo la ricezione dell'ordine, il deposito avvia le attività di allestimento dell'ordine.

6.5.10.2 Emissione bolla e spedizione

A differenza dell'operazione precedente, la fase di spedizione risulta snellita dall'utilizzo della tecnologia RFID tramite la reingegnerizzata descritta nel seguito.

L'operatore accede all'applicazione di controllo del processo mediante interfaccia web (caricata su terminale veicolare collegato al transpallet o su LCD-PC o su terminale mobile). Inserite le informazioni di login, l'operatore avvia l'istanza del processo di shipping, attivando il reader fisso corrispondente.

A questo punto, le unità di carico vengono fatte transitare al di sotto del varco RFID, unico accesso al mezzo da caricare. In questo modo si ha un conteggio automatico del numero di asset in uscita e la relativa registrazione dei dati a sistema informativo. Il sistema informativo dei punti vendita è integrato con il sistema centrale, permettendo una condivisione

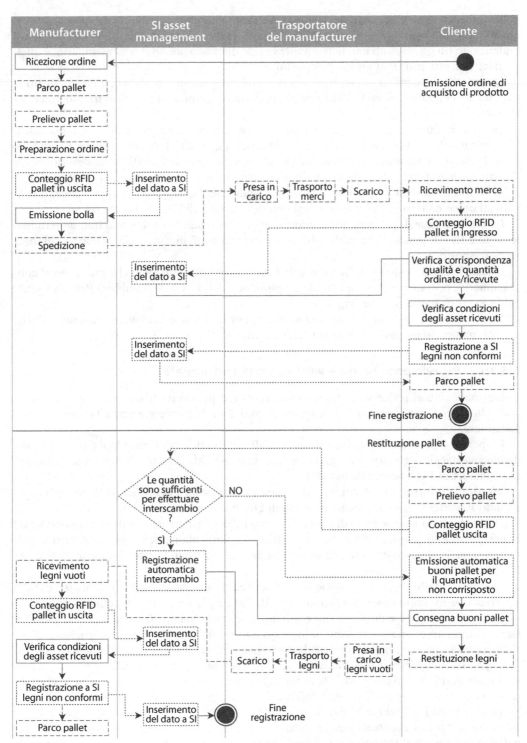

Fig. 6.12 Activity Diagram del processo dell'azienda di gestione del trasporto verso concessionario reingegnerizzato (per l'interpretazione dei simboli e delle tipologie di linee, vedi Tabelle 6.1 e 6.2)

delle informazioni. Ciò rende possibile la verifica automatica della corrispondenza tra il quantitativo di legni vuoti spediti e quelli ricevuti: viene effettuato, infatti, un confronto automatizzato tra gli asset inviati, letti durante la fase di carico presso il concessionario, e quelli effettivamente resi, letti presso il deposito.

Quando l'operatore ha attraversato il varco con tutte le unità di carico, e ha verificato la correttezza delle operazioni di lettura appena effettuate, termina il processo tramite interfaccia web.

Durante la fase di carico il trasportatore deve essere presente, in quanto deve occuparsi del controllo dello stato degli asset caricati, in termini qualitativi. A fronte dell'individuazione di legni non conformi, la contestazione deve essere immediata: tali pallet devono essere segnalati come danneggiati. In altri termini, il trasportatore deve assicurarsi che tutti i bancali che trasporta siano in perfette condizioni oppure, se danneggiati, che non vengano considerati come conformi. Per questi ultimi non deve essere richiesto l'interscambio.

La registrazione degli asset non conformi, in tal caso, può avvenire solo tramite terminale mobile RFID, poiché si tratta di pallet a supporto di unità di carico già sistemate sul mezzo di trasporto.

Questo accorgimento fa sì che eventuali danni riscontrati sugli asset che giungono al concessionario, possano essere imputati al trasportatore senza ombra di dubbio. Per tali rotture è dunque il trasportatore che risponde.

Una volta caricata la merce sul mezzo ed emessa la documentazione di trasporto, l'autista può partire ed eseguire la consegna affidatagli.

6.5.10.3 Ricevimento merce e verifica unità consegnate

Contestualmente al processo di receiving della merce presso il cliente, viene effettuato un controllo di corrispondenza tra i dati registrati in bolla e la merce scaricata da parte del magazziniere.

L'operatore preposto al ricevimento accede all'applicazione di controllo del processo mediante interfaccia web (tramite terminale veicolare montato su carrello commissionatore o mediante LCD-PC o terminale mobile).

Inserite le informazioni di login, l'operatore avvia l'istanza del processo di receiving, attivando il reader fisso, che rimane in attesa di effettuare le letture RFID.

Durante questa fase, le unità di carico vengono fatte transitare al di sotto di un varco RFID in presenza del trasportatore. Ciò permette di conteggiare automaticamente il numero di pallet in ingresso al punto di consegna e di registrare i relativi dati a sistema informativo senza l'intervento del trasportatore.

Al termine dello scarico di tutte le unità di carico, l'operatore termina il processo tramite interfaccia web. Impiegando la tecnologia RFID, non è più necessario il coinvolgimento del vettore e di altre risorse preposte alla gestione delle registrazioni. Tutte le registrazioni a sistema informativo, relative ai legni in ingresso e in uscita, sono infatti automatiche.

Il controllo in termini di qualità degli asset sottostanti la merce viene effettuato da un addetto presso il concessionario durante lo scarico degli stessi in presenza dell'autista. Attraverso tale verifica, vengono individuati tutti gli asset danneggiati per i quali non deve essere reso alcun asset vuoto. Si ricorda, infatti, che – grazie ai controlli in fase di carico – tutti i bancali presenti sul mezzo al momento della fase di carico sono in perfette condizioni. In conseguenza di ciò, eventuali danni riscontrati sui legni durante questa verifica vengono imputati direttamente al trasportatore, il quale paga una corrispondente penale. La registrazione degli asset non conformi avviene tramite terminale mobile RFID. Infatti, poiché si tratta di legni a supporto di unità di carico destinate comunque allo stoccaggio nonostante le rotture, il loro transito al di sotto del varco RFID preposto all'accesso della zona di raccolta dei legni danneggiati non sarebbe possibile.

6.5.10.4 Restituzione legni

Tra trasportatore e magazzino ricevente viene effettuato uno scambio alla pari degli asset EPAL conformi, il cui quantitativo viene calcolato per differenza tra il totale di legni pieni transitati al di sotto del varco e il quantitativo di legni ritenuto non conforme.

I supporti resi vengono fatti transitare al di sotto del portale RFID, che ne effettua il conteggio automaticamente e registra a sistema informativo la restituzione.

L'operatore accede all'applicazione di controllo del processo mediante interfaccia web (caricata su terminale veicolare collegato al transpallet o su LCD-PC o su terminale mobile). Inserite le informazioni di login, l'operatore avvia l'istanza del processo di *interscambio*, attivando il corrispondente reader fisso. A questo punto i legni possono attraversare il varco e l'operatore verifica la coerenza tra le quantità lette e caricate.

Nel caso in cui sia necessario effettuare interscambio differito, per gli asset non corrisposti vengono emessi automaticamente buoni pallet validi per il ritiro successivo. Il buono pallet viene consegnato al vettore, che presentando tale documento presso il concessionario può recuperare il corrispettivo in legni.

È chiaro quindi che, grazie all'infrastruttura RFID, qualsiasi operazione avvenga presso il concessionario viene registrata in modo immediato e automatico, senza il coinvolgimento del trasportatore.

6.5.10.5 Scarico legni

Tale fase risulta particolarmente semplificata dalla tecnologia RFID. Durante lo scarico presso il magazzino i legni vuoti vengono fatti transitare al di sotto di un varco RFID che li conteggia. L'operatore accede all'applicazione di controllo del processo mediante interfaccia web. Inserite le informazioni di login, l'operatore avvia l'istanza del processo di *return*, attivando il reader fisso associato alla banchina scelta, che rimane in attesa di effettuare le letture RFID.

Al termine dello scarico di tutti i legni restituiti, l'operatore termina il processo tramite interfaccia web.

Il sistema informativo dei punti vendita è integrato con il sistema centrale, permettendo una condivisione delle informazioni. Ciò rende possibile la verifica automatica della corrispondenza tra il quantitativo di legni vuoti spediti e quello dei legni ricevuti: viene effettuato, infatti, un confronto automatizzato tra gli asset inviati, letti durante la fase di carico presso il concessionario, e quelli effettivamente resi, letti presso il deposito. Grazie a questo controllo tramite RFID, il magazziniere non deve effettuare la verifica della documentazione di accompagnamento. Inoltre, confrontando i dati relativi ai legni usciti dal punto vendita e quelli relativi ai bancali in ingresso al magazzino, è possibile stabilire la natura di eventuali perdite: se un legno letto in uscita presso il concessionario non viene successivamente rilevato in ingresso presso il magazzino, è stato certamente sottratto durante la fase di trasporto. In tal caso si addebita al trasportatore il costo degli asset mancanti, sotto forma di penale.

A questo punto il magazziniere deve svolgere solo un'attività di controllo in termini di qualità degli asset resi in presenza dell'autista. Tale verifica permette di individuare tutti gli asset danneggiati.

La registrazione può avvenire tramite due modalità:

– passaggio degli asset non conformi al di sotto di un varco RFID, installato nell'unico punto di accesso alla zona adibita alla raccolta dei legni danneggiati;
– lettura tramite terminale mobile RFID degli asset non conformi.

6.5.10.6 Registrazione a sistema informativo

La fase di registrazione dei dati relativi agli asset restituiti viene eliminata grazie all'infrastruttura RFID.

Le informazioni che in questa fase venivano imputate dal magazziniere presso ogni deposito, vengono automaticamente registrate tramite la tecnologia RFID durante le fasi precedentemente descritte.

6.6 Valutazione economica

L'analisi dei costi effettuata prende in considerazione le voci di costo strettamente legate al tracking dei pallet e che vengono eliminate grazie alla tecnologia RFID. Tutte le voci di costo non influenzate dalla reingegnerizzazione non sono prese in esame. Per ogni attore e per ogni processo analizzato i parametri di input sono suddivisi nelle seguenti categorie.

1. *Dati generali*
    – efficacia RFID nella riduzione perdite [%], intesa come efficacia complessiva del sistema RFID nella riduzione delle perdite degli asset;
    – efficacia RFID nell'automazione processi [%], intesa come efficacia complessiva del sistema RFID nell'abbattimento dei costi connessi ai processi analizzati;
    – numero di consegne annuo [consegne/anno], pari al numero di consegne da fornitori effettuate in un anno presso il sito in considerazione;
    – numero di spedizioni annuo [spedizioni/anno], pari al numero di spedizioni verso clienti effettuate in un anno dal sito in considerazione;
    – numero di consegne resi annuo [consegne/anno], pari al numero di consegne annue di pallet vuoti dal sito in considerazione a fornitore, o da cliente al sito in considerazione;
    – numero di pallet per consegna/spedizione [pallet/consegna], corrisponde al numero di legni trasportati per ogni occasione di consegna da fornitore o di spedizione verso cliente;
    – fabbisogno annuo di pallet [pallet/anno], pari al quantitativo di legni da reintegrare annualmente;
    – percentuale di reintegro dovuta a perdita asset [%], rappresenta la percentuale di pallet reintegrati annualmente a causa di perdite;
    – costo pallet [€/pallet], pari al costo di mercato di un pallet nuovo;
    – percentuale di riduzione inventari RFID [%], grazie all'accuratezza dei dati di inventario derivanti dalle letture automatiche in RFID è possibile ridurre almeno del 50% il numero di inventari annui.
2. *Dati manodopera*
    – costo orario scarico/carico merci [€/ora], pari al costo orario della manodopera addetta allo scarico e al carico della merce presso il sito in considerazione;
    – costo orario inserimento dati SI [€/ora], pari al costo orario degli addetti all'imputazione dei dati a sistema informativo presso il sito in considerazione;

- costo orario gestione errori accuratezza [€/ora], pari al costo orario degli addetti alla gestione degli errori di accuratezza presso il sito in considerazione.
3. *Dati accuracy*
   - percentuale di errore di accuratezza [%], pari alla probabilità che si verifichi un errore di accuratezza nella consegna/spedizione dovuto a imprecisioni nel conteggio degli asset, nell'inserimento dei dati a sistema informativo, oppure derivanti da perdite effettive degli asset;
   - tempo gestione errori di accuratezza [min/consegna], pari al tempo necessario per la gestione degli errori di accuratezza.
4. *Dati efficiency*
   - tempo conteggio e controllo degli asset [min/consegna], che rappresenta il tempo necessario per effettuare le operazioni di conteggio e controllo di conformità agli standard previsti all'interno del sito in considerazione;
   - tempo inserimento dei dati a SI [min/consegna], pari al tempo necessario all'inserimento dei dati di conteggio degli asset ricevuti, inviati, danneggiati o cauzionati in base al sito considerato;
   - tempo emissione documenti [min/consegna], corrispondente al tempo necessario per la compilazione/emissione di documenti.

Per il caso aziendale analizzato sono stati stimati dei parametri di input al fine di determinare i costi di investimento necessari per realizzare l'infrastruttura RFID progettata durante la reingegnerizzazione TO BE. Tali parametri sono suddivisi nelle seguenti categorie.

1. *Dati generali*
   - parco pallet [pallet], numero totale di pallet gestiti dall'azienda in esame;
   - numero di siti per caso studio [siti], numero totale di siti aziendali coinvolti nella reingegnerizzazione TO BE;
   - fabbisogno pallet annuo [pallet/anno], pari al quantitativo di legni da reintegrare annualmente.
2. *Costi RFID*
   - costo tag [€/tag], costo unitario di un tag RFID;
   - costo unitario HW dedicato [€/sito], costo per sito sostenuto per l'acquisto di infrastrutture hardware specifiche;
   - costo di integrazione SW [€/progetto], pari al costo di sviluppo di una infrastruttura software integrata con i sistemi informativi residenti. Tale voce comprende anche il costo delle licenze di utilizzo del software;
   - costi di installazione, training e avviamento [€/sito], costo per sito di installazione del software, di formazione del personale e di avviamento dell'intera infrastruttura;
   - costi di manutenzione, aggiornamenti, *after sales services* [€/anno], costo annuo dovuto ad attività di manutenzione e aggiornamento del software e di assistenza tecnica post vendita;
   - costo iscrizione EPCglobal [€/anno], costo annuo di iscrizione all'organizzazione EPCglobal, per l'abilitazione all'utilizzo degli standard EPC (in base alle assunzioni fatte durante la reingegnerizzazione TO BE, nel caso di studio tale costo è già stato sostenuto).

Poiché per ogni parametro di input non è sempre noto il valore medio, si è stabilito di associare a ogni informazione il valore numerico calcolato ipotizzando che ogni singolo valore sia caratterizzato da una distribuzione beta. In tal modo è possibile risalire al valore medio stimando i valori pessimistici (*b*), mediani (*m*) e ottimistici (*a*). Il valore medio μ è ottenuto dalla relazione seguente:

$$\mu = \frac{1}{6}(a + 4m + b)$$

6.6.1 Analisi dei costi aziendali

6.6.1.1 Trasporto da fornitore

Il saving complessivo relativo al processo in esame è composto dalle seguenti voci di costo cessante:

– gestione errori di accuratezza, derivante dall'eliminazione delle attività di gestione degli errori di accuratezza. Infatti, grazie alla tecnologia RFID tali errori sono annullati;
– conteggio e verifica standard EPAL pallet in ricezione da fornitore, derivante dall'automazione delle operazioni di conteggio degli asset e dall'identificazione automatica dei pallet conformi allo standard EPAL;
– inserimento del dato a SI (quantità pallet ricevuti), derivante dall'eliminazione dell'attività di imputazione manuale dei dati di conteggio degli asset a sistema informativo;
– conteggio e verifica standard EPAL pallet resi a fornitore, derivante dall'automazione delle operazioni di conteggio degli asset e dall'identificazione automatica dei pallet conformi allo standard EPAL;
– inserimento del dato a SI (quantità pallet resi a fornitore), derivante dall'eliminazione dell'attività di imputazione manuale dei dati di conteggio degli asset a sistema informativo;
– emissione buono pallet, derivante dall'automazione delle operazioni di emissione del buono pallet relativo agli asset non resi in interscambio.

Alla luce dei dati di input forniti dall'Azienda, il bilancio costi cessanti/costi sorgenti può essere quantificato come da Tabella 6.4.

6.6.1.2 Trasporto verso cliente

Il saving complessivo relativo al processo in esame è composto dalle seguenti voci di costo cessanti:

– gestione errori di accuratezza, derivante dall'eliminazione delle attività di gestione degli errori di accuratezza; infatti, grazie alla tecnologia RFID tali errori sono annullati;
– conteggio e verifica standard EPAL pallet resi da cliente, derivante dall'automazione delle operazioni di conteggio degli asset e dall'identificazione automatica dei pallet conformi allo standard EPAL;
– inserimento del dato a SI (quantità pallet resi da cliente), derivante dall'eliminazione dell'attività di imputazione manuale dei dati di conteggio degli asset a sistema informativo;
– registrazione pallet EPAL rotti a SI (resi), derivante dall'eliminazione dell'attività di imputazione manuale a sistema informativo dei dati relativi agli asset danneggiati.

Alla luce dei dati di input forniti dall'Azienda il bilancio costi cessanti/costi sorgenti può essere quantificato come da Tabella 6.5.

Tabella 6.4 Costi cessanti e costi sorgenti relativi al processo di trasporto da fornitore

	Costi cessanti (€)	Costi sorgenti (€)
Trasporto da fornitore	**17.056,67**	**0,00**
Gestione errori accuratezza	1.256,11	0,00
Conteggio e verifica standard EPAL pallet in ricezione da fornitore	5.024,44	0,00
Inserimento del dato a SI (quantità pallet ricevuti)	3.305,56	0,00
Conteggio e verifica standard EPAL pallet resi a fornitore	2.512,22	0,00
Inserimento del dato a SI (quantità pallet resi a fornitore)	1.652,78	0,00
Emissione buono pallet	3.305,56	0,00

Tabella 6.5 Costi cessanti e costi sorgenti relativi al processo di trasporto verso cliente

	Costi cessanti (€)	Costi sorgenti (€)
Trasporto verso cliente	**7.073,89**	**0,00**
Gestione errori accuratezza	1.256,11	0,00
Conteggio e verifica standard EPAL pallet resi	2.512,22	0,00
Inserimento del dato a SI (quantità pallet resi)	1.652,78	0,00
Registrazione pallet EPAL rotti a SI (resi)	1.652,78	0,00

6.6.1.3 Trasporto interno

Il saving complessivo relativo al processo in esame è composto dalle seguenti voci di costo cessanti:

- gestione errori di accuratezza, derivante dall'eliminazione delle attività di gestione degli errori di accuratezza; infatti, grazie alla tecnologia RFID tali errori sono annullati;
- conteggio e verifica standard EPAL pallet resi da trasportatore a magazzino A, derivante dall'automazione delle operazioni di conteggio degli asset e dall'identificazione automatica dei pallet conformi allo standard EPAL;
- inserimento del dato a SI (quantità pallet resi da trasportatore a magazzino A), derivante dall'eliminazione dell'attività di imputazione manuale dei dati di conteggio degli asset a sistema informativo;
- conteggio e verifica standard EPAL pallet ricevuti da magazzino A a magazzino B, derivante dall'automazione delle operazioni di conteggio degli asset e dall'identificazione automatica dei pallet conformi allo standard EPAL;
- inserimento del dato a SI (quantità pallet ricevuti da magazzino A a magazzino B), derivante dall'eliminazione dell'attività di imputazione manuale dei dati di conteggio degli asset a sistema informativo;
- conteggio e verifica standard EPAL pallet resi da magazzino B a trasportatore, derivante dall'automazione delle operazioni di conteggio degli asset e dall'identificazione automatica dei pallet conformi allo standard EPAL;

Tabella 6.6 Costi cessanti e costi sorgenti relativi al processo di trasporto interno

	Costi cessanti (€)	Costi sorgenti (€)
Trasporto interno	**14.716,81**	**0,00**
Gestione errori accuratezza	1.031,81	0,00
Conteggio e verifica standard EPAL pallet resi da trasportatore a magazzino A	2.063,61	0,00
Inserimento del dato a SI (quantità pallet resi da trasportatore a magazzino A)	1.357,64	0,00
Conteggio e verifica standard EPAL pallet ricevuti da magazzino A a magazzino B	4.127,22	0,00
Inserimento del dato a SI (quantità pallet ricevuti da magazzino A a magazzino B)	2.715,28	0,00
Conteggio e verifica standard EPAL pallet resi da magazzino B a trasportatore	2.063,61	0,00
Inserimento del dato a SI (quantità pallet resi da magazzino B a trasportatore)	1.357,64	0,00

– inserimento del dato a SI (quantità pallet resi da magazzino B a trasportatore), derivante dall'eliminazione dell'attività di imputazione manuale dei dati di conteggio degli asset a sistema informativo.

Alla luce dei dati di input forniti dall'Azienda, il bilancio costi cessanti/costi sorgenti può essere quantificato come da Tabella 6.6.

6.6.1.4 Approvvigionamento pallet

Il saving complessivo relativo al processo in esame è composto dalle seguenti voci di costo cessanti:

– perdite asset, derivante sia dalla riduzione delle perdite di pallet conseguente al maggiore controllo dei flussi degli asset, sia dalla diretta imputazione del costo dell'asset all'attore responsabile delle perdite;
– gestione errori di accuratezza, derivante dall'eliminazione delle attività di gestione degli errori di accuratezza; infatti, grazie alla tecnologia RFID tali errori sono annullati;
– conteggio e verifica standard EPAL pallet in ingresso, derivante dall'automazione delle operazioni di conteggio degli asset e dall'identificazione automatica dei pallet conformi allo standard EPAL;
– inserimento del dato a SI (quantità pallet ricevuti), derivante dall'eliminazione dell'attività di imputazione manuale dei dati di conteggio degli asset a sistema informativo;

e dalle seguenti voci di costi sorgenti:

– tag asset reintegrati, derivante dall'aumento del costo del pallet dovuto alla presenza di due tag integrati per pallet, calcolato per il numero di asset danneggiati e per le perdite residue non eliminabili tramite RFID.

Tabella 6.7 Costi cessanti e costi sorgenti relativi al processo di approvvigionamento pallet

	Costi cessanti (€)	Costi sorgenti (€)
Approvvigionamento pallet	**41.911,13**	**7.620,00**
Perdite asset	41.400,00	0,00
Tag asset reintegrati	0,00	7.620,00
Gestione errori accuratezza	9,87	0,00
Conteggio e verifica standard EPAL pallet in ingresso	389,58	0,00
Inserimento del dato a SI (quantità pallet ricevuti)	111,68	0,00

Alla luce dei dati di input forniti dall'azienda il bilancio costi cessanti costi sorgenti può essere quantificato come da Tabella 6.7.

6.6.1.5 Trasportatore

Nella reingegnerizzazione dei processi anche il trasportatore può beneficiare di un vantaggio economico. Il saving complessivo relativo all'attore è composto dalle seguenti voci di costo cessanti:

– spedizioni verso clienti, derivante dall'automazione dell'inserimento dei dati relativi alle movimentazioni di pallet da e verso i clienti dell'Azienda;
– trasferimenti tra magazzini, derivante dall'automazione dell'inserimento dei dati relativi alle movimentazioni di pallet tra i magazzini dell'Azienda.

Alla luce dei dati di input forniti dall'Azienda, il bilancio costi cessanti/costi sorgenti può essere quantificato come da Tabella 6.8.

6.6.1.6 Costi di investimento

L'investimento comporta un costo annuo dovuto ad attività di manutenzione e aggiornamento del software e di assistenza tecnica post-vendita.
Il costo complessivo dell'investimento è dato dalla somma delle seguenti voci:

– tag asset, pari al costo incrementale sostenuto per l'acquisto dell'intero parco pallet dotato di due tag RFID integrati per pallet;
– hardware dedicato, pari al costo sostenuto per l'acquisto di infrastrutture hardware specifiche per ogni sito aziendale coinvolto nella reingegnerizzazione TO BE;

Tabella 6.8 Costi cessanti e costi sorgenti relativi al trasportatore

	Costi cessanti (€)	Costi sorgenti (€)
Gestione posizioni	**7.025,96**	**0,00**
Spedizioni verso clienti	3.857,39	0,00
Trasferimenti tra magazzini	3.168,57	0,00

Tabella 6.9 Costi cessanti e costi sorgenti relativi agli investimenti

	Costi cessanti (€)	Costi sorgenti (€)
Costo annuo di manutenzione, aggiornamenti, after sales services	**0,00**	**12.166,67**
Costi di manutenzione, aggiornamenti, after sales services	0,00	12.166,67
Costi di investimento	**0,00**	**114.183,33**
Tag asset	0,00	12.600,00
Hardware dedicato	0,00	22.000,00
Integrazione software	0,00	68.333,33
Installazione, training e avviamento	0,00	11.250,00

– integrazione software, pari al costo di sviluppo di un'infrastruttura software integrata con i sistemi informativi residenti;
– installazione, training e avviamento, pari ai costi di installazione del software, di formazione del personale e di avviamento dell'intera infrastruttura calcolati per ogni sito aziendale coinvolto nella reingegnerizzazione TO BE.

Alla luce dei dati di input forniti dall'Azienda, il bilancio costi cessanti/costi sorgenti può essere quantificato come da Tabella 6.9.
I costi di investimento iniziali, che non presentano una quota annuale, vengono ripartiti su 5 anni come ammortamento aziendale annuo (Tabella 6.10). Le quote di ammortamento sono calcolate moltiplicando l'ammontare di ogni voce di costo per il coefficiente di ammortamento τ. Il coefficiente di ammortamento τ è determinato secondo la seguente relazione:

$$\tau = \frac{(1+i)^n \, i}{(1-i)^n - 1}$$

dove:
– i rappresenta il tasso d'interesse relativo all'investimento;
– n la durata relativa all'attualizzazione.

Il valore della quota di ammortamento aziendale così calcolato viene quindi sommato al totale dei costi sorgenti.
Il riepilogo, per l'Azienda, dei costi sorgenti e dei costi cessanti per esercizio annuale è presentato nella Tabella 6.11.

Tabella 6.10 Ammortamento aziendale annuo dell'investimento dell'Azienda

Ammortamento aziendale annuo	27.106,71 €	i	n	τ
Tag asset	2.991,19 €	6%	5	0,24
Hardware dedicato	5.222,72 €	6%	5	0,24
Integrazione software	16.222,09 €	6%	5	0,24
Installazione, training e avviamento	2.670,71 €	6%	5	0,24

Tabella 6.11 Riepilogo costi cessanti e costi sorgenti per l'Azienda

	Costi cessanti (€)	Costi sorgenti (€)
Totale	**80.758,49**	**46.893,38**
Approvvigionamento pallet	41.911,13	7.620,00
Trasporto verso cliente	7.073,89	0,00
Trasporto interno	14.716,81	0,00
Trasporto da fornitore	17.056,67	0,00
Costo annuo di manutenzione, aggiornamenti, after sales services	0,00	12.166,67
Ammortamento aziendale annuo	27.106,71	

6.6.2 Valutazione degli investimenti

Per la valutazione degli investimenti del caso aziendale è stato calcolato il valore attuale netto (VAN) (Tabella 6.12). Si tratta di una metodologia tramite la quale si definisce il valore attuale di una serie attesa di flussi di cassa non solo sommandoli contabilmente, ma attualizzandoli sulla base del tasso di attualizzazione (costo opportunità del capitale).

A tal fine sono state assunte le seguenti ipotesi:

- si ipotizza che il costo di applicazione del tag RFID all'intero parco pallet venga sostenuto interamente all'anno zero, senza considerare il tempo necessario affinché il parco pallet possa comporsi di soli pallet dotati di tag;
- si assume che si possa beneficiare dei flussi di cassa derivanti dall'investimento a partire dall'anno 1, corrispondente al termine del transitorio necessario all'etichettatura RFID dell'intero parco pallet;
- si assume un tasso di attualizzazione pari al 5%;
- si è fissata un'aliquota fiscale pari al 34%;
- l'ammortamento degli investimenti è stato stabilito a quote costanti, ripartito su 5 anni.

Tabella 6.12 Calcolo del valore attuale netto (VAN)

Anno	0	1	2	3	4	5
$1/(1+i)^n$	1	0,952	0,907	0,864	0,823	0,784
FCL (€)	0	60.972	60.972	60.972	60.972	60.972
A (€)	0	38.061	38.061	38.061	0	0
RAE (€)	0	22.911	22.911	22.911	60.972	60.972
T (€)	0	7.790	7.790	7.790	20.730	20.730
UN (€)	0	15.121	15.121	15.121	40.241	40.241
In (€)	114.183	0	0	0	0	0
FCN (€)	–114.183	53.182	53.182	53.182	40.241	40.241
Totale Attualizzato (€)	–114.183	50.650	48.238	45.941	33.107	31.530
VAN (€)	95.282					

FCL = Costi cessanti – Costi sorgenti; A = Ammortamenti; RAE = Risultato Ante Imposte; T = Tasse; UN = RAE – T; In = Investimenti; FCN = UN + A – In

Tabella 6.13 Principali indicatori economici di
valutazione degli investimenti per il caso studio

PBP [anni]	2,3
TIR [%]	33,50%
ROI [%]	28,08%

Per il calcolo dei flussi di cassa lordi (FCL) sono stati utilizzati i valori dei costi cessanti e dei costi sorgenti calcolati nei precedenti paragrafi. Anche il valore del costo di investimento iniziale è basato sulla stima effettuata nel relativo paragrafo.

Nella Tabella 6.13 vengono riportati i principali indicatori economici di valutazione degli investimenti, calcolati sulla base dei valori della Tabella 6.12. Il PBP (*payback period*) per l'Azienda risulta pari a 2,3 anni; il TIR (*tasso interno di rendimento*) nel caso studio in esame risulta pari al 33,50%; il ROI (*return on investment*) al 28,08%.

Analizzando le voci di costo cessanti per il caso, si può notare che circa la metà dei saving economici deriva dalla riduzione delle perdite di pallet conseguente al maggiore controllo dei flussi degli asset.

La quota relativa alla riduzione di asset persi grazie all'introduzione del sistema di tracciabilità RFID varia sensibilmente in base al parametro *efficacia RFID nella riduzione perdite*. Facendo variare il valore medio di tale parametro dal 60% (ipotesi cautelativa) all'85%, otteniamo i seguenti valori per gli indicatori economici di valutazione degli investimenti:

– VAN pari a 146.216 €;
– PBP di 1,9 anni;
– TIR pari al 46,50%;
– ROI pari al 41,60%.

Bibliografia

GS1 France, WP9 partners (2007a) Returnable Transport Items: Requirements to improve Reusable Asset Management. BRIDGE - Building Radio frequency IDentification solutions for the Global Environment. http://www.bridge-project.eu/data/File/BRIDGE%20WP09%20Returnable%20assets%20rRequirements%20analysis.pdf

GS1 France, WP9 partners (2007b) Returnable Transport Items: the market for EPCglobal applications. BRIDGE - Building Radio frequency IDentification solutions for the Global Environment. http://www.bridge-project.eu/data/File/BRIDGE%20WP09%20Returnable%20assets%20market%20analysis.pdf

ECR Italia (2006) Interscambio Pallets EPAL - Raccomandazione ECR

EPCGlobal (2010) EPC Tag Data Standard. Version 1.5. http://www.epcglobalinc.org/standards/tds/tds_1_5-standard-20100818.pdf

Indicod-Ecr (2009) Osservatorio sul valore del pallet EPAL. Nota metodologica e valore. http://indicod-ecr.it/prodottiservizi/download_documenti/Osservatorio_valore_mercato_pallet_EPAL_apr09.pdf

RFID Lab (2008) Asset tracking – Test tecnologici – Analisi critica comparata delle prestazioni della tecnologia RFID per il tracking degli asset logistici. Dipartimento di Ingegneria Industriale, Università degli studi di Parma

UNI EN ISO (2009) UNI EN ISO 445:2009. Pallet per la movimentazione di merci – Vocabolario

Wessel R (2008) EPAL moves ahead with RFID pallet-tagging pilot. RFID Journal, November 13

Capitolo 7

Impiego della tecnologia RFID per il monitoraggio delle vendite

7.1 Introduzione

Questo capitolo si propone di analizzare e quantificare in maniera sistematica i benefici derivanti dall'utilizzo delle tecnologie per il monitoraggio delle vendite sul punto vendita. Tramite tali tecnologie, e grazie alla condivisione delle informazioni mediante EPC Network, è possibile abilitare e successivamente gestire informazioni di tracciabilità ad alto livello relative ai flussi fisici di prodotto lungo la filiera.

Nel corso del capitolo saranno quantificati i potenziali benefici derivanti dell'applicazione della tecnologia RFID su prodotti continuativi e su promozioni in termini di riduzione dell'out-of-stock (OOS), ossia perdita di fatturato per produttore e distributore in seguito alla mancanza del prodotto sul lineare e nelle aree promozionali. Tali benefici – valutati attraverso un caso studio – sono risultati consistenti, attestandosi in un range tra lo 0,7 e il 4,5% del fatturato sul punto vendita per il manufacturer, e tra lo 0,9 e il 3,0% per il retailer.

7.2 Il problema dell'out-of-stock sul punto vendita

7.2.1 Il fenomeno dell'out-of-stock

L'out-of-stock è un problema che coinvolge tutti gli attori della supply chain (SC), dal manufacturer fino al consumatore finale. Consiste nella mancanza di prodotto nel momento in cui lo stesso è richiesto dal cliente. Si stima che – fatto 100 il numero di prodotti potenzialmente presenti in un punto vendita – mediamente circa l'8% di essi non sia presente quando richiesto da un potenziale cliente, e ciò rende il problema dell'OOS particolarmente rilevante all'interno del punto vendita (Corsten, Gruen, 2003). In realtà, la percentuale di prodotti in OOS varia nei diversi punti vendita in base a diversi fattori, anche se la maggior parte delle situazioni di OOS rilevate si attesta in un range del 5-10% (Corsten, Gruen, 2003; ECR Europa, 2003).

Sulla base dei risultati di un'indagine condotta da ECR Europa (2003), sono possibili le seguenti considerazioni.

– La disponibilità del singolo prodotto diminuisce spostandosi a valle nella supply chain. In particolare, passando dal retro-negozio all'area di vendita, la disponibilità di prodotto cala al 90-93%. Inoltre, la maggior parte delle situazioni di out-of-stock è stata riscontrata proprio all'interno del punto vendita.

A. Rizzi et al. *Logistica e tecnologia RFID*
© Springer-Verlag Italia 2011

- I livelli di OOS variano in base alle peculiarità dei prodotti considerati. La categoria più soggetta è quella dei prodotti *fast moving*, che comprende quasi tutte le tipologie di alimenti; si tratta di prodotti caratterizzati da un alto livello di domanda legata a situazioni di ampio assortimento, stagionalità, promozioni, che richiedono un costante e adeguato controllo delle giacenze da parte del personale del PV, oltre a una corretta previsione della domanda con conseguente elaborazione dell'ordine. I prodotti *slow moving* hanno invece un più basso livello di domanda e generano meno situazioni di out-of-stock; rientrano in questa categoria i cosmetici, i prodotti per bambini e quelli per la cura dei capelli.
- I prodotti non in promozione mostrano più alti livelli di presenza a scaffale rispetto agli articoli promozionali. L'OOS rilevato sui prodotti promozionali è pari al 10-11% circa, valore significativamente più elevato rispetto al valore medio dei prodotti non in promozione. I prodotti in promozione generano, infatti, un aumento della domanda, a volte inatteso, che può comportare errata elaborazione dell'ordine, *inventory inaccuracy* e mancato *replenishment* da parte del personale del PV, con conseguente indisponibilità a scaffale. Le referenze non in promozione sono invece caratterizzate da un livello di domanda generalmente più stabile e sono quindi meno soggette a situazioni di OOS.
- Il fenomeno dell'OOS varia in base alla struttura del punto vendita esaminato. La dimensione dei punti vendita comporta notevoli differenze per quanto riguarda i livelli di OOS rilevati, in quanto la disponibilità di prodotti a scaffale varia del 3% circa tra supermercati e ipermercati. In generale, rispetto agli ipermercati, i supermercati hanno migliori prestazioni in termini di disponibilità di prodotto; ciò è dovuto a diversi fattori, tra i quali minor assortimento, disponibilità di personale addetto al controllo dei prodotti e migliore gestione dello spazio.
- Il fenomeno dell'OOS varia in base ai giorni della settimana: i giorni più colpiti sono quelli d'inizio e fine settimana. Non vi sono invece sostanziali variazioni dei livelli di disponibilità di prodotto nei giorni intermedi della settimana. Ciò che rende il fine settimana particolarmente critico è l'aumento del numero dei clienti presso i punti vendita, con conseguente aumento della domanda e possibilità di OOS per problemi legati a mancata consegna del prodotto, mancanza dello stesso a magazzino e mancato replenishment a scaffale. Anche l'inizio della settimana è abbastanza critico, in quanto il lunedì e il martedì sono i giorni in cui vengono effettuate tutte le consegne dei prodotti. Anche in questo caso si possono verificare situazioni di OOS nel caso in cui il prodotto è stato consegnato (ed è quindi presente a magazzino), ma non è presente a scaffale a causa del mancato replenishment da parte dell'operatore. L'indagine condotta da ECR dimostra che l'oscillazione della disponibilità di prodotto all'interno del punto vendita può essere condizionata dalla tempestività dei trasporti, che nel fine settimana può essere ridotta.
- Elevati livelli di *inventory* non sempre determinano una corrispondente disponibilità di prodotto; poiché possono creare una serie di problemi, quali inadeguato riempimento del magazzino e rallentamento delle attività svolte presso il punto vendita. Infatti, nel corso dell'indagine condotta da ECR, è stato dimostrato che i punti vendita efficienti sono in grado di assicurare la presenza di prodotto a scaffale anche con ridotti livelli di inventory.
- Il sistema distributivo utilizzato non ha un significativo impatto sui livelli di OOS rilevati, in quanto i metodi di distribuzione (tramite consegna diretta o magazzino centralizzato) concorrono a determinare situazioni di OOS solo in minima parte. I problemi legati a OOS sono da ricercare prevalentemente all'interno del punto vendita.

In termini economici, la mancanza di prodotti a scaffale non sempre genera una mancata vendita per il retailer e/o per il manufacturer: infatti occorre prendere in considerazione il comportamento del cliente. A fronte di una non disponibilità di prodotto a scaffale, il cliente può decidere di acquistare una referenza sostitutiva o di posticipare l'acquisto. Al fine di quantificare in termini economici l'impatto dell'out-of-stock per i differenti attori della SC, è necessario esaminare in dettaglio il comportamento del cliente di fronte alla mancanza di prodotto a scaffale. In base ad alcune ricerche (ECR Europa, 2003; Corsten, Gruen, 2003; Hardgrave et al., 2007; Zinn, Liu, 2001), il comportamento del consumatore di fronte a situazione di OOS è classificato come segue.

- Acquisto di un prodotto di un altro marchio: il consumatore acquista una referenza sostitutiva realizzata da un produttore concorrente (si stima che tale comportamento si verifichi nel 25% circa dei casi). In questo caso la mancata vendita riguarda solo il manufacturer e non il punto vendita, poiché l'acquisto viene comunque effettuato. Occorre comunque sottolineare che il punto vendita eroga un basso livello di servizio al cliente finale.
- Acquisto di un prodotto sostitutivo dello stesso marchio: il consumatore effettua l'acquisto di un prodotto sostitutivo, realizzato dallo stesso produttore del prodotto mancante (19% circa dei casi). Tale comportamento non determina danni né per il manufacturer né per il punto vendita.
- Acquisto del prodotto in un altro punto vendita: in mancanza del prodotto desiderato il consumatore si reca in un altro punto vendita (31% circa dei casi). Questa situazione genera mancato fatturato solo per il retailer.
- Ritardo nell'acquisto: il consumatore è disposto a ritornare in un momento successivo presso lo stesso punto vendita per effettuare l'acquisto del prodotto desiderato (15% circa dei casi). Non si verificano danni né il produttore né per il punto vendita.
- Mancato acquisto: in mancanza del prodotto, il consumatore non cambia PV né torna in un momento successivo per cercare il prodotto (10% circa dei casi). Questa situazione danneggia sia il manufacturer sia il PV.

Alla luce delle possibili casistiche, a fronte di un OOS la mancata vendita è del 35% circa per il manufacturer e del 31% circa per il retailer.

Le differenze comportamentali sono attribuibili a vari fattori, tra i quali i diversi gradi di fidelizzazione del cliente, la categoria di prodotti considerata, il fatto che il prodotto sia o meno in promozione e il giorno della settimana (ECR Europa, 2003).

ECR Europa (2003) ha quantificato in termini economici le conseguenze della mancanza di prodotto a scaffale presso il punto vendita, giungendo alla conclusione che il fenomeno dell'OOS comporta perdite economiche per la supply chain pari a circa 4 miliardi di euro all'anno. Tale stima considera solo i danni "tangibili" derivanti dalla mancanza di prodotto a scaffale, in quanto è riferita alla sola percentuale di clienti che, a fronte dell'OOS, decide di non procedere all'acquisto del prodotto.

7.2.2 Le principali cause dell'out-of-stock

Il fenomeno dell'OOS può manifestarsi essenzialmente con tre modalità differenti:

- il prodotto non è presente a scaffale, anche se è presente la sua etichetta;
- il prodotto dovrebbe essere posizionato sia a scaffale sia in particolari display (situazione tipica nelle vendite promozionali), ma al momento dell'acquisto manca in una delle due postazioni;
- il prodotto non è presente a scaffale e manca anche la sua etichetta. In questo caso, la posizione del prodotto è temporaneamente occupata da altre referenze (questa situazione si

può verificare per esigenze commerciali decise all'interno del PV ovvero per "mascherare" la mancanza del prodotto).

Stanti le modalità con cui si presenta l'OOS nel punto vendita, le cause della mancanza di un prodotto sono le seguenti.

- *Inventory inaccuracy.* I dati di giacenza non sono coerenti con la reale giacenza a magazzino; il PV emette quindi ordini che si basano su dati di inventario non corretti e non effettua i necessari riordini, generando OOS.
- *Danneggiamenti o shrinkage.* Può succedere che, durante i controlli effettuati dal personale, l'operatore si accorga della presenza a scaffale di prodotti con una shelf life non conforme alla data di scadenza. In questo caso tutto il prodotto viene ritirato, generando una situazione di out-of-stock, in attesa della nuova consegna del prodotto, da allestire correttamente a scaffale. La stessa situazione si verifica per i prodotti che sono stati danneggiati per diversi motivi.
- *Shelf replenishment.* Il prodotto può essere in out-of-stock perché, pur essendo presente nel magazzino del punto vendita, non è stato rifornito a scaffale. Questa evenienza può essere causata da un inadeguato spazio a scaffale per il prodotto, che si esaurisce prima del regolare replenishment; oppure da inadeguate procedure di inventory a livello di magazzino, che impediscono al personale di prelevare il prodotto dallo stesso e di posizionarlo correttamente a scaffale.
- *Errori nell'elaborazione dell'ordine da parte del punto vendita.* Il personale del PV deve procedere all'elaborazione dell'ordine: il punto vendita può avere effettuato un ordine insufficiente per soddisfare la richiesta di prodotto da parte del cliente, non aver effettuato affatto l'ordine, oppure aver effettuato l'ordine in ritardo (e quindi anche la consegna avverrà in ritardo, generando situazioni di OOS presso il magazzino del PV). Quando il punto vendita effettua l'ordine, questo non coincide necessariamente con l'attuale domanda da parte del consumatore; si crea quindi una disparità, tra la quantità di prodotto ordinata e le vendite attuali, che può comportare una sovrastima o una sottostima dell'ordine. Questa inaccuratezza è amplificata attraverso tutta la supply chain, a causa della mancanza di visibilità della domanda del prodotto a monte. Tale fenomeno è comunemente conosciuto come *effetto bullwhip.* È quindi importante conoscere la domanda di ogni singolo prodotto in tempo reale all'interno dell'intera supply chain, in modo da poter effettuare l'ordine soltanto per le referenze effettivamente richieste dal consumatore.
- *Errori nell'evasione dell'ordine da parte del centro di distribuzione.* Il Cedi deve elaborare ordini conformi alla richiesta ricevuta dagli attori posti a valle della supply chain.
- *Errori di previsione della domanda* Il prodotto può esaurirsi sullo scaffale espositivo qualora la domanda dello stesso da parte del cliente abbia registrato un incremento improvviso e inatteso. Tale circostanza può provocare l'esaurimento delle scorte presso il PV prima che la successiva consegna, correttamente pianificata, possa arrivare al PV.
- *Prodotto rimosso dall'assortimento del punto vendita.* Il prodotto può essere in out-of-stock perché momentaneamente rimosso dal regolare assortimento senza che ciò sia stato comunicato al manufacturer, a causa di scelte di tipo commerciale o altre ragioni.
- *Ritardo o errata programmazione delle consegne.* Ritardi nella consegna dei prodotti da parte dei vari attori della supply chain possono generare situazioni di OOS presso il PV.
- *Out-of-stock presso il Cedi a monte.* È possibile che il ritardo di consegna, o la mancata consegna, della merce al PV sia causata da mancanza di prodotto presso i magazzini delle strutture a monte nella supply chain, ovvero i depositi centrali o periferici del retailer.

7.2.3 Utilizzo della tecnologia RFID per la gestione dell'out-of-stock

Come si è visto nei capitoli precedenti, l'utilizzo delle tecnologie di identificazione automatica in radiofrequenza apporta all'interno della supply chain numerosi vantaggi, alcuni dei quali possono avere ricadute dirette sulla riduzione e/o sul contenimento del fenomeno dell'OOS presso il punto vendita. In particolare, l'impiego delle tecnologie RFID a livello di imballaggio secondario e terziario determina i seguenti vantaggi.

– *Migliore organizzazione della supply chain*: affinché ogni attività possa essere eseguita in maniera efficiente, è essenziale disporre di informazioni attendibili. La tecnologia RFID permette un'accurata e dettagliata descrizione dei dati relativi a ogni item in tempo reale. Disponendo dei dati di flusso dei prodotti all'interno della supply chain è possibile migliorare la previsione della domanda del singolo prodotto. Inoltre, grazie al monitoraggio dei tempi di attraversamento dei prodotti all'interno della supply chain, è possibile intervenire in caso di stazionamenti anomali, migliorando l'efficienza dell'intero sistema.
– *Risparmio sui costi*: la tecnologia RFID può determinare una riduzione del costo logistico, sia per il retailer sia per il manufacturer. Per il retailer si verifica una riduzione dei costi dovuta alla diminuzione del personale presso il punto vendita, in quanto la tecnologia RFID consente di automatizzare separatamente le attività di controllo della disponibilità di prodotto in riserva e in area vendita . Questo, a sua volta, permette una tempestiva attività di replenishment, dalla quale può derivare la riduzione del livello di OOS.
– *Miglioramento dell'accuratezza dei dati di inventario*: l'RFID permette il monitoraggio in tempo reale dei flussi di cartone che si muovono all'interno del punto vendita, consentendo maggiore accuratezza dei dati di inventario presenti a sistema informativo, maggior efficienza nelle attività di replenishment e una migliore previsione della domanda. Ne deriva una riduzione del livello di OOS.
– *Miglioramento del sistema di tracciabilità del prodotto*: l'impiego della tecnologia RFID permette di utilizzare tutte le informazioni relative ai prodotti in tempo reale, consentendo al sistema di tracciabilità di diventare sempre più accurato e ai singoli attori della supply chain di conoscere in tempo reale l'esatta posizione dei prodotti.
– *Accuratezza dell'inventory*: l'utilizzo della tecnologia RFID permette ai retailer e ai manufacturer di conoscere in tempo reale tutte le informazioni relative al prodotto. Ciò significa che i livelli di scorte possono essere monitorati più velocemente e più accuratamente, diminuendo così l'incidenza degli errori degli operatori, con lo scopo di ridurre i livelli di OOS sia a magazzino sia all'interno dell'area espositiva del punto vendita.

Studi recenti evidenziano come l'adozione della tecnologia RFID per l'identificazione del prodotto, permetta di ridurre notevolmente le situazioni di OOS presso i punti vendita. Tra questi, lo studio condotto da Hardgrave e colleghi (2007) esamina l'impatto della tecnologia RFID per la riduzione dell'out-of-stock causato da problemi di shelf replenishment presso i punti vendita Walmart. Analizzando le attività di replenishment presso 12 punti vendita della catena, dotati di opportune installazioni RFID, gli autori hanno riscontrato che l'utilizzo di questa tecnologia comporta notevoli benefici e permette di ridurre le situazioni di out-of-stock fino a un valore pari al 26%. Tale valore è ottenuto dal confronto dei livelli di OOS in un numero equivalente di punti vendita non equipaggiati con tecnologia RFID.

La diminuzione di OOS, conseguente all'utilizzo di sistemi RFID, varia anche in base alla velocità di vendita del prodotto, cioè al numero di unità vendute giornalmente. Nel caso dei prodotti *slow moving*, venduti in numero inferiore a 0,1 unità al giorno (che difficilmente presentano situazione di OOS presso il punto vendita) l'impiego della tecnologia RFID non apporta sostanziali benefici. Per le categorie di prodotti con una velocità di vendita tra 0,1 e 7 unità al giorno, la riduzione di OOS si attesta in un range del 20-32%. Infine, per prodotti *fast moving*, che costituiscono la maggior parte dell'assortimento previsto presso ogni PV e la cui velocità di vendita è compresa tra 7 e 15 unità al giorno, la riduzione di out-of-stock grazie all'impiego della tecnologia RFID raggiunge il 62% circa.

La tecnologia RFID permette inoltre di identificare le fonti di errore relativi alle situazioni di inventory inaccuracy e di eliminare le relative cause (Hardgrave et al., 2008). Si possono verificare due situazioni di inventory inaccuracy che generano criticità per i retailer (Gruen, Corsten, 2007):

– *inventory sovrastimato*, intendendosi come tale la circostanza in cui presso il punto vendita viene registrato un livello di inventory maggiore rispetto a quello effettivamente presente a magazzino;
– *inventory sottostimato*, quando il livello di inventory rilevato è inferiore rispetto a quello effettivamente presente a magazzino. Quest'ultima è la situazione rilevata nella maggior parte dei casi reali.

L'inventory inaccuracy è riconducibile alle seguenti cause.

– Non corretta valutazione dell'inventory da parte dell'operatore: questa circostanza si verifica quando l'operatore ritiene (senza effettuare il debito controllo) che un prodotto sia in out-of-stock, e registra di conseguenza un livello di inventory pari a zero a sistema informativo. In realtà il prodotto risulta presente a magazzino, generando un eccessivo inventory. Può verificarsi anche la circostanza opposta, quando l'operatore corregge manualmente a un livello più alto del reale la giacenza di un prodotto, comportando un inventory sovrastimato.
– Furti: qualora il prodotto venga rubato, e il punto vendita non si accorga della sottrazione, la giacenza registrata a sistema informativo non corrisponde più alla realtà, generando un inventory sovrastimato.
– Presenza di prodotti danneggiati. Come nel caso dei furti, prodotti danneggiati non correttamente registrati a sistema informativo concorrono a determinare un livello di inventory diverso da quello effettivamente disponibile.
– Registrazione non corretta di prodotti consegnati al punto vendita. Tali prodotti possono non essere immediatamente registrati per due motivi: perché registrati successivamente solo a seguito di un controllo, oppure perché non registrati affatto. Se, invece, fossero immediatamente registrati potrebbero costituire una giacenza utilizzabile.
– Spedizione parziale o errata dei prodotti ordinati da parte del centro di distribuzione. A seconda dell'errore compiuto dal centro di distribuzione, tali spedizioni possono comportare sia un eccessivo sia un ridotto inventory disponibile.
– Errore di lettura dei prodotti in uscita da parte del cassiere. A causa di un errore materiale, il cassiere del punto vendita può registrare in uscita prodotti diversi da quelli effettivamente acquistati dal cliente, causando disallineamenti inventariali.

La tecnologia RFID può eliminare in modo definitivo sia il non corretto adattamento del livello di inventory, sia gli errori di spedizione del prodotto dal centro di distribuzione. Permette, infatti, di effettuare automaticamente le necessarie rettifiche durante la registrazione dell'inventory, in base al controllo delle quantità di prodotto effettivamente consegnate al punto vendita. Analogamente, l'introduzione del tag RFID a livello di imballaggio secondario permette controlli in tempo reale delle spedizioni da parte del centro di distribuzione, riducendo (o eliminando completamente) i corrispondenti errori.

Con riferimento ai furti e ai danneggiamenti dei prodotti, la tecnologia RFID può intervenire per ridurre tali cause di inventory inaccuracy solo se applicata a livello di imballaggio primario. L'impiego della tecnologia RFID non può invece consentire di eliminare gli errori di lettura da parte del cassiere e la non corretta registrazione dei prodotti sostituiti, a meno di non considerare anche in questo caso l'applicazione del tag a livello di unità di vendita e l'installazione di casse attrezzate per operazioni di check out. L'impiego del tag a livello di item non è ancora economicamente sostenibile nel contesto dei beni di largo consumo.

7.3 Un modello di analisi quantitativa dell'out-of-stock

L'inserimento di un tag a livello di imballaggio terziario/secondario e l'impiego dell'EPC Network per la gestione delle informazioni associate per la gestione del punto vendita, consentono di ottenere piena visibilità dei dati inerenti al flusso di prodotti lungo l'intera supply chain. Tutto ciò permette di monitorare in tempo reale la posizione dei pallet/case di prodotto, fino all'area espositiva del punto vendita. All'interno del punto vendita, l'adozione della tecnologia RFID, e la conseguente reingegnerizzazione dei processi caratteristici, consente di ottenere benefici di notevole importanza. In particolare, in un generico POS della GDO è possibile individuare i seguenti processi caratteristici (Fig. 7.1):

1. ricevimento (*receiving*);
2. compattatore (*trash*);
3. riassortimento (*replenishment*);
4. cassa (*check out*).

Tramite la gestione con tecnologia RFID del processo di ricevimento è possibile aggiornare i livelli di giacenza presso il punto vendita, specie quelli relativi all'inventario di retronegozio. Attraverso la dotazione di un varco RFID standard, viene tracciato l'arrivo dei pallet provenienti dal Cedi al fine aggiornare le giacenze a magazzino. Infatti, grazie all'aggregazione tra pallet e colli, è possibile, mediante EPC Network, ottenerne il contenuto. La lettura dei pallet e/o dei colli ricevuti permette di incrementare automaticamente le giacenze di punto vendita disponibili al negozio.

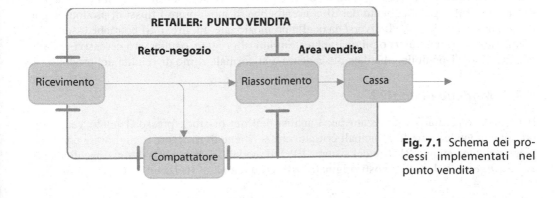

Fig. 7.1 Schema dei processi implementati nel punto vendita

Il *processo trash* nasce dall'esigenza di conoscere il momento in cui il contenuto di un collo viene messo a scaffale: quando ciò si verifica, il packaging secondario (cartone o plastica) e il relativo tag vengono gettati nel compattatore provvisto di reader e antenne RFID, in modo da tracciarne la dismissione. Tale informazione è fondamentale per determinare lo stock a scaffale, permettendo di abilitare processi di prevenzione degli out-of-stock . In altre parole, un collo letto nel compattatore passa dall'inventario di retro-negozio, che si riduce, all'inventario di area vendita, che viene incrementato.

Incrociando le uscite di cassa con i dati di replenishment e di trash, è possibile monitorare in tempo reale lo stock in area vendita, individuando le referenze che stanno terminando (*near out-of-stock*): tramite questa informazione sarà possibile sia organizzare il replenishment in modo automatico, sia realizzare sistemi di segnalazione remota. Per esempio, applicazioni installate sui terminali portatili in dotazione al personale potrebbero, in caso di out-of-stock, avvertire l'operatore e indicare referenza, quantità da ripristinare e quantità presente in cella.

Infine, il processo "cassa", pur non essendo un processo RFID, necessita di un'integrazione tra il sistema gestionale del punto vendita e il sistema RFID, al fine di monitorare i flussi di prodotto in uscita dall'area espositiva, aggiornare i livelli di giacenza e abilitare il processo di riassortimento

Dotando gli operatori di terminali RFID, una volta che un operatore accetta di ripristinare una certa referenza, verrà avviata la modalità cerca tag, che con opportuno settaggio consente di cercare la referenza in via di esaurimento. Con tale procedura, si intende facilitare e velocizzare l'attività di ricerca delle referenze da ripristinare.

Dal punto di vista quantitativo, il principale beneficio risultante dalla visibilità dei prodotti consiste nella possibilità di prevedere se il prodotto arriverà in tempo sugli scaffali del punto vendita, in conformità agli accordi commerciali. Infatti, le accurate informazioni sui flussi di prodotti lungo tutta la supply chain possono consentire di individuare gli eventuali "colli di bottiglia" e i punti di stazionamento irregolare del prodotto e, quindi, di intervenire rapidamente per risolvere tali criticità, che causano ritardi nella consegna del prodotto e costi dovuti al mancato fatturato per indisponibilità del prodotto al consumatore finale.

La visibilità del flusso di prodotti potrebbe apportare anche benefici qualitativi, la cui valutazione economica, tuttavia, risulta piuttosto difficile e non sarà effettuata in questa sede. In particolare, la visibilità dei flussi di prodotti può consentire di monitorare i tempi di attraversamento presso ciascun attore della supply chain.

L'inserimento nel Sistema Informativo (SI) del retailer delle informazioni inerenti i tempi di attraversamento dei prodotti, principalmente in relazione alla produzione e al trasporto, consentirebbe, in fase di ordine dei prodotti, di sapere se questi sono disponibili presso il manufacturer nelle quantità richieste e, in caso contrario, se i tempi di produzione e di attraversamento nella supply chain consentiranno di disporre dei prodotti all'inizio della vendita promozionale. Tale aggiornamento del SI consentirebbe di monitorare i flussi di prodotti anche in caso di riordini in periodi diversi da quello promozionale. Inoltre, il SI potrebbe essere programmato per fornire alert ogni qualvolta i riordini di prodotti risultassero eccessivi rispetto alla giacenza disponibile, alla data di scadenza e al normale ritmo di vendita del prodotto.

7.3.1 Modello di analisi

Il modello quantitativo utilizzato per l'analisi dell'out-of-stock presso il punto vendita si propone di evidenziare le principali criticità che si ritiene di risolvere o migliorare con l'impiego della tecnologia RFID e del sistema EPC. Il modello si basa sulla definizione di voci di costo *sorgente*, vale a dire costi originati dall'introduzione di RFID ed EPC, e voci di costo *cessante*, cioè costi eliminati grazie all'impiego della tecnologia RFID. Va precisato che all'interno delle voci di costo sorgente non sono stati considerati né i costi degli equipaggiamenti RFID presso il punto vendita (quali tag, antenne e reader) né l'infrastruttura informativa necessaria per lo scambio dei dati EPC. Come riferimento è stata quindi considerata la situazione di un'azienda che già disponga di tecnologia RFID e sistema EPC, introdotti per l'identificazione dei prodotti e la gestione delle informazioni loro associate. In linea di principio, tuttavia, considerando un generico layout di un POS della GDO (Fig. 7.2) è possibile stimare l'ammontare degli investimenti necessari per equipaggiare il PV dell'attrezzatura RFID necessaria.

Sia il POS caratterizzato da un'area espositiva, due aree retro-negozio (una per i secchi e l'altra per i freschi) e due compattatori (freschi e secchi). Per ogni varco di passaggio dall'esterno al retro-negozio (varchi di ricevimento 1-2-3-4) e dal retro-negozio all'area espositiva (varchi di replenishment 5-6), saranno necessari varchi RFID composti da:

- reader
- 4 antenne
- dispositivi di input/output
- carpenteria e quadro elettrico.

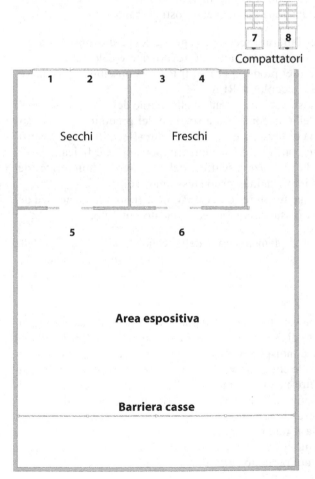

Fig. 7.2 Lay out generico di POS con varchi RFID

Tabella 7.1 Principali investimenti necessari per allestire un punto vendita con architettura RFID

Voce di costo	Valore unitario (€)	Quantità	Totale (€)
Varchi di ricevimento	8.000	4	32.000
Varchi di replenishment	8.000	2	16.000
Compattatore	5.000	2	10.000
Sistema informativo	30.000	1	30.000

Su ogni compattatore, sono necessari dei tracking point (7 e 8) composti da:

- reader
- 4 antenne
- carpenteria e quadro elettrico.

Infine i sistemi debbono comunicare tra loro e con il sistema informativo locale, pertanto occorrerà una personalizzazione software RFID per integrazione e un'eventuale modifica del software locale. Le singole voci di costo sono riportate in Tabella 7.1.

Il modello di calcolo prevede la valutazione dei seguenti costi cessanti.

- *Recupero di fatturato*. Consiste nel fatturato recuperato grazie alla riduzione di out-of-stock presso il punto vendita. L'ammontare del fatturato recuperato è calcolato considerando le possibili cause di mancanza del prodotto presso il PV e la possibilità di intervenire su tali cause con l'impiego della tecnologia RFID.
- *Costi amministrativi*. Sono i costi sostenuti per garantire all'interno del PV la presenza di personale che effettui il controllo della disponibilità a scaffale del prodotto e i necessari riordini della merce. Può trattarsi sia di personale del PV addetto alle attività di riassortimento sia di merchandiser (termine con il quale si indica la persona che fisicamente si reca sul punto vendita per rilevare la presenza a scaffale delle referenze monitorate) del produttore, in visita periodica sul punto vendita per lo stesso motivo.
- Eventuali *danni di immagine* per il manufacturer o per il PV in seguito alla mancanza del prodotto, anche nel caso in cui l'out-of-stock non generi mancato fatturato.

Per quanto riguarda i costi sorgenti, l'implementazione della tecnologia RFID ai fini della riduzione o dell'eliminazione dell'out-of-stock non comporta ulteriori costi a carico del PV.

7.3.1.1 Recupero di fatturato

È il fatturato recuperato riducendo gli out-of-stock presso il punto vendita. Nello scenario senza tecnologia RFID si verificano perdite di fatturato derivanti dalla mancata disponibilità del prodotto nell'area espositiva del PV: tale indisponibilità potrebbe essere ridotta grazie all'impiego della tecnologia RFID, che consente completa visibilità dei flussi di prodotto, delle giacenze disponibili in area vendita, in retro-negozio e presso il Cedi, e quindi ripristini del lineare più efficaci ed efficienti e una pianificazione accurata dei riordini dei prodotti.

La perdita economica conseguente alla mancanza di prodotto sullo scaffale interessa, come si è visto, sia il manufacturer sia il retailer; tuttavia, per poter ripartire correttamente tra i due attori la quota di mancato fatturato, è indispensabile studiare il comportamento del cliente finale a fronte della mancanza del prodotto sullo scaffale del PV.

7.3.1.2 Costi amministrativi

Si considerano all'interno dei costi amministrativi:

1. i costi dovuti alle ore uomo (personale del PV o merchandiser pagati dal manufacturer), necessarie per controllare fisicamente se sugli scaffali dell'area espositiva del PV sono presenti o meno i prodotti e in caso negativo provvedere al ripristino/riordino;
2. i costi dovuti alle ore uomo (personale del PV), necessarie per effettuare il riordino o l'ordine urgente della merce, corrispondenti ai costi, conseguenti all'individuazione dell'out-of-stock, sostenuti dal PV per ripristinare con urgenza la merce mancante sullo scaffale.

I costi amministrativi possono essere completamente o parzialmente eliminati dall'impiego della tecnologia RFID grazie alla sostanziale riduzione delle ore di manodopera necessarie per svolgere le attività precedentemente descritte.

7.3.1.3 Danno d'immagine

Rientrano nei danni d'immagine i costi generati dalla mancata soddisfazione del cliente in seguito alla mancanza del prodotto nell'area espositiva.

Ai fini della quantificazione economica del danno d'immagine, occorre conoscere il comportamento del cliente. Come si può notare dai casi precedentemente proposti, non si hanno informazioni specifiche circa un eventuale danno d'immagine: le ricerche analizzate riportano solo indicazioni circa il mancato fatturato relativo alla transazione corrente, e non ad eventuali futuri acquisti. Infine, il danno di immagine risulta funzione del valore, della criticità e della sostituibilità del prodotto finito: per prodotti di elevato valore ed elevata criticità, infatti, l'impatto dell'out-of-stock sulle vendite può essere più rilevante rispetto a prodotti di ridotto valore e ridotta criticità, facilmente sostituibili.

Ai fini dell'analisi quantitativa si distingue tra voci di costo cessante e voci di costo sorgente, secondo lo schema descritto in precedenza.

Per il calcolo dei costi cessanti, sono necessari:

1. i dati economici inerenti i costi della manodopera impiegata nelle attività precedentemente descritte, come riportato in Tabella 7.2;
2. i dati inerenti le ore uomo impiegate nelle attività precedentemente descritte;
3. i dati inerenti lo specifico PV, ovvero giorni di apertura, fatturato medio, numero medio di referenze e valore medio delle referenze, come riportato in Tabella 7.3;
4. i dati per la quantificazione economica dell'entità dell'out-of-stock, vale a dire la percentuale media di referenze in out-of-stock al giorno e le probabilità percentuali delle cause di out-of-stock, individuate mediante interviste con i responsabili di reparto (Tabella 7.4).

Poiché il problema in esame concerne la mancanza di prodotto sul PV, i dati di cui ai punti precedenti sono richiesti agli stessi PV. Tali dati sono riassunti nelle Tabelle 7.2, 7.3 e 7.4.

7.3.1.4 Procedimento matematico

Costi amministrativi

Questa voce di costo è sostanzialmente ascrivibile al personale del PV che svolge le attività di controllo degli scaffali dell'area espositiva e di riordino urgente della merce eventualmente in

Tabella 7.2 Dati necessari per quantificare i costi amministrativi

Ore uomo mediamente dedicate al controllo degli scaffali	$[h_{uomo}/gg]$
Costo manodopera controllo	$[\text{€}/h_{uomo}]$
Ore uomo mediamente dedicate ai riordini imprevisti	$[h_{uomo}/gg]$
Costo manodopera riordini	$[\text{€}/h_{uomo}]$

Tabella 7.3 Dati inerenti al PV

Giorni di apertura	[gg/anno]
Fatturato medio	[€/anno]
Numero medio delle referenze	[referenze/PV]
Valore medio della referenza	[€/referenza]

Tabella 7.4 Probabilità percentuali delle cause di out-of-stock

Percentuale media delle referenze in out-of-stock al giorno	[%/gg]
Mancato replenishment	[%]
Inventory inaccuracy	[%]
Domanda imprevista	[%]
Ritardo consegna	[%]
Stock out presso Cedi	[%]
Errore di allestimento	[%]
Stock out forzato	[%]
Shelf life insufficiente	[%]

out-of-stock. Tali costi possono essere calcolati in base al costo medio della manodopera e alle ore uomo dedicate alle attività descritte, come indicato nelle relazioni seguenti:

$$\text{Costi di controllo scaffali [€/anno]} =$$
$$= \text{costo della manodopera} \times \text{ore uomo per controllo scaffali}$$

$$\text{Costi per riordino urgente [€/anno]} =$$
$$= \text{costo della manodopera per riordino urgente} \times \text{ore uomo per riordino urgente}$$

Recupero di fatturato

Il recupero di fatturato viene determinato calcolando dapprima il fatturato perso a causa della mancanza del prodotto nell'area di vendita, come indicato nella seguente relazione:

$$\text{Fatturato perso per mancanza prodotto [€/anno]} =$$
$$= \text{percentuale media delle referenze in out-of-stock al giorno} \times \text{fatturato medio annuo del PV}$$

Per valutare il fatturato recuperabile con l'introduzione della tecnologia RFID, occorre determinare una probabilità di recupero, funzione delle cause di out-of-stock precedentemente individuate. Tale probabilità può essere espressa genericamente con la formula:

$$\text{Probabilità di recupero fatturato} = \sum_{i=1}^{n} p_1 \times \% \ causa_1 \quad 0 \leq p_1 \leq 1$$

dove:
- p_i esprime la probabilità di eliminazione della i-esima causa di out-of-stock passando dallo scenario attuale allo scenario con utilizzo di tecnologia RFID;
- %causa$_i$ indica la frequenza di accadimento della generica causa di out-of-stock;
- $i = 1,...n$ identifica il numero di cause di out-of-stock considerate.

Il recupero di fatturato può quindi essere determinato come segue:

Recupero fatturato [€/anno] = Fatturato perso [€/anno] × Probabilità di recupero fatturato [%]

Tale valore può essere ripartito sui diversi attori della supply chain in base ai dati relativi al comportamento del cliente a fronte dell'out-of-stock sul PV.

L'impatto della tecnologia RFID sul recupero di fatturato è quindi quantificabile, per manufacturer e retailer, in base alle seguenti relazioni:

Recupero fatturato manufacturer [€/anno] =
= Recupero fatturato [€/anno] × (% acquisto altro marchio + % non acquisto)/2

Recupero fatturato retailer [€anno] =
Recupero fatturato [€/anno] × (% acquisto in PV diverso + % non acquisto)/2

7.4 Case study: impatto del RFID nella riduzione dell'out-of-stock

La quantificazione dei benefici dovuti alla riduzione dell'out-of-stock sul punto vendita per le referenze continuative, grazie alla tecnologia RFID, è stata effettuata applicando il modello descritto al paragrafo precedente con dati quantitativi raccolti sul campo. In particolare sono state raccolte informazioni relative al fenomeno dell'OOS in termini di:

- valore % dell'out-of-stock, ovvero probabilità di accadimento dello stesso, misurato sul numero di referenze presenti in assortimento nel punto vendita;
- causa alla quale imputare la mancanza del prodotto a scaffale.

Pertanto sono state dapprima valutate le diverse possibili cause di out-of-stock dei prodotti presso il punto vendita, al fine di individuare quelle sulle quali la disponibilità di informazioni in tempo reale relative ai flussi di prodotto, fornite da RFID ed EPC Network, consente di intervenire. Per ciascuna causa individuata, sono state quindi determinate la corrispondente probabilità di accadimento e la possibilità di riduzione/eliminazione mediante tecnologia RFID. Le probabilità di accadimento sono state determinate attraverso una campagna di raccolta dati su campo, monitorando per oltre 4 settimane la presenza a scaffale di circa 130 referenze su 30 punti vendita della grande distribuzione organizzata.

7.4.1 La struttura della GDO in Italia

La grande distribuzione organizzata (GDO) gestisce attività commerciali per la vendita al dettaglio di prodotti alimentari e non alimentari di largo consumo, in punti vendita a libero servizio. Elemento caratteristico di questa attività è l'utilizzo di grandi superfici, con una soglia dimensionale minima generalmente individuata in 200 m² quadrati per i prodotti alimentari e in 400 m² per le categorie non alimentari.

I canali di vendita della GDO possono essere classificati in:

– *ipermercato*: struttura con area di vendita al dettaglio superiore ai 2500 m²; all'interno di questa fascia il segmento che va da 2500 a 4000 m² è detto iperstore;
– *supermercato*: struttura con area di vendita al dettaglio che va da 400 a 2500 m²; all'interno di questa fascia il segmento che va da 1500 a 2500 m² è detto superstore;
– *libero servizio*: struttura con area di vendita al dettaglio che va da 100 a 400 m²; all'interno di questa fascia dimensionale, il segmento che va da 200 a 400 m² è detto superette;
– *discount*: struttura in cui l'assortimento non prevede in linea di massima la presenza di prodotti di marca;
– *self service specialisti drug*: esercizio specializzato nella vendita di prodotti per la cura della casa e della persona;
– *cash & carry*: struttura riservata alla vendita all'ingrosso.

I punti vendita della GDO operanti in Italia nel 2009 sono rappresentati approssimativamente da 10.000 supermercati e 900 ipermercati (Tabella 7.5).

I supermercati sono concentrati in Lombardia, Lazio, Emilia-Romagna, Sicilia e Veneto; gli ipermercati in Lombardia, Piemonte, Veneto e Lazio.

Tabella 7.5 Consistenza numerica di supermercati e ipermercati in Italia*

Regione	Supermercati	%	Regione	Ipermercati	%
Lombardia	1425	13,40	Lombardia	234	26,44
Lazio	1392	13,09	Piemonte	98	11,07
Emilia-Romagna	1058	9,95	Veneto	88	9,94
Sicilia	821	7,72	Lazio	64	7,23
Veneto	797	7,50	Emilia-Romagna	61	6,89
Campania	723	6,80	Toscana	55	6,21
Puglia	679	6,39	Sicilia	40	4,52
Toscana	630	5,93	Calabria	38	4,29
Piemonte	540	5,08	Campania	38	4,29
Calabria	438	4,12	Puglia	30	3,39
Abruzzo	364	3,42	Marche	28	3,16
Marche	344	3,24	Friuli Venezia Giulia	24	2,71
Sardegna	315	2,96	Abruzzo	22	2,49
Friuli Venezia Giulia	257	2,42	Sardegna	22	2,49
Trentino Alto Adige	224	2,11	Liguria	16	1,81
Umbria	221	2,08	Umbria	8	0,90
Liguria	208	1,96	Molise	7	0,79
Basilicata	121	1,14	Basilicata	6	0,68
Molise	60	0,56	Trentino Alto Adige	4	0,45
Valle d'Aosta	15	0,14	Valle d'Aosta	2	0,23
Totale Italia	**10.632**	**100,00**	**Totale Italia**	**885**	**100,00**

* Dati gennaio 2010. Fonte: http://www.infocommercio.it

7.4.2 La campagna sperimentale

Il caso studio presentato ha comportato il monitoraggio continuativo per un mese della presenza a scaffale di circa 130 referenze, su 30 punti vendita (17 ipermercati e 13 supermercati) di 3 principali gruppi della GDO italiana. La raccolta dati ha richiesto un monitoraggio puntuale, con sopralluoghi giornalieri, presso tutti i punti vendita coinvolti nell'analisi. I sopralluoghi sono stati organizzati in modo da garantire la raccolta delle informazioni sempre nello stesso orario, preferibilmente durante la fascia oraria pomeridiana. Il monitoraggio, organizzato su 6 giorni a settimana, prevedeva la verifica della presenza a scaffale delle referenze, segnalando eventuali out-of-stock.

Il merchandiser si è recato quotidianamente presso ogni punto vendita e ha compilato un modulo cartaceo relativo all'analisi delle referenze, riportando i seguenti dati.

1. *Presenza in assortimento della referenza*: se la referenza non è presente in punto vendita e non è stata trovata l'etichetta in area espositiva, si assume che la referenza non sia in assortimento (da notare come nella metà circa dei casi di questo genere, la stessa referenza è stata trovata nelle visite successive, suggerendo che in tali casi il mancato assortimento era in realtà un out-of-stock).
2. *Inventory a scaffale*: conteggio delle unità di vendita della referenza presenti a scaffale, in qualsiasi posizione si trovino. Un inventory uguale a zero corrisponde a referenza mancante in area espositiva nel punto vendita, cioè situazione di out-of-stock.
3. *Extra display*: se nell'area espositiva la referenza è presente solamente in extra display (cioè non nella scaffalatura lineare del punto vendita), viene barrata la casella "SÍ"; se la referenza è presente anche sul lineare, viene invece barrata la casella "NO".

Le modalità di rilevazione concordate per tutti i punti vendita erano le seguenti:

- il merchandiser si reca presso il box office del PV per annunciarsi;
- il merchandiser completa autonomamente la rilevazione;
- al termine della rilevazione, il merchandiser contatta il referente del PV, per condividere l'elenco delle referenze trovate mancanti e/o non in assortimento;
- il referente del PV deve firmare e timbrare il modulo raccolta dati utilizzato dal merchandiser, a conferma della rilevazione effettuata;
- successivamente il merchandiser trasmette i moduli al personale addetto all'analisi dei dati;
- il personale addetto all'analisi dei dati si occupa della creazione del data base.

Per le referenze monitorate sono state raccolte per ogni punto vendita le seguenti informazioni:

1. quantità vendute (unità/gg) – quando disponibile, si rileva il dato su base oraria;
2. quantità ordinate (unità/gg);
3. quantità ricevute (unità/gg) – quando disponibile, si rileva il dato su base oraria.

Tali dati hanno permesso di verificare la coerenza delle informazioni raccolte sul campo e individuare le cause di out-of-stock. Sono stati forniti direttamente dalle aziende della GDO coinvolte con cadenza giornaliera/settimanale o al termine della sperimentazione.

Sulla base di dati riportati in letteratura (vedi le referenze bibliografiche citate nei paragrafi precedenti), sono state individuate le possibili cause per le quali un prodotto continuativo non è presente in area espositiva del punto vendita.

1. *Mancato replenishment.* Il prodotto non è presente a scaffale nell'area espositiva, ma si trova nel magazzino del punto vendita. Una situazione di questo tipo può essere dovuta a ritardi o errori di replenishment degli scaffali da parte degli operatori dei punti vendita, oppure al fatto che nel retro-negozio è presente una quantità addizionale di prodotto non opportunamente, o non ancora, registrata a sistema informativo aziendale, e della quale quindi l'operatore non è a conoscenza e non può disporre. Gli studi effettuati dall'università dell'Arkansas in collaborazione con Walmart, hanno dimostrato come mediante la tecnologia RFID si possa gestire il ripristino dello scaffale in tempo reale, informando gli addetti al rifornimento della situazione di carenza e della disponibilità di prodotto a riserva; grazie a tali informazioni l'addetto al replenishment può agire tempestivamente effettuando il rifornimento. Si evita quindi l'insorgere dell'OOS e la perdita di fatturato per manufacturer e retailer; la perdita di fatturato è tanto più marcata quanto maggiore è la rotazione della referenza.
2. *Inventory inaccuracy.* I dati di giacenza non sono coerenti con la reale disponibilità a magazzino; il PV emette quindi ordini che si basano su dati di inventario non corretti e non effettua ordini di ripristino. Come osservato in precedenza, tale circostanza può verificarsi per svariati motivi, tra i quali:
   - *errati carichi a magazzino*: a sistema informativo sono presenti informazioni che non rispecchiano le quantità di prodotti realmente presenti a magazzino. L'errato carico a magazzino può essere generato dal fatto che, in fase di ricevimento della merce presso il PV, non vengono effettuati controlli sui prodotti in arrivo dai centri di distribuzione, o vengono effettuati solo per alcuni fornitori;
   - *errate letture dei POS (points of sales) in uscita*: un prodotto in uscita dal PV non viene correttamente registrato, determinando nuovamente mancato allineamento tra i dati presenti a sistema informativo aziendale e la reale situazione del prodotto disponibile presso il magazzino del PV;
   - *furti.*
3. *Domanda imprevista.* Il prodotto si esaurisce sullo scaffale espositivo, perché la relativa domanda da parte del cliente ha registrato un incremento improvviso e inatteso. Tale circostanza può provocare l'esaurimento delle scorte presso il PV prima che la consegna, correttamente pianificata, possa arrivare al PV.
4. *Ritardo nella consegna.* Rientrano in questa categoria i generici ritardi di consegna della merce. Tali ritardi sono ascrivibili a molteplici cause, sia esterne sia interne all'intera supply chain. Per esempio, un ritardo di consegna da parte del manufacturer può essere generato da una non precisa programmazione della produzione o da un'errata stima della domanda (causa interna alla SC); la spedizione di un retailer che arriva in ritardo al PV può dipendere da generici problemi di trasporto (causa esterna alla SC) o da errata previsione delle richieste del PV stesso (causa interna alla SC). Gli effetti dei ritardi di consegna sulla disponibilità dei prodotti sugli scaffali possono variare in base alle politiche di riordino e di gestione delle scorte tenute dal PV. In particolare, con riferimento ai ritardi di consegna, assumono particolare rilevanza fattori di servizio quali lead time e frequenza di consegna, che influenzano, rispettivamente, la probabilità che la consegna venga fatta in ritardo e la probabilità di ricevere entro breve tempo una nuova consegna. Analogamente, il livello di giacenza presente presso il PV ha impatto sulla probabilità che il ritardo di consegna determini l'out-of-stock del prodotto sullo scaffale espositivo.
5. *Out-of-stock al Cedi.* È possibile che il ritardo o la mancata consegna della merce al PV siano causati dalla mancanza di prodotto presso i magazzini delle strutture a monte, ovvero i depositi centrali o periferici del retailer. L'out-of-stock presso il Cedi può essere

causato a sua volta da problemi a monte nella supply chain o da mancanza di informazioni accurate sui dati di giacenza a valle.

6. *Errore di allestimento.* Il prodotto è stato ordinato, è presente presso i magazzini del Cedi ed è avvenuta una consegna da parte del retailer. Tuttavia il prodotto non era presente nella consegna. In questo caso la mancata consegna o la consegna di merce non conforme all'ordinato per quantità/mix può causare la mancanza a scaffale del prodotto; infatti, anche se l'operatore si accorge dell'errore nella consegna della merce ed effettua un nuovo ordine, la merce corretta potrà essere consegnata al PV solo alcuni giorni dopo, potendo generare una situazione di out-of-stock. Inoltre, errori di consegna non immediatamente individuati comportano out-of-stock di maggiore durata, a causa delle errate registrazioni dei prodotti disponibili a magazzino. Gli effetti degli errori di spedizione sulla disponibilità di prodotti presso il PV dipendono da diversi fattori, tra cui il livello medio delle giacenze presenti, il lead time e la frequenza di consegna.

7. *Stock out strategico.* Il prodotto non viene esposto a scaffale, per un determinato periodo di tempo, per decisioni commerciali prese dai responsabili del PV.

8. *Scaduti*, dismessi e altre eliminazioni non opportunamente registrate a sistema informativo aziendale.

Il referente PV indica quindi per ogni referenza rilevata in OOS la causa della rottura di stock tra le otto sopra citate.

7.4.3 Applicazione del modello e analisi dei risultati

I dati ottenuti dalle rilevazioni effettuate dai merchandiser sono stati organizzati in un database, al fine di valutare i livelli di out-of-stock riscontrati presso i punti vendita e di analizzarne le cause. I dati raccolti sono stati oggetto delle seguenti analisi:

- statistiche descrittive relative ai livelli di out-of-stock e near out-of-stock;
- statistiche descrittive relative alle cause di out-of-stock;
- valutazioni economiche sull'impatto delle tecnologie di identificazione automatica RFID per la gestione dell'out-of-stock.

Nel seguito sono riportati i risultati delle singole analisi effettuate.

7.4.3.1 Statistiche descrittive relative ai livelli di out-of-stock e near out-of-stock

Utilizzando la statistica descrittiva sono stati analizzati i livelli di out-of-stock e di near out-of-stock rilevati durante il periodo di monitoraggio. L'obiettivo era individuare i valori percentuali dell'out-of-stock (OOS), del near out-of-stock (NOOS) e della somma dei due (TOT):

1. sul totale dei PV esaminati con
   a. dettaglio giornaliero
   b. dettaglio settimanale
   c. valore globale;
2. solamente sul segmento degli ipermercati esaminati con
   a. dettaglio giornaliero
   b. dettaglio settimanale
   c. valore globale;

3. solamente sul segmento dei supermercati esaminati con:
   a. dettaglio giornaliero
   b. dettaglio settimanale
   c. valore globale.

Il valore percentuale è stato calcolato come rapporto tra le referenze in condizione di OOS (ovvero NOOS) e le referenze presenti in assortimento.

La Fig. 7.3 riporta l'andamento giornaliero di *out-of-stock* (OOS), di *near out-of-stock* (NOOS) e della loro somma. Tutti i parametri presentano un valore piuttosto elevato nei primi e negli ultimi giorni di rilevazione, mentre i valori diminuiscono e tendono a mantenersi abbastanza costanti nella fase centrale. Gli ultimi giorni di monitoraggio sono stati utilizzati per recuperare le elaborazioni mancanti solo presso alcuni punti vendita. I giorni in cui non compaiono valutazioni sono quelli in cui non sono state effettuate le rilevazioni; in particolare tutte le domeniche e il giorno di chiusura degli esercizi. Gli andamenti di OOS e NOOS sono sostanzialmente gli stessi dal punto di vista qualitativo, mentre quantitativamente i valori percentuali oscillano rispettivamente:

– OOS da un minimo del 2,6% circa a un massimo del 5,9% circa, attestandosi su un valore medio del 4,2%;
– NOOS da un minimo del 2,6% circa a un massimo del 9,0% circa, attestandosi su un valore medio del 4,3%;
– complessivamente la somma di OOS e NOOS varia dal 5,0 al 13,7%, con un valore medio dell'8,5%.

I valori rilevati sono sostanzialmente in linea con quelli riportati in precedenti lavori citati in bibliografia (per esempio ECR Europa, 2003).

Analizzando i soli ipermercati, dal punto di vista qualitativo gli andamenti non sono sostanzialmente differenti rispetto ai valori medi complessivi, mentre quantitativamente i valori percentuali di OOS e NOOS mostrano il seguente andamento:

– OOS da un minimo dello 0,9% circa a un massimo del 14,8% circa, attestandosi su un valore medio del 8,5%;
– NOOS da un minimo del 2,2% circa a un massimo del 6,2% circa, attestandosi su un valore medio del 3,9%.

Complessivamente la somma di OOS e NOOS varia dal 4,6 al 14,8% con valor medio dell'8,5%. Simili considerazioni valgono per i supermercati, per i quali:

– OOS varia da un minimo di circa il 2,2% a un massimo di circa il 8,4%, attestandosi a un valore medio del 4,4%;
– NOOS varia da un minimo di circa il 3,5% a un massimo di circa il 7,9%, attestandosi a un valore medio del 5,5%.

Complessivamente la somma di OOS e NOOS varia dal 5,8 al 15,0% (valore medio 9,9%).

Si può osservare che, rispetto agli ipermercati, i supermercati hanno valori lievemente inferiori per quanto riguarda l'OOS, in linea con le evidenze della letteratura, mentre sono leggermente meno performanti per quanto riguarda il NOOS.

Complessivamente (somma di OOS e NOOS) la situazione degli ipermercati è risultata leggermente migliore rispetto a quella dei supermercati; tuttavia tra gli ipermercati si registra una maggiore variabilità del dato.

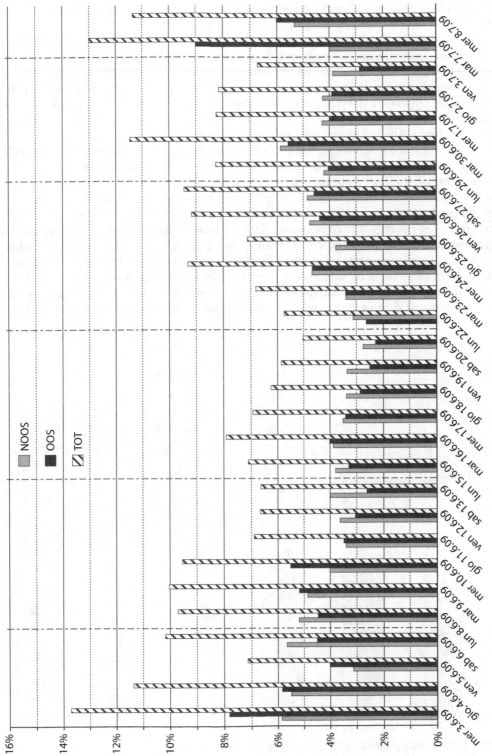

Fig. 7.3 Valori medi giornalieri di OOS, NOOS e totale rilevati in tutti i punti vendita analizzati nel corso della sperimentazione (30 giugno-8 luglio 2009)

Il secondo gruppo di statistiche descrittive ha analizzato l'insistenza del fenomeno dell'OOS e del NOOS in funzione del giorno della settimana.

La Fig. 7.4 riporta i valori medi per giorno della settimana di OOS, NOS, TOT per tutti i PV analizzati. Dai dati elaborati è possibile osservare come i fenomeni dell'OOS e del NOOS sembrino in leggera controtendenza rispetto alle vendite: nel fine settimana, quando si assiste normalmente al maggior flusso di vendite, i valori rilevati sono lievemente inferiori rispetto alla media. Al contrario i valori più alti sono registrati nei giorni centrali della settimana, cioè martedì e mercoledì. Il valore medio per giorno della settimana di OOS, oscilla tra 3,4 e 5,1%, mentre il valore medio per giorno della settimana di NOOS oscilla tra 3,9 e 4,5%.

Qualitativamente gli andamenti dell'OOS e del NOOS sono i medesimi per ipermercati e supermercati; dal punto di vista quantitativo valgono invece le considerazioni fatte per l'andamento giornaliero. Da valutazioni con i responsabili di punto vendita è emerso come tali differenze siano interpretabili alla luce della maggiore attenzione prestata alle attività di replenishment durante i giorni di maggiori vendite, rispetto a quelli di minore afflusso.

In Fig. 7.5 si riporta il valore medio di OOS in funzione del giorno della settimana della rilevazione, confrontando ipermercati e supermercati. Dal confronto emerge ancora più chiaramente che il comportamento qualitativo – ovvero la maggiore incidenza del fenomeno dell'OOS nei primi giorni della settimana, e in particolare nei centrali martedì e mercoledì – è il medesimo, mentre variano i dati quantitativi: l'ipermercato sembra avere un'incidenza del fenomeno lievemente superiore rispetto al supermercato, a conferma di prestazioni migliori del super rispetto all'iper.

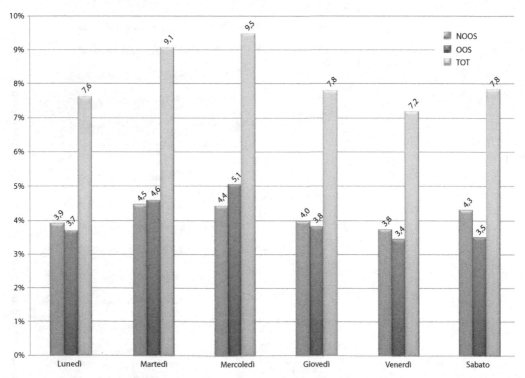

Fig. 7.4 Valori medi per giorno della settimana di NOOS, OOS e totale per tutti i punti vendita analizzati

La Fig. 7.6 riporta i valori complessivi di OOS, NOOS e della somma tra i due (TOT); confrontando i dati di ipermercati e supermercati. Considerando la somma di OOS e NOOS, l'ipermercato sembra essere più performante rispetto al supermercato; per quanto riguarda OOS e NOOS i comportamenti si invertono: rispetto al fenomeno dell'OOS è più performante il supermercato, mentre rispetto al NOOS è più performante l'ipermercato.

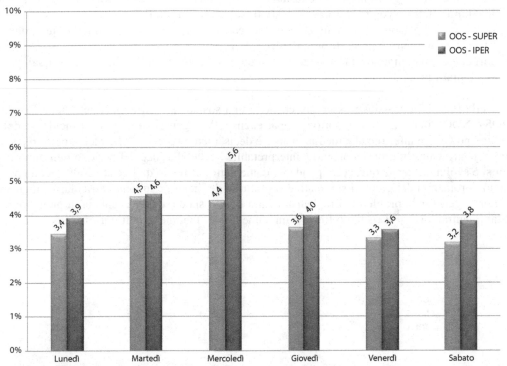

Fig. 7.5 Valore medio di OOS per giorno della settimana: confronto tra ipermercati e supermercati

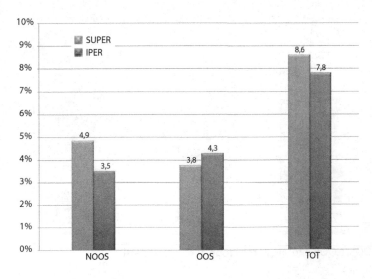

Fig. 7.6 Confronto tra valore complessivo di OOS, NOOS e totale per ipermercati e supermercati

Sono state condotte analisi di OOS, NOOS e somma dei due segmentando i prodotti in relazione ai reparti produttivi. I prodotti oggetto dell'analisi sono stati suddivisi in 4 reparti, in accordo con la suddivisione merceologica operata sul punto vendita, si hanno dunque:

- generi vari: comprendono tutti i prodotti alimentari secchi, per esempio pasta, prodotti da forno e caffè;
- latticini e formaggi: rientrano in questa categoria i prodotti freschi a libero servizio, quali salumi affettati, yogurt, formaggi, pasta fresca e altri prodotti freschi;
- igiene casa e persona: appartengono a questa categoria prodotti di profumeria, quali dentifrici e deodoranti, e prodotti per la pulizia della casa, per esempio detersivi;
- surgelati: appartengono a tale categoria le referenze vendute nei banchi a –18 °C, quali gelati e piatti pronti.

Nella Fig. 7.7 è possibile osservare che vi è una sostanziale differenza nell'incidenza di OOS e NOOS in relazione al reparto di appartenenza. Per i generi vari, infatti, l'incidenza del fenomeno OOS è inferiore alla media, mentre è decisamente superiore alla media per il reparto surgelati. Quest'ultimo fenomeno è interpretabile anche alla luce del periodo dell'anno in cui si è svolta la rilevazione, corrispondente come detto all'inizio dell'estate 2009. In tale periodo le rotazioni dei prodotti surgelati, e soprattutto dei gelati, risultano particolarmente importanti, generando problemi di replenishment a livello sia di supply chain sia di punto vendita; in entrambi casi il risultato finale è un aumento del fenomeno dell'out-of-stock.

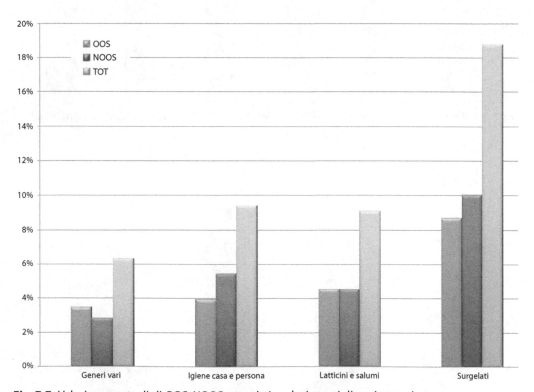

Fig. 7.7 Valori percentuali di OOS, NOOS e totale in relazione ai diversi reparti

7.4.3.2 Statistiche descrittive relative alle cause di out-of-stock

I dati raccolti durante la campagna sperimentale sono stati utilizzati per valutare l'incidenza delle cause che possono creare situazioni di out-of-stock presso i punti vendita. Sono quindi state analizzate le cause precedentemente descritte (vedi par. 7.4.2), in relazione alla data di rilevazione, alla tipologia di punto vendita e al giorno della settimana.

Nella Tabella 7.6 si riportano in dettaglio i valori minimo, medio e massimo, espressi in percentuale, per ciascuna causa considerata. I risultati mostrano che le cause che più frequentemente generano situazioni di OOS e che presentano un valore medio maggiore rispetto alle altre sono *mancato replenishment* e *inventory inaccuracy*.

La Fig. 7.8 mostra i valori percentuali delle otto cause analizzate per ogni singolo giorno della settimana. L'andamento di ogni giorno della settimana è qualitativamente lo stesso, mentre variano i dati quantitativi.

Per quanto riguarda la prima causa si nota un livello massimo pari al 50% rilevato il sabato e uno minimo del 38% registrato il martedì; ciò concorda con il fatto che al sabato si verifica un aumento dei clienti presso i punti vendita con conseguente aumento della domanda di prodotto; può accadere quindi che il prodotto si esaurisca molto velocemente e che l'operatore non riesca a ripristinare in tempo le referenze a scaffale.

L'incidenza percentuale di inventory inaccuracy varia invece nel corso della settimana da un valore minimo del 18,2% a un valore massimo del 30,6%.

Confrontando ipermercati e supermercati (Tabella 7.7), si nota che le cause che hanno maggiore incidenza sul fenomeno dell'OOS sono mancato replenishment, inventory inaccuracy e

Tabella 7.6 Valori % minimo, medio e massimo delle cause di OOS

	Minimo	Medio	Massimo
Mancato replenishment	27,3	44,7	74,2
Inventory inaccuracy	4,8	32,7	100,0
Domanda imprevista	4,5	14,9	35,7
Ritardo di consegna	3,2	7,0	14,3
OOS Cedi	3,2	11,7	22,7
Errore di allestimento	4,2	8,1	21,4
Stock out strategico PV	3,2	6,0	10,0
Referenza scaduta	2,0	4,9	7,4

Tabella 7.7 Valori medi delle cause di OOS in ipermercati e supermercati

	Ipermercati	Supermercati
Mancato replenishment	42,8%	45,1%
Inventory inaccuracy	27,9%	19,1%
Domanda imprevista	11,3%	19,7%
Ritardo di consegna	4,8%	1,2%
OOS Cedi	10,1%	5,8%
Errore di allestimento	1,0%	2,3%
Stock out strategico PV	1,9%	4,6%
Referenza scaduta	0,2%	2,3%

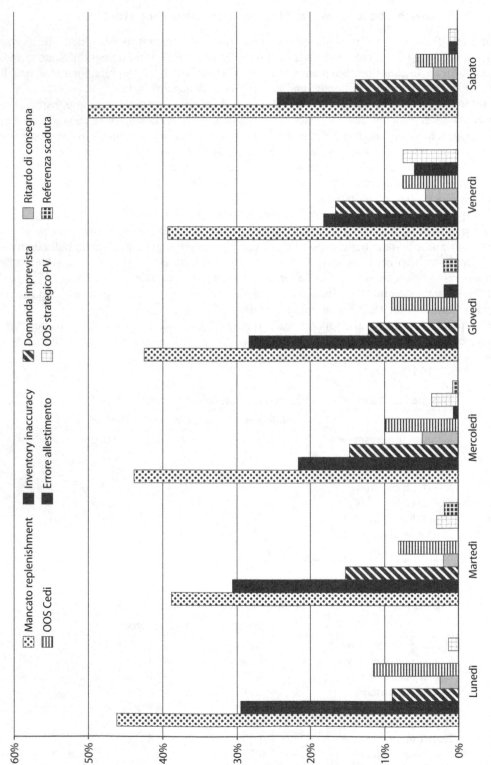

Fig. 7.8 Percentuale delle cause di out-of-stock per ogni giorno della settimana

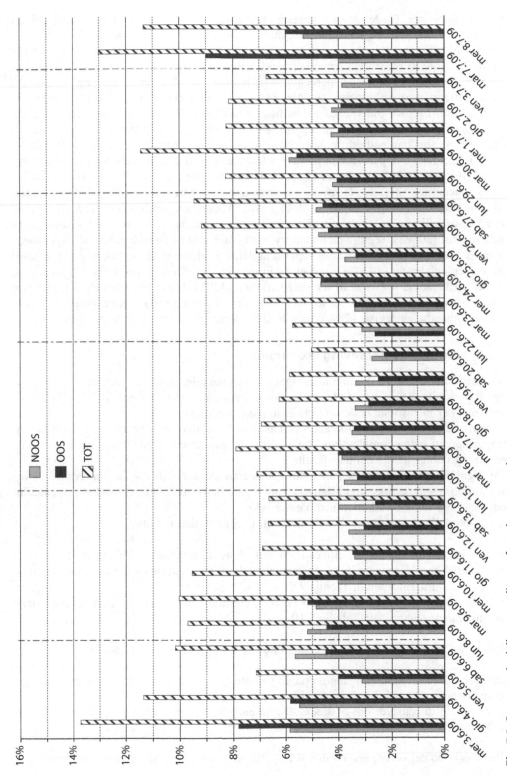

Fig. 7.9 Percentuale delle cause di out-of-stock per reparti

domanda imprevista. Tra le altre cause resta importante l'OOS al Cedi, in particolare per gli ipermercati; mentre per i supermercati si segnala la rilevanza dell'OOS strategico del PV.

I dati raccolti sono stati poi utilizzati per valutare l'impatto delle otto cause di out-of-stock in relazione ai reparti cui appartengono le referenze monitorate.

La Fig. 7.9 riporta l'incidenza percentuale delle cause di OOS nei diversi reparti. Le percentuali variano in base al reparto; complessivamente si nota che la causa che ha maggior incidenza in tutti i reparti individuati è il mancato replenishment, mentre la referenza scaduta compare solo in corrispondenza del reparto latticini e salumi. Per quanto riguarda il reparto generi vari, si nota una netta differenza tra le percentuali di mancato replenishment e di inventory inaccuracy e le percentuali relative alle altre sei cause, che presentano valori molto inferiori. Il mancato replenishment è la causa che ha maggior impatto (50,6%), seguita da inventory inaccuracy (27,7%); le altre cause presentano valori molto inferiori; inoltre, non sono state rilevate situazioni di out-of-stock dovute a referenza scaduta. Per il reparto igiene casa e persona, il grafico evidenzia che la causa più frequente di out-of-stock è il mancato replenishment (30,4%), seguita da inventory inaccuracy e out-of-stock presso Cedi, entrambe con un valore pari al 25,9%. Nel reparto latticini e salumi le cause più importanti sono mancato replenishment (44,8%) e inventory inaccuracy (26,7%); inoltre è l'unico reparto in cui è stata rilevata la presenza di referenze scadute (4,3%). Per il reparto surgelati le cause che hanno maggiore incidenza per le situazioni di out-of-stock sono mancato replenishment (35%) e domanda imprevista (28%); tutte le altre cause presentano valori molto inferiori.

7.4.3.3 Valutazione del saving economico

I dati quantitativi raccolti durante la campagna sperimentale sono stati utilizzati per quantificare il possibile recupero di fatturato mediante l'adozione di tecnologie di identificazione automatica per la gestione delle referenze sul punto vendita.

L'analisi è stata svolta considerando un caso medio relativo ai supermercati, uno relativo agli ipermercati e uno complessivo, che comprende ipermercati e supermercati, i cui valori sono ottenuti come media dei dati forniti.

Per ogni singola valutazione sono stati considerati tre possibili scenari, in termini di valore minimo, medio e massimo relativo a tutti i parametri utilizzati nel modello di calcolo, denominati nel seguito minimo, medio e massimo.

Per il modello di calcolo sono stati utilizzati i seguenti dati comuni:

- probabilità di eliminazione della causa di out-of-stock, riportate in Tabella 7.8;
- probabilità che descrivono il comportamento del cliente, dedotte da diversi studi reperibili in letteratura, riportate in Tabella 7.9;
- dati amministrativi relativi al punto vendita, che derivano da questionari somministrati puntualmente, riportati in Tabella 7.10.

I dati che variano in base alle diverse situazioni esaminate sono i seguenti:

- dati relativi al fatturato del singolo punto vendita e ai giorni di apertura, che derivano dai questionari sottoposti ai referenti dei PV;
- percentuale di cause di out-of-stock, di referenze in out-of-stock e in near out-of-stock, calcolate dall'elaborazione dei dati raccolti durante la campagna sperimentale.

Per il calcolo del saving economico si è applicato il modello descritto nel paragrafo 7.3.2.

Tabella 7.8 Probabilità di eliminazione delle cause di out-of-stock (in %)

	Minimo	*Medio*	*Massimo*
Mancato replenishment	80	90	100
Inventory inaccuracy	50	75	100
Domanda imprevista	0	25	50
Ritardo di consegna	10	20	30
Out-of-stock Cedi	30	50	70
Errori di allestimento	80	90	100
Out-of-stock strategico PV	0	0	0
Referenza scaduta	80	90	100

Tabella 7.9 Comportamento del cliente

Comportamento	*Min*	*Media*	*Max*
Acquisto marchio sostitutivo	26%	32%	37%
Non acquisto	9%	15%	21%
Acquisto stesso marchio	19%	18%	17%
Acquisto in PV diverso	31%	24%	16%
Posticipo dell'acquisto	15%	12%	9%

Tabella 7.10 Dati per il calcolo dei costi amministrativi

Dati amministrativi		*Min*	*Media*	*Max*
Ore uomo mediamente dedicate al controllo per il ripristino degli scaffali (AS IS)	$[h_{uomo}/gg]$	0,67	1,33	2
Costo manodopera controllo	$[€/h_{uomo}]$	19,51	19,91	20,31
Ore uomo dedicate ai riordini imprevisti	$[h_{uomo}/gg]$	1	1	1
Costo manodopera riordini	$[€/h_{uomo}]$	19,51	19,91	20,31
Percentuale riduzione ore uomo dedicate al controllo degli scaffali	[%]	0,7	0,8	0,9

Con i valori di probabilità di recupero fatturato risultanti, si è quindi calcolato il recupero di fatturato totale per la supply chain, che è stato successivamente distribuito tra gli attori (manufacturer e retailer) in funzione del comportamento del cliente.

Lo stesso modello di calcolo è stato poi utilizzato per quantificare i costi cessanti relativi alle due tipologie di punto vendita (ipermercato e supermercato). La Tabella 7.12 riassume le percentuali delle cause di out-of-stock riscontrate presso i punti vendita. In Tabella 7.13 è riportato lo schema riassuntivo dei costi cessanti, calcolati nei vari casi sopra citati, in valore percentuale sul fatturato.

Dai risultati si deduce che l'introduzione della tecnologia RFID per il monitoraggio dei prodotti al fine di evitare situazioni di out-of-stock a scaffale, comporta evidenti benefici economici, sia per il retailer sia per il manufacturer.

Tabella 7.11 Percentuale relativa alle cause di out-of-stock per il caso
Iper + Super

Cause di out-of-stock	%
Mancato replenishment	44
Inventory inaccuracy	25
Domanda imprevista	14
Ritardo di consegna	4
Stock out Cedi	9
Errori di spedizione/allestimento	1
Stock out strategico PV	3
Referenza scaduta	1

Tabella 7.12 Percentuale delle cause di out-of-stock relative
a ipermercato e supermercato

Cause di out-of-stock	Ipermercato	Supermercato
Mancato replenishment	43%	45%
Inventory inaccuracy	28%	19%
Domanda imprevista	11%	20%
Ritardo di consegna	5%	1%
Stock out Cedi	10%	6%
Errori di spedizione/allestimento	1%	2%
Stock out strategico PV	2%	5%
Referenza scaduta	0%	2%

Tabella 7.13 Calcolo costi cessanti nei vari casi

		Min	Media	Max
Totale	Manufacturer	0,8%	2,1%	4,4%
	Retailer	1,0%	1,8%	2,9%
Ipermercati	Manufacturer	0,8%	2,1%	4,2%
	Retailer	1,0%	1,8%	2,7%
Supermercati	Manufacturer	0,7%	2,1%	4,5%
	Retailer	0,9%	1,8%	3,0%

I benefici per il manufacturer equivalgono a un valore compreso tra lo 0,7 e il 4,5% del fatturato nel caso in cui il punto vendita servito sia un supermercato, e a un valore compreso tra lo 0,8 e il 4,2% del fatturato nel caso in cui il punto vendita servito sia un ipermercato.

Anche per il retailer i benefici economici relativi ai tre casi esaminati non presentano particolari variazioni. Il range varia da un minimo dello 0,9% a un massimo del 4,5%.

Per entrambi gli attori i risultati ottenuti sarebbero ampiamente sufficienti per giustificare il ritorno dell'investimento (Bottani, Rizzi, 2008).

Per completezza della trattazione, in Tabella 7.14 si riporta lo schema riassuntivo dei costi cessanti attribuiti a ogni reparto, sempre espresso in percentuale sul fatturato del reparto.

Tabella 7.14 Schema riassuntivo dei costi cessanti (valori %)

		Min	*Media*	*Max*
Generi vari	Manufacturer	0,7	1,7	3,4
	Retailer	0,9	1,5	2,3
Igiene casa e persona	Manufacturer	0,7	2,1	5,0
	Retailer	0,9	1,9	3,2
Latticini e salumi	Manufacturer	0,9	2,4	5,1
	Retailer	1,2	2,1	3,3
Surgelati	Manufacturer	1,4	4,4	10,2
	Retailer	1,7	3,7	6,6

Dai risultati ottenuti si deduce che i maggiori benefici economici, sia per il retailer sia per il manufacturer, sono relativi al reparto latticini e salumi e al reparto surgelati, ossia laddove è maggiore l'incidenza del fenomeno dell'OOS.

Per il manufacturer i benefici derivanti dall'introduzione della tecnologia RFID variano da un valore minimo dello 0,9% (reparto latticini e salumi) a un valore massimo del 10,2% (reparto surgelati).

La medesima situazione si presenta per il retailer, per il quale i benefici variano da un minimo dell'1,2% a un massimo del 6,6%.

Bibliografia

Bertolini M, Bottani E, De Vitis A, Butcher T (2010) A pilot project for evaluating the impact of AUTO-ID technologies on out-of-stock. Supply Chain Forum: an International Journal, 11(4): 24-34

Bottani E, Montanari R, Rizzi A (2009) The impact of RFID technology and EPC system on stock-out of promotional items. International Journal of RF Technologies: Research and Applications, 1(1): 6-22

Bottani E, Rizzi A (2008) Economical assessment of the impact of RFID technology and EPC system on the fast moving consumer goods supply chain. International Journal of Production Economics, 112(2): 548-569

Corsten D, Gruen T (2003) Desperately seeking shelf availability: an examination of the extent, the causes, and the efforts to address retail out-of-stock. International Journal of Retail & Distribution Management, 31(12): 605-617

Decreto Legislativo n. 109 del 27 Gennaio 1992 Attuazione delle direttive 89/395/CEE e 89/396 CEE concernenti l'etichettatura, la presentazione e la pubblicità dei prodotti alimentari

ECR Europe (2003) ECR - Optimal shelf availability. http://ecr-all.org/wp-content/uploads/pub_2003_osa_blue_book.pdf

Gruen TW, Corsten D (2007) A Comprehensive Guide to Retail Out-of-Stock Reduction in the Fast-Moving Consumer Goods Industry.   http://www.fmi.org/forms/store/ProductFormPublic/search?action=1&Product_productNumber=2244

Hardgrave B, Aloysius J, Goyal S, Spencer G (2008) Does RFID improve inventory accuracy? A preliminary analysis. http://itrc.uark.edu/91.asp?code=&article=ITRI-WP107-0311

Hardgrave B, Waller M, Miller R (2006) RFID's impact of on out-of-stocks: a sales velocity analysis. http://itrc.uark.edu/104.asp?code=rfid&article=ITRI-WP068-0606

Hardgrave B, Waller M, Miller R (2007) Does RFID reduce out of stocks? A preliminary analysis. http://itrc.uark.edu/91.asp?code=&article=ITRI-WP058-1105.

Pramatari k, Miliotis P (2008) The impact of collaborative store ordering on shelf availability. Supply chain management: an International Journal, 13(1): 49-61

Regolamento CE 178/2002 del Parlamento Europeo e del Consiglio, che stabilisce i principi e i requisiti generali della legislazione alimentare, istituisce l'Autorità europea per la sicurezza alimentare e fissa procedure nel campo della sicurezza alimentare

Roberti M (2004) Gillette sharpens its edge. RFID Journal, April 1. http://www.rfidjournal.com/magazine/article/900/4/101

Roberti M (2005) EPC Reduces out-of-stocks at Wal-Mart. RFID Journal, October 14. http://www.rfidjournal.com/article/articleview/1927/1/1

Roberti M (2006) Cold Chain and Item-Level Tracking Will Drive RFID Adoption. RFID Journal, June 29. http://www.rfidjournal.com/article/articleview/2463/

Roberti M (2007) Kimberly-Clark gets an early win. RFID Journal, April 1. http://www.rfidjournal.com/magazine/article/3242

Tellkamp C (2006) The impact of Auto-ID technology on process performance – RFID in the FMCG supply chain. PhD dissertation, University of St. Gallen. http://www.autoidlabs.org/single-view/dir/article/6/221/page.html

Capitolo 8

Monitoraggio della catena del freddo del prodotto food mediante tecnologia RFID

8.1 Introduzione

Come si è visto nel capitolo 2, una supply chain consiste in un sistema coordinato di organizzazioni, persone, attività, informazioni e risorse, coinvolto nel trasferimento fisico o virtuale di prodotti o servizi, dal produttore al consumatore (Nagurney, 2006). Una *cold chain* è una supply chain nella quale si inserisce anche il controllo della temperatura. Più precisamente, una *cold chain "ininterrotta"* è costituita da una serie di ambienti e attività distributive, in cui la temperatura viene mantenuta all'interno di un determinato range (WHO, 2005).

La crescente complessità tecnica della distribuzione dei beni di consumo, combinata con l'altrettanto crescente dimensione e profondità del mercato globale, ha fatto sì che il legame tra il dettagliante e il consumatore finale diventasse l'ultimo anello di una lunga e complessa catena, caratterizzata da scambi di beni, proprietà e informazioni, all'interno della quale non è sempre agevole gestire e controllare la temperatura. La possibilità quindi di utilizzare nuove tecnologie a supporto della gestione del sistema distributivo rappresenta un elemento competitivo sul quale puntare per aumentare la qualità dei prodotti deperibili.

Questo capitolo esamina l'impiego della tecnologia RFID per la gestione della catena del freddo. La tecnologia RFID rappresenta attualmente uno dei più promettenti strumenti a supporto della gestione di una cold chain, grazie alla sua capacità di fornire in tempo reale puntuali informazioni non solo "sull'identità" del prodotto, ma anche sulla sua posizione e sulla temperatura alla quale si trova all'interno di una supply chain.

8.2 La catena del freddo per i prodotti alimentari

8.2.1 Attuali tendenze nell'ambito della cold chain

Le esigenze del mercato sono oggi molto diverse rispetto a quelle degli ultimi decenni. La necessità di un prodotto fresco tutto l'anno ha allungato la distanza media coperta per le consegne e aumentato la velocità di attraversamento della supply chain, allo scopo di mantenere il più possibile inalterati i tempi di consegna del prodotto al cliente finale. Il tempo di attraversamento della supply chain, tuttavia, risulta notevolmente aumentato dal numero sempre maggiore di esportazioni da un paese o da un continente a un altro.

Entrando nello specifico, gli attuali trend del *cold chain management* possono essere individuati in quattro fasi distinte (Billiard, 2003).

Fig. 8.1 Principali processi critici per la gestione della cold chain

8.2.1.1 Produzione/processo

Il primo aspetto del cold chain management riguarda la riduzione dell'intervallo di tempo che intercorre tra la raccolta del prodotto "vivo" (o dalla macellazione/mungitura nel caso di prodotto "morto") e il raffreddamento dello stesso. Questa attività è definita "raffreddamento precoce" ed è volta a ridurre la perdita d'acqua dai prodotti e a prevenire la proliferazione microbica al loro interno. Il primo aspetto ha notevoli implicazioni dal punto di vista economico, mentre il secondo ha importanti ricadute a livello di *shelf life* del prodotto. A titolo di esempio, in condizioni ottimali un batterio è in grado di riprodursi ogni 20 minuti, dando origine a circa 16 milioni di discendenti in 8 ore di processo non sotto controllo.

Laddove possibile, è sempre bene separare il processo di raffreddamento dallo stoccaggio intensivo del prodotto alimentare. La refrigerazione in fase di stoccaggio, infatti, richiede tempi lunghi per il raggiungimento della temperatura finale e il sovradimensionamento del sistema di immagazzinamento. Inoltre, per ridurre i tempi del trattamento, è importante avere a disposizione potenzialità di raffreddamento elevate. Alcuni esempi di applicazione ottimale di questo processo (*best practice*) sono il raffreddamento in appositi impianti di refrigerazione del latte prima dello stoccaggio, l'utilizzo di ghiaccio sulle imbarcazioni per i pesci appena pescati e l'utilizzo di tunnel di raffreddamento per tutti i prodotti surgelati.

Un interessante trend riguarda la progettazione di sistemi flessibili, quali celle dedicate per una specifica varietà di frutta, al fine di garantire un ambiente di conservazione ideale e un più rapido riempimento e svuotamento delle celle stesse. L'aria come mezzo di raffreddamento è in generale da preferire, poiché economica e polivalente nonostante le sue basse proprietà di scambio termico. La perdita d'acqua del prodotto durante lo stoccaggio intensivo, al pari di quanto accade nelle prime fasi del processo produttivo, è un ulteriore aspetto critico e va evitato ottimizzando il controllo dell'umidità relativa degli ambienti e l'utilizzo di aria umida per i prodotti ortofrutticoli e di acqua sotto forma di spray per le carni.

Con riferimento alle condizioni ambientali, un aspetto rilevante è l'impiego per i prodotti ortofrutticoli di ambienti ad atmosfera controllata, le cui variabili operative (temperatura, umidità relativa, pressione, ricircolo e composizione dell'aria) possono essere ottimizzate per massimizzare la shelf life e la qualità dei prodotti alimentari.

8.2.1.2 Magazzino

La fase dello stoccaggio intensivo ha un ruolo importante per il mantenimento della catena del freddo, e sono oggi disponibili molteplici tecniche volte all'ottimizzazione della cold chain durante lo stoccaggio del prodotto food.

L'obiettivo prioritario è ridurre il più possibile i consumi energetici. Questo risultato può essere conseguito adottando differenti soluzioni tecnico-operative, tra le quali: installazione di saracinesche e porte automatiche, coibentazione dei magazzini e coperture esterne contro l'irraggiamento solare, utilizzo di ventilatori a velocità variabile, stoccaggio alla temperatura corretta in funzione della tipologia di prodotto (–18 °C invece di –25 °C). Più precisamente, l'obiettivo da perseguire è rappresentato da livelli di consumo attorno o inferiori a 30-50 kWh/m³ per anno di funzionamento. Per ridurre i consumi energetici, è necessario, ove possibile, aumentare la velocità di carico/scarico merci dei mezzi di trasporto, proteggendo questa delicata operazione con apposti sistemi di isolamento termico e chiusura.

Interessanti *best practice* sono:

- l'aumento del numero di magazzini intermedi posti lungo la catena distributiva, che sono spesso finalizzati a soddisfare le esigenze dei clienti di grandi dimensioni (supermercati);
- la possibilità di tracciare le informazioni di temperatura e aggiornamento più puntuale e preciso della documentazione legata al prodotto.

8.2.1.3 Trasporto

Il mantenimento della catena del freddo richiede mezzi di trasporto adeguati alla tipologia di prodotto (per esempio, mezzi coibentati o dotati di pareti mobili che permettono di creare più scomparti all'interno del vano di carico) e dotati di appropriati sistemi per il monitoraggio della temperatura. Il mezzo inoltre non deve trasmette sollecitazioni meccaniche (vibrazioni) al prodotto; ciò implica l'impiego di apposite sospensioni pneumatiche.

Un aspetto rilevante per la gestione della catena del freddo è la distribuzione della temperatura all'interno del mezzo di trasporto. È opportuno che la temperatura si mantenga il più omogenea possibile, il che può essere ottenuto mediante un efficiente sistema di distribuzione dell'area refrigerata all'interno del mezzo di trasporto.

Infine, anche durante il trasporto è importante garantire la tracciabilità – in formato elettronico, e quindi facilmente gestibile anche in tempo reale – sia del prodotto sia della temperatura alla quale esso si trova.

8.2.1.4 Punto Vendita

Le *best practice* per il punto vendita riguardano soprattutto la riduzione dei consumi energetici necessari per il mantenimento della catena del freddo, che possono rappresentare anche il 30-50% del fabbisogno totale energetico di un supermercato (Billiard, 1999). Un semplice accorgimento per ridurre i consumi energetici consiste nel collocare la merce da refrigerare o i dispenser refrigerati lontano dalla luce diretta o dagli impianti di riscaldamento.

Presso il punto vendita, il monitoraggio della catena del freddo ha un impatto diretto anche sul livello di servizio che può essere fornito al cliente finale, poiché influenza l'igiene e la qualità del prodotto finito. Un elevato livello di servizio può essere ottenuto, per esempio, disponendo opportunamente il prodotto all'interno dei dispenser refrigerati, utilizzando termometri e/o indicatori di tempo-temperatura e rimuovendo i prodotti dagli scaffali alcuni giorni prima della data di scadenza indicata sulle confezioni.

Infine, ove possibile, una buona prassi consiste nel concentrare il più possibile le vendite dei prodotti termosensibili nei grandi supermercati, a discapito dei piccoli punti vendita.

8.2.2 Gli strumenti a supporto della gestione della cold chain

L'offerta tecnologica disponibile riveste un ruolo di primaria importanza al fine di garantire i requisiti di una cold chain illustrati nel paragrafo precedente. Attualmente, sono disponibili in commercio numerose soluzioni tecnologiche a supporto della cold chain; una prima classificazione consente di distinguerle in tre principali categorie (Forcino, 2007):

- *insulated package*;
- *indicator labels;*
- *data loggers* e *sistemi RFID.*

Rientrano nella prima categoria tutte le tipologie di packaging in grado di mantenere un prodotto deperibile o termosensibile all'interno di un determinato intervallo di temperature durante la fase distributiva. Allo scopo di mantenere il prodotto a una temperatura prefissata, alcune soluzioni si basano sull'utilizzo di ghiaccio, ghiaccio secco o gel all'interno del packaging. I materiali a diretto contatto con l'alimento devono invece possedere tutti i requisiti previsti dalla specifica normativa. Se dotati di un identificativo univoco, gli *insulated package* possono essere di supporto per la tracciabilità (vedi in proposito il capitolo 5).

Gli *indicator labels* sono etichette, solitamente autoadesive, caratterizzate da un'area nella quale avviene un viraggio di colore in funzione dei valori di temperatura, tempo o tempo/ temperatura. Tali indicatori permettono, attraverso un semplice controllo visivo, di rilevare il superamento di una soglia di temperatura, o il mancato rispetto di un determinato valore di temperatura per un dato intervallo di tempo, sia in positivo sia in negativo. Dispositivi di questo genere trovano largo impiego sia nel settore agroalimentare sia in quello farmaceutico.

I *data loggers* e i *sistemi RFID* rappresentano, infine, la famiglia di dispositivi in grado di memorizzare dati, in genere relativi a tempo e temperatura. Le soluzioni tipo data logger o RFID permettono non solo di individuare il superamento di un determinato valore di temperatura, sia in positivo sia in negativo, ma anche di ricostruire la "storia termica" del prodotto attraverso la memorizzazione di coppie di dati (tempo/temperatura) lungo tutta la cold chain. Alcune soluzioni tecnologiche che incorporano tag RFID possono inoltre scambiare informazioni in tempo reale via radio, rendendo automatica l'operazione di trasferimento dati.

Le diverse soluzioni tecnologiche descritte hanno, ovviamente, costi e funzionalità specifiche, ed è necessario individuare la soluzione più appropriata a seconda del contesto applicativo. Allo scopo di fornire un supporto a tale riguardo, è opportuno definire una serie di caratteristiche richieste per la gestione di una cold chain, insieme alle corrispondenti forme argomentali:

- *ID (identificazione)*. Può assumere le due forme argomentali Yes/No, a seconda che il dispositivo sia in grado o meno di fornire un'identificazione univoca del prodotto.
- *Temperatura*. Può assumere le tre forme argomentali No/Limite/Valore. "No" indica che il dispositivo non è in grado di rilevare la temperatura dell'ambiente; "Limite" indica che il dispositivo può rilevare escursioni al di sopra o al di sotto di una soglia prestabilita; "Valore" indica che il sistema è in grado di rilevare con precisione la temperatura dell'ambiente.
- *Tempo*. Può assumere le due forme argomentali Yes/No, a seconda che il dispositivo sia in grado o meno di fornire l'intervallo temporale intercorso dal momento della sua attivazione.
- *Posizione*. Può assumere le due forme argomentali Yes/No, a seconda che il dispositivo possa essere utilizzato per una localizzazione automatica e univoca della sua posizione spaziale.
- *Controllo*. Può assumere le due forme argomentali *check point/real time*. "Check point" indica che le informazioni sono trasferite al sistema informativo in predefiniti punti della cold chain, chiamati detti *tracking point*; "real time" indica invece che in ogni istante temporale

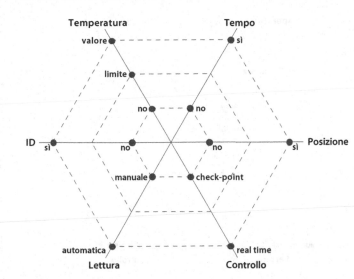

Fig. 8.2 Rappresentazione delle caratteristiche dei dispositivi a supporto della cold chain mediante diagramma radar

e in ogni punto della cold chain il dispositivo è in grado di comunicare con il sistema informativo aziendale.

– *Lettura*. Può assumere le due forme argomentali *manuale/automatica*. "Manuale" indica che le informazioni sono trasferite al sistema informativo attraverso l'intervento di un operatore, implicando operazioni *time consuming*. "Automatica" è invece utilizzata quando il dispositivo è in grado di comunicare con il sistema informativo in modo autonomo, senza richiedere l'intervento dell'operatore.

La rappresentazione di queste caratteristiche attraverso un diagramma radar (Fig. 8.2), nel quale ciascun ramo esprime una delle prestazioni sopra illustrate, fornisce un'immediata indicazione visiva delle performance di un dispositivo a supporto della gestione della cold chain. Nelle Figg. 8.3-8.11 sono riportati sotto forma di diagramma radar alcuni tra i più diffusi dispositivi a supporto della cold chain, con la relativa analisi delle performance.

8.2.2.1 Barcode

Come appare immediatamente in Fig. 8.3, il barcode presenta performance molto basse, abilitando solamente la funzionalità relativa all'identificazione del prodotto monitorato.

8.2.2.2 Tag RFID UHF passivi

Rispetto al barcode, un tag RFID passivo UHF presenta, oltre alla funzionalità di identificazione, la possibilità di comunicare in modo automatico con il sistema informativo aziendale, grazie all'ampia distanza (superiore ai 2 m) alla quale è possibile effettuare le letture.

8.2.2.3 Indicator labels di temperatura

Gli *indicator labels* per la misurazione della temperatura sono in grado di rilevare un'escursione termica al di sopra o al di sotto di una determinata soglia.

Fig. 8.3 Performance di un barcode a supporto della cold chain

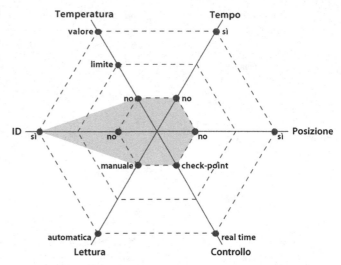

Fig. 8.4 Performance di un tag
RFID UHF passivo a supporto della cold chain

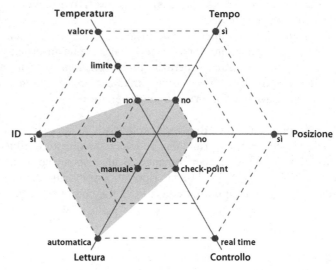

Un esempio che dimostra il livello di precisione che questi dispositivi sono in gradi di raggiungere, è la loro applicazione per il monitoraggio della catena del freddo delle sacche di
sangue per le trasfusioni, per le quali l'accuratezza della misurazione di temperatura è di
±0,5 °C. In questo caso, l'operatore applica alla sacca di sangue l'etichetta autoadesiva e at-
tiva la zona sensibile alla temperatura posta al centro dell'etichetta. Nel caso in cui il valore
di temperatura rilevato superi il valore soglia, l'*indicator label* reagisce con un viraggio ir-
reversibile del colore, da bianco a rosso, rendendo evidente l'avvenuta rottura della cold
chain in uno o più punti.

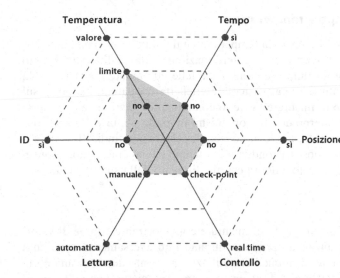

Fig. 8.5 Performance di un *indicator label* di temperatura a supporto della cold chain

8.2.2.4 Indicator labels di tempo

Gli *indicator labels* per la misurazione del tempo sono in grado di mostrare l'intervallo temporale intercorso dalla loro attivazione, sfruttando la diffusione capillare di un fluido colorato in una matrice bianca. Al momento dell'attivazione, l'operatore, mediante una piccola pressione sull'etichetta, rompe il contenitore del fluido colorato che, per capillarità, si diffonderà nell'etichetta fornendo una traccia visiva del tempo trascorso.

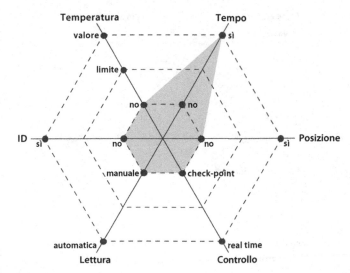

Fig. 8.6 Performance di un *indicator label* di tempo a supporto della cold chain

8.2.2.5 Indicator labels di tempo e temperatura

Dal punto di vista sensoriale e microbiologico, la temperatura e il tempo – se considerati singolarmente – possono non essere sufficienti per la determinazione della qualità del prodotto alimentare, dato che questa può essere funzione combinata delle due grandezze fisiche. Un *indicator label* di tempo e temperatura è una particolare etichetta trasparente, apposta sul barcode di una confezione, in grado di misurare l'effetto combinato di tempo e temperatura. L'etichetta trasparente contiene all'interno dei microrganismi in grado – una volta attivati – di simulare la degradazione dell'alimento, rendendo opaca l'etichetta e, quindi, illeggibile il barcode. Di conseguenza, se è stato esposto a condizioni di tempo e temperatura non idonee, l'alimento non potrà più essere identificato e dovrà essere eliminato dalla supply chain.

8.2.2.6 USB data loggers

Gli *USB data loggers* sono dispositivi in grado di misurare e memorizzare coppie di valori di tempo/temperatura cui è stato esposto un prodotto durante l'attraversamento della cold chain. Si tratta di dispositivi economici di immediato utilizzo, in quanto dotati di una porta USB *plug & play* che – senza l'installazione di alcun software – permette, una volta collegata a un qualunque PC, la creazione di report in formato PDF dei dati memorizzati. Il dispositivo deve essere attivato in fase di spedizione da un operatore, e collocato in prossimità del prodotto che si vuole monitorare. Giunto a destinazione, un secondo operatore dovrà disattivare il dispositivo e collegarlo a un PC per l'analisi dei dati raccolti.

8.2.2.7 HF RFID data loggers

I sistemi *HF RFID data loggers* differiscono dai precedenti in quanto i dati in essi contenuti sono trasferiti al sistema informativo in radiofrequenza, unitamente all'identificazione del prodotto. Tali sistemi hanno le dimensioni di una carta di credito e, sfruttando lo standard HF, consentono una ridotta distanza di lettura (30-40 cm al massimo), il che rende pressoché

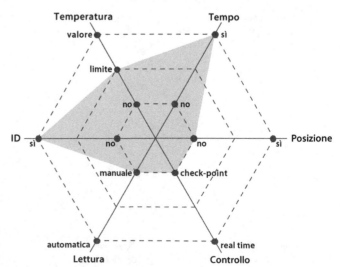

Fig. 8.7 Performance di un *indicator label* di tempo e temperatura a supporto della cold chain

impossibile l'automazione del processo di lettura. Essendo dotati di batteria, utilizzata solo per il monitoraggio della temperatura e la memorizzazione dei dati, sono considerati semi-passivi. La durata delle batterie è ovviamente funzione dell'utilizzo del dispositivo e si attesta mediamente attorno a un anno. A seconda della tipologia, si possono avere differenti capacità di memorizzazione, anche se la maggior parte dei dispositivi disponibili consente di raggiungere circa il migliaio di letture, corrispondenti ad altrettante coppie di dati tempo/temperatura. Analogamente, a seconda dei modelli, si possono avere diversi livelli di accuratezza; le soluzioni commerciali disponibili permettano di raggiungere valori di precisione attorno a ±0,5 °C.

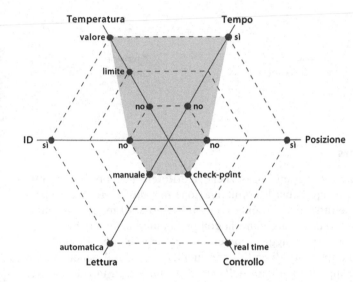

Fig. 8.8 Performance di un USB *data logger* a supporto della cold chain

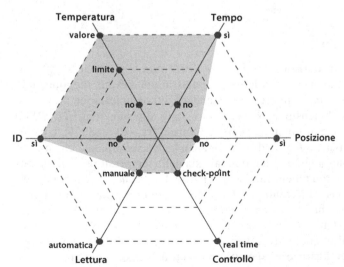

Fig. 8.9 Performance di un HF RFID *data logger* a supporto della cold chain

Fig. 8.10 Performance di un UHF
RFID *data logger* a supporto della
cold chain

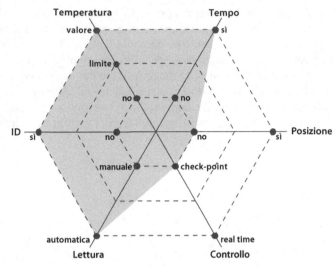

8.2.2.8 UHF RFID data loggers

I sistemi *UHF RFID data loggers*, sono tag semi-passivi che, a differenza dei precedenti, utilizzano lo standard UHF Gen2 (vedi cap. 1) per la comunicazione in radiofrequenza; ciò permette di raggiungere distanze di lettura notevolmente maggiori (fino a 10 m), che – unitamente all'elevata velocità di scambio dati – abilitano la completa automazione delle letture
RFID. Le dimensioni dei dispositivi sono maggiori, potendo raggiungere circa 10 centimetri. La memoria è estesa e consente pertanto di codificare un TID univoco, il banco EPC e
fino a 8000 misurazioni di dati tempo/temperatura nella *user memory*. Con tali dispositivi
vengono raggiunti livelli di accuratezza fino a 0,1 °C in un range compreso tra –20 e +70 °C.
La durata della batteria è superiore rispetto al caso precedente, arrivando a 3-5 anni di funzionamento.

8.2.2.9 Active RFID data loggers

Contrariamente alle due precedenti soluzioni, negli *active RFID data loggers* viene utilizzato un tag attivo, e di conseguenza le distanze di lettura sono assai più elevate, raggiungendo
valori dell'ordine delle centinaia di metri impiegando standard di comunicazione proprietari. Le caratteristiche tecniche e le dimensioni sono del tutto simili alle soluzioni *UHF RFID
data loggers*, tranne che per il range di funzionamento, compreso tra –40 e +80 °C, e per la
durata della batteria, che può arrivare a 6 anni di funzionamento. Va sottolineato che questo
tipo di dispositivi permette il monitoraggio in tempo reale sia della temperatura sia della posizione del tag lungo la cold chain. Più precisamente, una particolare tecnologia in via di sviluppo consente a più tag, collocati in differenti posizioni sul mezzo di trasposto, di comunicare tra loro e con un unico sistema mobile di acquisizione e trasmissione dati, GPRS su terra e satellitare in trasporti navali. Questo è collegato in tempo reale al server del sistema informativo aziendale, che è quindi in grado di ricevere a intervalli regolari di tempo, o su richiesta, le informazioni provenienti dai vari dispositivi presenti nell'intera cold chain.

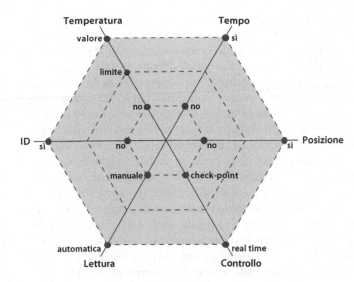

Fig. 8.11 Performance di un RFID *data logger* attivo a supporto della cold chain

8.3 Progettazione e gestione della cold chain attraverso la tecnologia RFID (Motta, 2006)

8.3.1 Requisiti di un sistema di cold chain management

Per essere efficace, un sistema di gestione della cold chain deve garantire il monitoraggio della temperatura dei prodotti e contemporaneamente la gestione della loro tracciabilità all'interno della catena. Come discusso nel capitolo 5, quest'ultima funzione è garantita dall'uso dei tag RFID, i quali, essendo dotati di un codice univoco, consentono di identificare senza ambiguità le unità di prodotto cui sono associati. Attraverso l'utilizzo della tecnologia RFID è possibile tracciare il flusso dei prodotti lungo la filiera e reperire informazioni aggiuntive relative agli stessi. In qualunque punto della supply chain è possibile ricostruire, dal punto di vista informativo, il percorso del prodotto e risalire ai processi subiti.

8.3.2 Cold chain management: approcci euleriano e lagrangiano

Come descritto in precedenza, la tecnologia RFID rientra tra le possibili soluzioni per la gestione e il controllo della cold chain dei prodotti deperibili, e trova quindi specifica applicazione in campo alimentare. Tuttavia, per minimizzare il costo logistico complessivo della catena del freddo, è particolarmente utile l'adozione di un modello economico-matematico, che consenta di individuare la migliore configurazione per l'utilizzo della tecnologia RFID, in funzione della tipologia di cold chain da monitorare. Più precisamente, all'interno di una cold chain la tecnologia RFID può essere utilizzata secondo due modalità, denominate approccio euleriano e approccio lagrangiano, descritte nel prosieguo della trattazione.

Entrambi gli approcci si basano sull'ipotesi di ottenere un sistema in grado di garantire il monitoraggio in tempo reale delle condizioni termo-igrometriche dei prodotti, oltre all'informazione circa la posizione e l'identificazione degli stessi all'interno della cold chain. Tale aspetto è rilevante per garantire la qualità del prodotto finito, in quanto la disponibilità di informazioni in tempo reale può permettere interventi tempestivi di ripristino delle condizioni termo-igrometriche, limitando la permanenza del prodotto in un ambiente non idoneo alla sua conservazione e preservandone la qualità e il valore economico durante la movimentazione. Qualora fosse rilassata l'ipotesi di ottenere un monitoraggio in tempo reale della temperatura, sarebbe possibile delineare uno scenario che preveda l'impiego di tag RFID semi-passivi, di tipo UHF o HF. In particolare, sono attualmente in fase di prototipo, e non ancora disponibili per applicazioni industriali, tag UHF semi-passivi con sensore di temperatura, che potrebbero costituire un'alternativa alle soluzioni descritte nel prosieguo della trattazione. Tuttavia, tali dispositivi, unitamente ai tag HF, sono esclusi dalla presente analisi, in quanto non consentono di disporre in tempo reale del dato di temperatura. Più precisamente, con l'utilizzo di tali dispositivi, l'informazione circa la temperatura e l'identificazione dei prodotti risulta disponibile solo nel momento in cui i prodotti stessi attraversano uno dei molteplici tracking point implementati all'interno dell'intera cold chain. Si segnala, inoltre, che nel caso di impiego di tag UHF semi-passivi potrebbero verificarsi rallentamenti nel flusso dei prodotti, in quanto l'upload a sistema informativo delle informazioni presenti nel tag richiede tempi dell'ordine di qualche secondo, in funzione della quantità di dati da trasferire al sistema.

Per contro, il vantaggio derivante dall'impiego di tag UHF semi-passivi è costituito dalla possibilità di analizzare a posteriori, quindi non in real-time, l'andamento delle temperature nella cold chain, così da permettere la correzione dei punti critici della stessa, e di renderla idonea ai flussi di prodotto successivamente movimentati. Un esempio di utilizzo di tali dispositivi è presentato nel par. 8.3.3.3. Si sottolinea infine che, data la ridotta distanza di lettura (dell'ordine della decina di centimetri), l'utilizzo di tag HF semi-passivi non permette l'automazione delle operazioni di trasferimento dati a sistema informativo durante il passaggio all'interno dei tracking point; ciò rende necessario l'intervento dell'operatore, che dovrà avvicinare il tag al lettore RFID per consentire il trasferimento dei dati da tag a sistema informativo.

Ai sistemi euleriano e lagrangiano può essere associata una funzione di costo totale logistico, comprendente i costi dell'installazione della tecnologia RFID e delle operazioni logistiche necessarie. Per la definizione di tale funzione di costo devono essere forniti, quali dati in input, le caratteristiche della cold chain da analizzare (per esempio, il numero di celle di stoccaggio da monitorare) e i costi degli elementi costitutivi l'apparato di monitoraggio. L'output del modello di calcolo presentato in questa sezione consiste nel costo totale logistico generato dall'implementazione dei due diversi sistemi di controllo della cold chain. Tale output permette di individuare le situazioni nelle quali è più conveniente uno dei due approcci, nonché i punti di indifferenza delle due soluzioni, corrispondenti alle condizioni in cui il costo generato dalle stesse è il medesimo ed è dunque indifferente optare per una soluzione piuttosto che per l'altra. Ai fini della descrizione dei due approcci e del calcolo della funzione di costo totale logistico, si utilizza la notazione riportata nel box 8.1.

8.3.2.1 Approccio euleriano

L'approccio euleriano per il controllo della cold chain prevede la realizzazione di un sistema di monitoraggio statico, nel quale la temperatura viene rilevata in punti fissi disposti lungo la cold chain, attraverso cui transitano i prodotti (misurazione *on chain*). Il monitoraggio della catena del freddo avviene associando i prodotti alle condizioni di temperatura della supply chain.

Prevedendo l'impiego di tag RFID passivi, occorre un tag per identificare ciascuna unità di prodotto che transita all'interno della cold chain. Al fine di identificare la posizione del prodotto all'interno di un'area di stoccaggio, è inoltre necessario dotare il vano di stoccaggio di

Box 8.1 Terminologia

C_E = costo complessivo del modello euleriano [€]

C_{tme} = costo dei tag destinati alla merce per il modello euleriano [€]

C_{tl} = costo dei tag destinati alle locazioni di stoccaggio per il modello euleriano [€]

C_{de} = costo dei *data loggers* destinati alle celle per il modello euleriano [€]

C_m = costo di allestimento del sistema di movimentazione per il modello euleriano [€]

C_{re} = costo di allestimento RF delle celle per il modello euleriano [€]

C_{tp} = costo di un tag RFID passivo [€/tag]

V = massima quantità di prodotto movimentata nella cold chain in un anno, espresso in unità di carico corrispondenti. Tale valore indica anche il numero di tag necessari per l'implementazione di un sistema basato su tecnologia RFID che saranno assemblati alle unità di carico utilizzate per la movimentazione del prodotto nella cold chain

S_L = numero di vani di stoccaggio (*stock locations*) o pile presenti nella cold chain

C_d = costo di un *data logger* [€/data logger]

R = numero di aree (celle) da monitorare all'interno della cold chain

C_r = costo di un antenna-reader set [€/antenna-reader set]

C_f = costo di allestimento di un carrello a forche con antenna-reader set [€/carrello]

F = numero di carrelli a forche operanti all'interno della cold chain.

F_e = numero di carrelli per cui il modello lagrangiano genera un costo logistico pari a quello del modello euleriano.

C_L = costo complessivo del modello lagrangiano [€]

C_{tml} = costo dei tag destinati alla merce per il modello lagrangiano [€]

C_{dl} = costo dei *data loggers* destinati alle celle per il modello lagrangiano [€]

C_{rl} = costo degli antenna-reader set destinati alle celle per il modello lagrangiano [€]

C_{ta} = costo di un tag RFID attivo [€/tag]

ΔC_{tot} = differenziale di costo tra il modello lagrangiano e quello euleriano [€]

Δ_d = numero di *data loggers* risparmiati in seguito all'introduzione del modello lagrangiano (nella fattispecie, solitamente $\Delta_d = 3$)

$K = C_{ta}/C_{tp}$

un tag RFID per la sua identificazione univoca. In questo modo, attraverso un'opportuna mappatura che permetta di associare una posizione fisica al tag RFID posto sul vano, sarà possibile ottenere una localizzazione automatica durante le fasi di versamento e prelievo. Qualora il magazzino sia "a catasta", i tag dovranno essere collocati a pavimento, in modo da identificare ciascuno un singolo pilone di stoccaggio. Per conoscere in tempo reale l'esatta posizione delle unità di prodotto all'interno delle celle di stoccaggio, i sistemi di movimentazione (per esempio, muletti) utilizzati devono essere equipaggiati con reader RFID per rilevare i tag dei prodotti e dei vani/piloni di stoccaggio. Per questa ragione, le celle di stoccaggio devono essere coperte con rete wireless, in modo che i dispositivi presenti sui carrelli a forche possano inviare i dati di identificazione ottenuti dalle letture dei tag RFID al sistema informativo aziendale.

Appositi *data loggers* collocati nelle aree di stoccaggio sono preposti alla rilevazione delle condizioni termo-igrometriche dell'ambiente. Di norma sono sufficienti quattro *data loggers* posizionati in particolari punti delle celle di stoccaggio, quali: (1) il punto più freddo della cella corrispondente alla zona del pavimento nei pressi dell'uscita dei bocchettoni dell'impianto di refrigerazione; (2) i bocchettoni dell'impianto di refrigerazione; (3) il punto più caldo della cella corrispondente alla porta di accesso; (4) l'interno della cella, rappresentativo delle condizioni termo-igrometriche del prodotto.

Il costo del sistema descritto risulta proporzionale al numero di *data loggers* necessari per la rilevazione e quindi al numero di aree di stoccaggio da monitorare, che a sua volta dipende dalla configurazione della cold chain. L'infrastruttura tecnologica descritta permette di collegare i flussi informativi provenienti dai *data loggers* collocati nelle celle di stoccaggio con quelli rilevati dai reader collocati sui sistemi di movimentazione, nonché con le informazioni fornite dai tag posizionati sui prodotti e sui vani di stoccaggio. L'integrazione di tali flussi permette di tracciare in tempo reale il flusso del prodotto, garantendo parallelamente il controllo della temperatura (Carboni et al., 2008).

La Fig. 8.12 mostra l'architettura del sistema di monitoraggio della cold chain basato sull'approccio euleriano. In particolare, il sistema prevede l'impiego di un tag RFID passivo per ciascuna unità di movimentazione (per esempio, bins) di prodotto monitorato (lettera A in Fig. 8.12) e di uno per ciascun vano di stoccaggio (lettera B in Fig. 8.12). La cella di stoccaggio è dotata di copertura wireless e al suo interno sono collocati quattro *data loggers*, nelle posizioni precedentemente descritte (i termometri di Fig. 8.12). Ciascuna attrezzatura di movimentazione impiegata, tipicamente carrelli a forche, è dotata di antenna e reader RFID e di un sistema di comunicazione in wireless con il sistema informativo aziendale (rispettivamente rappresentati dalle lettere C e D di Fig. 8.12).

L'approccio euleriano dà luogo a cinque voci di costo principali, rappresentative degli investimenti necessari per il monitoraggio della catena del freddo secondo tale ottica (vedi il box 8.2 per i dettagli relativi alla trattazione analitica del problema).

1. Costo dei Tag RFID necessari per l'identificazione delle unità di movimentazione (C_{tme}) e per quella dei vani di stoccaggio (C_{tl});
2. Costo dei quattro *data loggers* installati in ciascuna cella di stoccaggio (C_{de});

Approccio euleriano

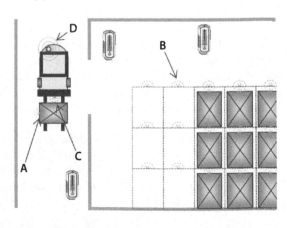

Fig. 8.12 Componenti dell'approccio euleriano

Box 8.2 Approccio euleriano: equazioni analitiche

Costo dei tag RFID da utilizzare per le unità di movimentazione: $C_{tme} = C_{tp} \times V$

Costo dei tag RFID da utilizzare per i vani di stoccaggio: $C_{tl} = C_{tp} \times S_L$

Costo dei *data loggers*: $C_{de} = 4\,C_d \times R$

Costo del sistema di movimentazione: $C_m = C_f \times F$

Costo del sistema di comunicazione: $C_{re} = C_r \times R$

Costo totale del sistema: $C_E = C_{tme} + C_{tl} + C_{de} + C_m + C_{re} =$
$$= C_{tp} \times V + C_{tp} \times S_L + 4\,C_d \times R + C_f \times F + C_r \times R$$

---

3. Costo sostenuto per equipaggiare il sistema di movimentazione al fine di realizzare le letture dei tag RFID allocati sul prodotto e all'interno del magazzino (C_m);
4. Costo del sistema di comunicazione tra carrello e sistema informativo. Rappresenta il costo dei dispositivi (rete wireless e terminali RF) che permettono ai carrelli di comunicare con il sistema informativo aziendale durante le diverse operazioni logistiche. A titolo esemplificativo, senza togliere generalità al modello, si ipotizza un costo pari a quello di un set antenna-reader (C_{re}).

8.3.2.2 Approccio lagrangiano

L'approccio lagrangiano prevede lo sviluppo di un sistema di tracciabilità e di *monitoraggio dinamico* della cold chain, che si muova cioè solidalmente col prodotto lungo la filiera e misuri le condizioni termo-igrometriche cui il prodotto è sottoposto (*misurazione on item*) (Carboni et al., 2008).

In questo caso, ciò che viene richiesto ai tag non è semplicemente la capacità di identificare le unità di prodotto, ma anche quella di misurare le condizioni termo-igrometriche dell'ambiente in cui esse si trovano (Carboni, et al., 2008). Tale requisito può essere soddisfatto solo da tag RFID attivi; in quanto offrono una totale continuità di controllo della temperatura e dell'umidità di tutti gli ambienti della cold chain.

Grazie a una triangolazione dei segnali provenienti dai tag attivi posti sui bins, il sistema lagrangiano opera inoltre un monitoraggio in tempo reale della posizione dei prodotti all'interno della cold chain (*Real Time Location System*, RTLS); ne consegue l'eliminazione dei tag da utilizzare per l'identificazione delle postazioni di stoccaggio. Tale monitoraggio è statico in quanto solidale con la struttura della cold chain. Il sistema di triangolazione prevede l'utilizzo di 4 appositi set antenna-reader (*location receivers*), che svolgono la funzione di ricevitori di posizione, attraverso un opportuno software che elabora i segnali provenienti dai tag per calcolare la distanza e derivare la posizione degli stessi all'interno del sistema. Il software elaborato funziona in conformità agli standard IEEE 802.11/b.

Le condizioni termo-igrometriche sono invece rilevate dai sensori dei tag attivi in modo dinamico, essendo questi, come si è detto, solidali con i prodotti in movimento all'interno della cold chain. Qualora i bins transitino in un sistema non coperto in radiofrequenza, le informazioni termo-igrometriche non vengono perse, poiché sono memorizzate all'interno dei tag attivi sfruttando la loro memoria; il sistema informativo aziendale sarà aggiornato automaticamente non appena disponibile una connessione allo stesso.

Fig. 8.13 Componenti dell'approccio lagrangiano

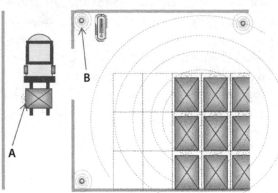

In sintesi, i tag attivi permettono contemporaneamente l'identificazione univoca dei bins, grazie al tag ID, e la rilevazione delle condizioni termo-igrometriche degli ambienti che questi attraversano, compresi quelli non coperti da rete in radiofrequenza. Per tale ragione, le celle di stoccaggio non necessitano più di *data loggers* per definire la distribuzione delle temperature all'interno degli ambienti, essendo questa rilevata dai tag RFID attivi, ma richiedono l'impiego di un solo *data logger* per controllare il corretto funzionamento del sistema di refrigerazione (da utilizzare, per esempio, nel caso in cui non siano presenti prodotti all'interno della cella di stoccaggio).

Le componenti principali dell'approccio lagrangiano (Fig. 8.13) sono quindi:

- un tag RFID attivo per ogni unità di prodotto movimentata, rappresentato con la lettera A in Fig. 8.13;
- quattro set antenne-reader per ogni cella di stoccaggio della cold chain, rappresentati con la lettera B in Fig. 8.13;
- un *data logger* per ogni cella di stoccaggio della cold chain, rappresentato con un termometro in Fig. 8.13.

L'approccio lagrangiano dà luogo a tre voci di costo principali, rappresentative degli investimenti necessari per il monitoraggio della catena del freddo (vedi il box 8.3 per i dettagli relativi alla trattazione analitica del problema):

- costo dei tag RFID necessari per l'identificazione delle unità di movimentazione (per esempio bins) (C_{tml});
- costo del *data logger* installato in ciascuna cella di stoccaggio (C_{dl});
- costo dei 4 set antenna-reader, necessari per la rilevazione in tempo reale della posizione dei bins all'interno degli ambienti monitorati (C_{rl}).

8.3.2.3 Lagrangiano vs Euleriano: costi sorgenti

Il costo del tag (*Tag Technology Cost*, TTC) risulta molto diverso a seconda della tipologia di device utilizzata. In particolare, i costi di acquisto di un tag attivo superano di oltre uno o due ordini di grandezza quelli di un tag passivo. D'altra parte, sfruttando l'ampia distanza di

---

Box 8.3 Approccio lagrangiano: equazioni analitiche

Costo dei tag RFID da utilizzare per le unità di movimentazione: $C_{tml} = C_{ta} \times V$

Costo del *data logger*: $C_{dl} = C_d \times R$

Costo dei set antenna-reader: $C_{rl} = 4 \, C_r \times R$

Costo totale del sistema: $C_E = C_{tml} + C_{dl} + C_{rl} = C_{ta} \times V + C_d \times R + 4 \, C_r \times R$

---

lettura (anche 100 metri) offerta dai tag attivi, è possibile monitorare la loro localizzazione in un ambiente senza la necessità di equipaggiare le celle di stoccaggio di tag RFID, ma solo sfruttando la triangolazione dei segnali emessi dai tag attivi, elaborati da un opportuno software. Per garantire la triangolazione dei segnali, è necessario collocare negli ambienti un numero maggiore di set antenna-reader (*Antenna-Reader Cost*, ARC). In particolare, si dovranno prevedere 4 set antenna-reader per ogni area nella quale si vuole avere il monitoraggio in tempo reale della posizione dei bins. Ne consegue che tale voce di costo risulta particolarmente sensibile all'incremento del numero di ambienti da monitorare, e quindi alla complessità della cold chain.

8.3.2.4 Lagrangiano vs Euleriano: costi cessanti

Le principali voci di costo cessante derivanti dall'utilizzo del sistema lagrangiano rispetto a quello euleriano sono due. La prima è legata al sistema di movimentazione (*Handling System Saving*, HSS). Come precedentemente descritto, al contrario di quanto previsto nel contesto euleriano, il sistema lagrangiano non necessita di un equipaggiamento specifico per ogni attrezzatura di movimentazione utilizzata, in quanto l'impiego di tag passivi obbliga a brevi distanze di lettura. Ne consegue che, all'aumentare della flotta utilizzata per la movimentazione dei bins all'interno della cold chain, il contesto euleriano diventa man mano più costoso. La seconda voce di costo cessante derivante dall'impiego dell'approccio lagrangiano rispetto a quello euleriano è legata alle attrezzature utilizzate per il controllo della temperatura (*Static Measuring System Saving*, SMSS). Infatti, sfruttando la presenza di sensori di temperatura su ogni singolo tag attivo, l'approccio lagrangiano non necessita di un sistema di monitoraggio per rilevare la distribuzione della temperatura nell'ambiente. Di conseguenza, l'approccio euleriano richiede quattro *data loggers* per ricostruire l'andamento delle condizioni termo-igrometriche dell'ambiente, mentre l'approccio lagrangiano ne richiede solo uno, utilizzato per monitorare e gestire il sistema di condizionamento (per esempio nel caso in cui nell'ambiente non siano presenti bins), consentendo un risparmio di tre *data loggers* per ogni ambiente oggetto di monitoraggio.

8.3.2.5 Calcolo dei punti di indifferenza

Il criterio di scelta tra l'approccio euleriano e quello lagrangiano è essenzialmente economico: a seconda delle caratteristiche della cold chain da monitorare, si opta per la configurazione che genera il minimo costo totale logistico. L'approccio metodologico utilizzato prevede un'analisi differenziale tra i due modelli proposti, con l'obiettivo di individuare i punti di indifferenza, che rappresentano quei particolari contesti in cui i due sistemi mostrano gli stessi costi totali.

Il punto di partenza è il calcolo della differenza tra i costi totali dei due approcci, cioè:

$$\Delta C_{tot} = C_L - C_E$$

quindi:
- se $\Delta C_{tot} > 0$ è preferibile optare per il modello euleriano, in quanto più conveniente;
- se $\Delta C_{tot} < 0$ è preferibile optare per il modello lagrangiano, in quanto più conveniente;
- se $\Delta C_{tot} = 0$ la scelta tra i due modelli è indifferente, in quanto i due approcci generano lo stesso costo totale logistico.

I punti di indifferenza tra i due diversi approcci si ottengono da quest'ultima condizione analizzando le differenze tra le diverse componenti principali delle precedenti funzioni di costo. Sulla base delle diversità che intercorrono tra le due configurazioni d'uso della tecnologia RFID proposte, adottare il metodo lagrangiano anziché quello euleriano comporta un incremento del costo dei tag utilizzati (i tag attivi hanno costi di almeno uno/due ordini di grandezza superiori rispetto a quelli passivi, oltre a richiedere la sostituzione della batteria quando esaurita) e del set antenna-reader di ogni ambiente all'interno del quale si vuole monitorare in tempo reale la posizione dei bins. Al contrario, il sistema lagrangiano dà luogo a un risparmio derivante dall'eliminazione dell'equipaggiamento dei carrelli di movimentazione e di tre *data loggers* per ogni ambiente che si vuole tenere sotto controllo dal punto di vista termo-igrometrico.

Alla luce delle considerazioni e delle semplificazioni effettuate, è possibile derivare un'espressione analitica dei punti di indifferenza.

Box 8.4 Calcolo della condizione di indifferenza

Si ponga:

$$TTC = VC_{tp} (K - 1) - C_{tp}S_L$$
$$HSS = C_f F$$
$$SMSS = \Delta_d R C_d$$
$$ARC = 3 R C_r$$

La condizione di indifferenza è espressa analiticamente dalla relazione:

$$0 = TTC - HSS - SMSS + ARC = VC_{tp} (K - 1) - C_{tp}S_L - C_f F - R(\Delta_d C_d - 3C_r)$$

dalla quale si deduce il numero di celle di monitoraggio R che rende indifferente la scelta tra il sistema lagrangiano e quello euleriano:

$$R = \frac{VC_{tp}(K-1) - C_{tp}S_L - C_f F}{\Delta_d C_d - 3C_r}$$

oppure il numero di carrelli a forche F presenti nella cold chain, che rende indifferente la scelta tra il sistema lagrangiano e quello euleriano:

$$F = \frac{VC_{tp}(K-1) - C_{tp}S_L + R\left(3C_r - \Delta_d C_d\right)}{C_f}$$

Nel box 8.4 è riportata la condizione di indifferenza generale tra i due sistemi, ottenuta dall'annullamento della somma algebrica dei costi cessanti e dei costi sorgenti, precedentemente descritti; da questa è possibile ricavare il numero di celle di stoccaggio o la numerosità della flotta del sistema di movimentazione in grado di soddisfare tale condizione.

Dal punto di vista operativo, risulta particolarmente funzionale trasformare le equazioni precedentemente ricavate in uno strumento grafico, nel quale sono rappresentate le curve di indifferenza (*Indifference Curves Graph*, ICG). Tali curve rappresentano il luogo dei punti nei quali le due configurazioni si equivalgono dal punto di vista dei costi e dei benefici. Un esempio di ICG è riportato in Fig. 8.14 (Dreyer, 2000). In particolare, nel grafico ICG è possibile definire i punti di indifferenza al variare di *F*, *V* e *R*, indicativi, rispettivamente, del numero di carrelli del sistema di movimentazione utilizzato, del quantitativo di prodotti [kg] o bins [adimensionale] movimentato nella cold chain e del numero di celle da monitorare. Si precisa che il parametro *V* rappresenta quindi il massimo numero di asset necessari per far fronte ai flussi produttivi della cold chain.

Partendo da questi dati, è immediato ricavare la condizione di indifferenza e quindi definire la convenienza o meno di uno dei due approcci. Per esempio, con riferimento alla Fig. 8.14, se la cold chain esaminata si compone di R^* celle di stoccaggio da monitorare e movimenta al più V^* bins o V^* kg di prodotto (condizione rappresentata dal punto P^*), è possibile determinare una retta *Fe*, rappresentativa della condizione di indifferenza tra i due approcci. Se la numerosità della flotta presente all'interno della cold chain presa in esame F^* è superiore a *Fe* precedentemente individuato, come esemplificato in Fig. 8.14, si può dedurre che la soluzione euleriana è più conveniente rispetto a quella lagrangiana.

È sempre possibile approcciare l'analisi dal punto di vista analitico, e in particolare, per quanto attiene all'esempio in Fig. 8.14, la condizione di indifferenza sulla numerosità della flotta di movimentazione *Fe* può essere ricavata anche con la seguente espressione:

$$Fe = \frac{VC_{tp}(K-1) - C_{tp}S_L + R(3C_r - \Delta_d C_d)}{C_f}$$

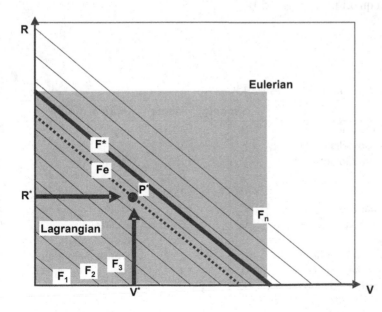

Fig. 8.14 Grafico delle curve di indifferenza (ICG)

Nel caso in cui, invece, la numerosità della flotta del sistema di movimentazione F^* sia al di sotto della curva Fe precedentemente determinata o individuata graficamente grazie a ICG, il sistema lagrangiano sarà più conveniente rispetto a quello euleriano.

8.3.2.6 Case study

In questo paragrafo la metodologia di scelta illustrata nel paragrafo precedente viene applicata a una supply chain italiana della frutta fresca. Alla luce dello studio condotto, si è ipotizzato di applicare la tecnologia di monitoraggio RFID solo alla parte iniziale della filiera. Il percorso del prodotto in questione inizia quindi nel frutteto presso cui è stato coltivato e successivamente raccolto e riposto all'interno di cassette di plastica (bins). Il monitoraggio tramite tecnologia RFID termina una volta che i frutti abbandonano i bins per essere confezionati e in seguito spediti al cliente finale, tipicamente la grande distribuzione organizzata. Dall'analisi AS IS effettuata sulla supply chain, è emerso che essa si compone di 4 magazzini, 40 aree (celle) che necessitano del controllo delle relative condizioni termo-igrometriche e di un parco di carrelli a forche per la movimentazione del prodotto di 30 unità. Il massimo ammontare di frutti movimentati nella cold chain è $V = 25.000$ tonnellate. Sapendo che ogni bin è in grado di contenere sino a 250 kg di prodotto, si può determinare il valore adimensionale di V pari a 100.000 unità, corrispondente al numero di tag che è necessario impiegare per effettuare il monitoraggio. I dati dell'analisi svolta sono riportati in Tabella 8.1:

Occorre notare che presso i 4 magazzini che compongono la catena del freddo non si utilizzano scaffalature (*racks*) e di conseguenza i bins di prodotto sono disposti in pile da 12 unità ciascuna. Di conseguenza, la catena del freddo ospita fino a 8334 piloni di prodotto, ciascuno dei quali richiede – nel modello euleriano – l'installazione di un tag passivo. Inoltre, sulla base dell'analisi AS IS condotta, si è osservato che implementando il modello lagrangiano si ottiene un risparmio in termini di impiego di *data loggers* pari a 3 unità (Δ_d). Infine, è oggi possibile reperire sul mercato tag RFID passivi a soli 0,1 € al pezzo. Il prezzo unitario di 0,5 € proposto in Tabella 8.1 per tali dispositivi è comprensivo del costo del fissaggio del tag al bin. Come si evince dal contenuto della tabella, i tag attivi sono nettamente più costosi rispetto a quelli passivi ($K = 50$).

Tabella 8.1 Dati numerici ed economici del case study

Parametro	*Simbolo*	*Valore*	*Unità di misura*
Numero di aree (celle) da monitorare	R	40	
Numero di carrelli a forche in uso nella cold chain	F	30	
Massimo ammontare di prodotto movimentato	V	25×10^6	kg
Numero di vani di stoccaggio	S_L	8334	
Capacità di carico di un bin	Q	250	kg
Costo unitario di un tag RFID passivo	C_{tp}	0,5	€/tag
Costo di allestimento RFID per un carrello a forche	C_f	6500	€/carrello
Costo unitario di un *data logger*	C_d	250	€/datalogger
Costo unitario di un set antenna-reader RFID	C_r	2500	€/antenna-reader set
Differenza di impiego di *data loggers* per cella	Δ_d	3	
Rapporto fra i costi di un tag attivo e di uno passivo	K	50	

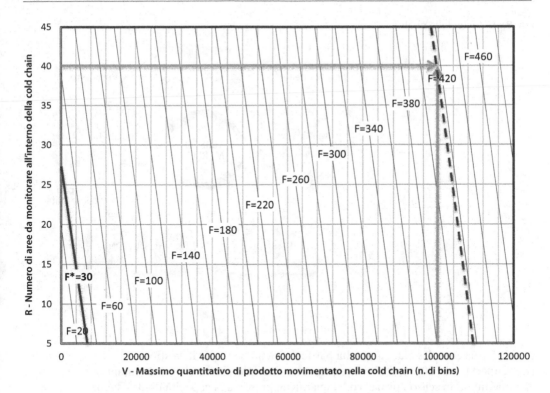

Fig. 8.15 Grafico ICG della cold chain italiana della frutta per K = 50

Inserendo i dati riportati in Tabella 8.1 nel modello di confronto tra i due diversi approcci proposti, opportunamente adattato alla realtà del settore ortofrutticolo, è stato ottenuto il grafico ICG della Fig. 8.15. Come si può osservare, l'elevata disparità di prezzo fra tag attivi e passivi porta la condizione di indifferenza tra i due modelli (retta tratteggiata) ad attestarsi su un valore corrispondente a 418 (*Fe*) carrelli contro i 30 effettivamente in uso (*F**, retta in grassetto in figura). Dunque il modello euleriano risulta nettamente più conveniente rispetto a quello lagrangiano, essendo *Fe < F**.

8.3.3 Misurazione delle prestazioni di cold chain management

Il problema della valutazione delle performance dei sistemi produttivi è da sempre stato al centro dell'analisi di ricercatori e professionisti (Pun et al., 2005). Secondo Harrington (1991),

"[...] se un sistema non si può misurare, allora non lo si può controllare. Se non lo si può controllare, allora non lo si può gestire. Se non lo si può gestire, allora non lo si può migliorare".

In effetti, la mancanza di rilevanti sistemi a supporto della misurazione delle performance è stato riconosciuto come uno dei principali problemi nel processo di gestione di un sistema

Fig. 8.16 Ciclo della qualità

e, data la sua complessità, ciò risulta particolarmente vero per la gestione di una supply chain (Davenport et al., 2006), e di conseguenza di una cold chain, al fine di garantire una qualità elevata. Intesa in senso normativo, la qualità rappresenta la capacità di un sistema di far fronte, tramite un prodotto, alle esigenze espresse e inespresse del cliente attraverso il "ciclo della qualità" che, dalla percezione di un bisogno da parte del mercato, si conclude con la collocazione di un bene sul mercato stesso (Fig. 8.16).

Il ciclo della qualità parte, come osservato, dall'espressione di un bisogno da parte del mercato; tale bisogno viene colto e interpretato dalla funzione marketing aziendale, che sulla base delle informazioni rilevate impartisce disposizioni alla funzione progettazione. La funzione progettazione a sua volta, sulla base delle esigenze espresse dal marketing, traduce le informazioni ricevute in un progetto. Tale progetto deve essere realizzato dalla funzione produzione il cui compito è dare origine a un oggetto fisico conforme alle specifiche del progetto stesso. Infine le vendite hanno il compito di collocare sul mercato l'oggetto realizzato. Se in questo ciclo non vi fossero errori, scollamenti e male interpretazioni, il prodotto collocato sul mercato risponderebbe esattamente alle esigenze espresse dal cliente, e sarebbe quindi un prodotto di qualità. In realtà, a causa della continua rielaborazione delle informazioni tra le diverse funzioni aziendali, possono verificarsi delle discordanze tra quanto espresso a monte e quanto ricevuto a valle, discordanze che portano tutte a un prodotto non di qualità. Si parla in questo caso di *gaps*, distinguendo tra: gap di percezione, nel caso in cui sia il marketing a non recepire gli effettivi bisogni espressi dal mercato; gap di progetto, nel caso in cui il progetto realizzato non riesca a sintetizzare tutte le richieste espresse dal marketing; gap di conformità, nel caso in cui la produzione realizzi un oggetto non conforme alle specifiche di progetto. In ogni caso, poiché tutti i tipi di gap conducono alla realizzazione di un prodotto non di qualità, è necessario operare in modo da eliminare tale occorrenza, innanzi tutto cercando di ridurre il più possibile la durata del ciclo, il cosiddetto *time to market*, pena la perdita di competitività legata all'incapacità di soddisfare in breve tempo le richieste del mercato, industrializzando e realizzando un nuovo prodotto.

Senza entrare nell'ambito della gestione della qualità, ma limitandosi agli indicatori di performance, e in particolare a quelli legati alla cold chain attraverso le nuove tecnologie disponibili, è importante sottolineare la necessità di utilizzare strumenti di analisi adeguati alle nuove opportunità offerte. Infatti, grazie alla tecnologia RFID, è possibile affermare che il costo dell'informazione è un costo di investimento e non più d'esercizio. Ciò significa che per la prima volta il costo dell'informazione è indipendente dal numero di rilevazioni della stessa lungo l'intera supply chain e questo fa esplodere la mole di dati che è necessario elaborare. Così come i flussi informativi sono stati modificati dall'introduzione della tecnologia RFID, anche gli indicatori di performance devono tener conto di questo nuovo aspetto, che se non correttamente gestito porta conseguenze negative anziché benefit. In altre parole, molte informazioni possono portare a un risultato confuso se non elaborate in modo opportuno attraverso nuovi strumenti in grado di aggregarle coerentemente (Motta, 2006). Tali strumenti, a livello di cold chain, possono essere riassunti in:

- grafico tempo-temperatura (G.TT);
- grafico tempo-temperatura-probabilità (G.TTP).

8.3.3.1 Strumenti per la gestione delle informazioni in una cold chain

Il grafico tempo-temperatura è uno strumento di immediata comprensione che vuole mettere in evidenza, attraverso un ausilio grafico, la relazione esistente tra le grandezze fisiche che maggiormente impattano sulla qualità di un prodotto deperibile: la temperatura e l'intervallo temporale nel quale un prodotto si è trovato a tale temperatura. Questo strumento consente di individuare istantaneamente i punti critici all'interno di una cold chain e, di conseguenza, le responsabilità degli attori sulla qualità finale del prodotto, sia nel caso di temperature troppo elevate sia nel caso di temperature troppo basse. In Fig. 8.17 è riportato un esempio applicativo

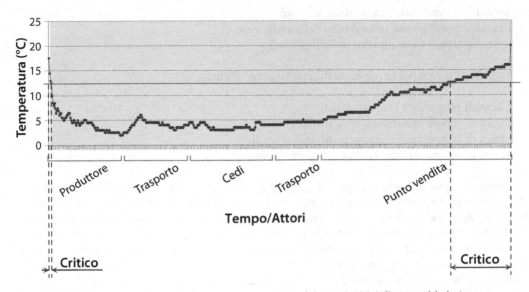

Fig. 8.17 Grafico tempo-temperatura e individuazione dei punti critici di una cold chain

di G.TT, nel quale sono stati evidenziati i punti critici in cui la temperatura ha superato la soglia di 12,5 °C. In G.TT risulta di immediata identificazione sia l'intervallo temporale durante il quale la temperatura non è stata mantenuta sotto controllo, sia gli attori coinvolti. Proprio per la sua intuitività, questo strumento è molto apprezzato in ambito operativo.

Nel caso in cui più letture siano prese in considerazione per una medesima cold chain o per un singolo attore è possibile utilizzare G.TT rappresentando con una serie di punti le coppie di dati tempo-temperatura e con una curva il valor medio della temperatura per un fissato istante temporale. Come si vedrà in seguito (Fig. 8.25), questo tipo di rappresentazione fornirà visivamente una stima della variabilità delle condizioni termiche del processo attraverso l'ampiezza della nuvola di punti attorno alla linea media (Fig. 8.17).

8.3.3.2 Grafico tempo-temperatura-probabilità (G.TTP)

Al fine di ottenere un'elaborazione sintetica della vasta mole dei dati raccolti grazie alla tecnologia RFID, viene proposto il grafico tempo-temperatura-probabilità. G.TTP è in grado di fornire in maniera immediata e diretta numerose informazioni relative alle performance dell'intera cold chain o dell'attore oggetto del grafico. In particolare G.TTP sintetizza importanti risultati sia in termini di capacità di rispettare le condizioni di temperatura di conservazione dei prodotti sia di tempo di residenza in tale stato.

Nella fattispecie, sono state previste due tipologie di G.TTP. Una definita "al di sopra di T" e l'altra "al di sotto di T" utilizzabili a seconda che per il prodotto in questione sia critico il superamento di una soglia limite inferiore o superiore. G.TPP "al di sopra di T" rileva tutte le prestazioni in termini di tempo di permanenza del prodotto al di sopra di una certa temperatura; G.TPP "al di sotto di T" opera in maniera analoga in un'ottica di permanenza al di sotto di una certa temperatura.

Per quanto riguarda i tempi di attraversamento dell'intera cold chain o l'attore oggetto del grafico, entrambi forniscono gli stessi risultati.

Il grafico G.TTP presenta tre assi di riferimento (Fig. 8.18):

– asse della temperatura (asse delle ascisse);
– asse delle probabilità (asse destro delle ordinate);
– asse del tempo (asse sinistro delle ordinate).

In G.TTP si osserva la presenza di quattro diverse curve:

– curva di probabilità (curva spessa);
– curva di tempo massimo (curva sottile in alto);
– curva di tempo medio (curva tratto punto sottile);
– curva di tempo minimo (curva sottile in basso).

Ciascun punto della curva di probabilità è ottenuto tramite il rapporto tra il numero di unità di prodotto tracciate che sono state mantenute al di sotto della temperatura corrispondente e il totale di unità che hanno attraversato la cold chain o l'attore oggetto del grafico. Quindi, se si desidera conoscere la probabilità che un prodotto si sia trovato a una temperatura inferiore a un certo valore T^*, occorre individuare la temperatura desiderata sull'asse delle ascisse, tracciare da essa una retta verticale e trovare infine il punto di intersezione con la curva "Probabilità". Da tale punto, tracciando una retta orizzontale verso l'asse destro delle ordinate del grafico si ottiene la probabilità cercata.

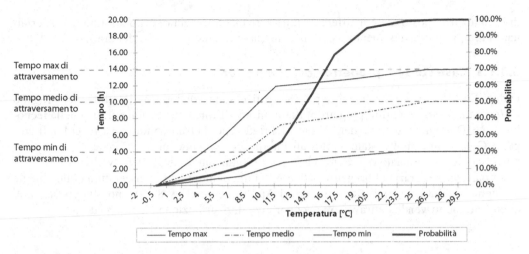

Fig. 8.18 Esempio di grafico tempo-temperatura-probabilità "al di sotto di T"

Ogni punto della curva "Tempo Massimo" rappresenta il massimo intervallo di tempo per cui un prodotto è rimasto al di sotto della temperatura di riferimento nell'attraversamento della cold chain o dell'attore oggetto del grafico. Il massimo intervallo di tempo in cui una singola unità di prodotto è rimasta al di sotto di una certa temperatura, si ottiene dunque selezionando la temperatura desiderata dall'asse delle ascisse T^*, tracciando da essa una retta verticale, trovando poi il punto di intersezione con la curva "Tempo max". Da tale punto, tracciando una retta orizzontale verso l'asse sinistro delle ordinate del grafico si ottiene l'intervallo di tempo cercato. Il tempo massimo di attraversamento è dato dall'intersezione della curva di tempo massimo con l'asse delle ordinate del tempo.

Ogni punto della curva "Tempo Medio" rappresenta la media degli intervalli di tempo per cui un prodotto è rimasto al di sotto della temperatura di riferimento nell'attraversamento della cold chain o dell'attore oggetto del grafico. L'intervallo di tempo medio in cui un prodotto è stato al di sotto di una certa temperatura, si ottiene dunque selezionando la temperatura desiderata dall'asse delle ascisse T^*, tracciando da essa una retta verticale, trovando poi il punto di intersezione con la curva "Tempo medio". Da tale punto, tracciando una retta orizzontale verso l'asse sinistro delle ordinate del grafico si ottiene l'intervallo di tempo cercato. Il tempo medio di attraversamento è dato dall'intersezione della curva di tempo medio con l'asse delle ordinate del tempo.

Ogni punto della curva "Tempo Minimo" rappresenta il più piccolo intervallo di tempo nel quale un prodotto è rimasto al di sotto della temperatura di riferimento nell'attraversamento della cold chain o dell'attore oggetto del grafico. Il minimo intervallo di tempo in cui un prodotto è stato al di sotto di una certa temperatura, si ottiene dunque selezionando la temperatura desiderata sull'asse delle ascisse T^*, tracciando da essa una retta verticale, trovando poi il punto di intersezione con la curva "Tempo min". Da tale punto, tracciando una retta orizzontale verso l'asse sinistro delle ordinate del grafico si ottiene l'intervallo di tempo cercato. Il tempo minimo di attraversamento è dato dall'intersezione della curva di tempo massimo con l'asse delle ordinate del tempo.

G.TTP "al di sopra di T" debbono essere utilizzati in maniera del tutto analoga per ottenere i dati di probabilità di superamento di una data soglia di temperatura e i relativi intervalli di permanenza, posto che è indifferente utilizzare una tipologia rispetto all'altra per determinare i tempi di attraversamento presso la cold chain o l'attore oggetto del grafico.

8.3.3.3 Case study: il progetto *Cold chain pilot*

Un'applicazione degli strumenti sopra descritti è stata condotta nell'ambito del progetto *Cold chain pilot*, tra i primi progetti in Italia mirati all'implementazione pratica della tecnologia RFID nel monitoraggio della catena del freddo per la frutticoltura post-raccolta. Il progetto Cold chain pilot è stato svolto all'interno del progetto interregionale "Frutticultura post-raccolta" coordinato dal Centro Ricerche Produzioni Vegetali (CRPV).

In particolare, grazie al progetto è stato possibile monitorare la temperatura delle ciliegie di Vignola dalla cooperativa dei produttori Apo Conerpo (Fig. 8.19) fino alla consegna ai clienti nei punti vendita attraverso la cooperativa di distribuzione Nordiconad.

Fig. 8.19 Preparazione delle vaschette di vendita delle ciliegie di Vignola impiegate nel progetto

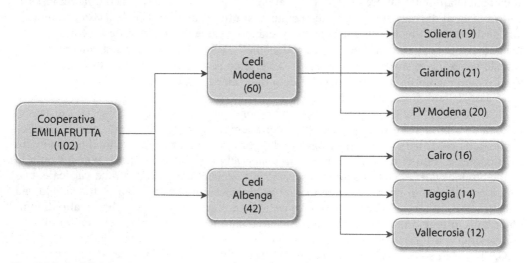

Fig. 8.20 Suddivisione delle spedizioni dei tag fra i vari attori

Fig. 8.21 Inserimento del tag RFID in una cassetta allestita per il progetto Cold chain pilot

Come mostrato in Fig. 8.20, il progetto pilota è stato realizzato coinvolgendo 2 centri di distribuzione Nordiconad di Modena e Alberga (SV) e 6 punti vendita, tre dei quali in Emilia-Romagna (Soliera, Giardino e Modena) e tre in Liguria (Cairo, Taggia, Vallecrosia). L'Università degli Studi di Parma unitamente a Di.Tech, fornitore di soluzioni informatiche, si è occupata della supervisione del progetto, dell'implementazione del software di elaborazione e dell'analisi dei dati. L'azienda Montalbano Technology ha fornito tag RFID HF semipassivi per il monitoraggio della temperatura.

Il progetto pilota – che ha avuto una durata di un mese, coincidente con il periodo di raccolta delle ciliegie di Vignola in Italia – si è concluso a luglio 2007. Durante tale periodo, i partner del progetto hanno monitorato la temperatura di circa 120 cassette, delle quali 102 sono risultate utili ai fini del progetto. Per effettuare il monitoraggio, è stato posto un sensore di temperatura RFID, inserito in un'apposita interfalda di carta, sul fondo di ogni cassetta, sotto le confezioni di ciliegie (Fig. 8.21). Complessivamente sono state rilevate oltre 57.000 coppie tempo-temperatura.

Il tag, denominato MTsens e appositamente progettato dalla Montalbano Technology, è di tipo semi-passivo, dotato di batteria per la rilevazione della temperatura, e operante a una frequenza di 13,56 MHz in conformità agli standard ISO 15693. Al momento del confezionamento delle ciliegie presso la cooperativa Apo Conerpo, il tag MTsens è stato attivato, tramite uno dei 3 reader realizzati da FEIG Electronic, e ha iniziato a memorizzare coppie di dati tempo/temperatura all'interno del chip.

Alla fine della cold chain, i tag sono stati inviati da ciascun punto vendita all'Università degli Studi di Parma, dove sono stati acquisiti, tramite un secondo reader FEIG Electronic, i dati tempo/temperatura memorizzati in ciascuno di essi. Al termine dell'acquisizione e della rimozione dei dati, i tag sono stati quindi rispediti al produttore Apo Conerpo per essere utilizzati nuovamente. Un terzo reader FEIG è stato, infine, utilizzato per interrompere la raccolta dati tempo/temperatura presso i punti vendita a conclusione della fase di vendita delle ciliegie di Vignola.

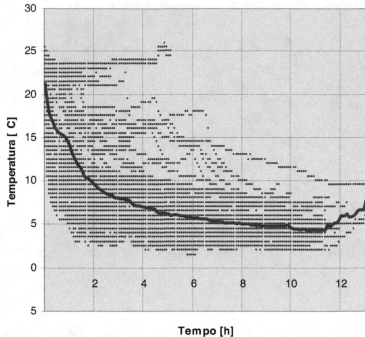

Fig. 8.22 Grafico tempo-temperatura (G.TT) dell'attore "Cooperativa"

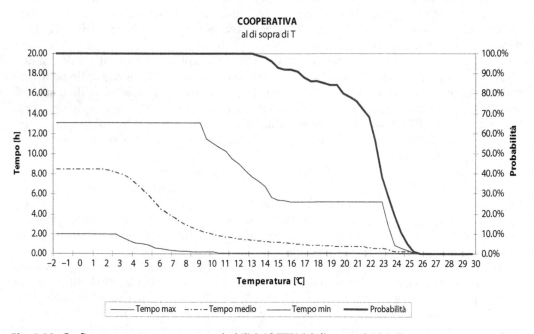

Fig. 8.23 Grafico tempo-temperatura-probabilità (G.TTP) "al di sopra di T" dell'attore "Cooperativa"

Ogni giorno della campagna di raccolta e distribuzione di ciliegie di Vignola sono state tracciate 6 cassette consegnate dal produttore al distributore, di cui 3 destinate al Cedi di Modena e 3 a quello di Albenga, e da questi ad altrettanti punti vendita per ciascuna area. La scelta di taggare sei cassette al giorno si è basata sull'esigenza di realizzare una soluzione flessibile, che consentisse di indirizzare le confezioni dotate di tag RFID verso i punti vendita aderenti al progetto pilota.

La tecnologia RFID si è dimostrata uno strumento fondamentale e versatile per consentire un efficace monitoraggio della cold chain. Tra i potenziali vantaggi connessi al suo impiego, sono stati riconosciuti:

– la possibilità di individuare i punti deboli della catena del freddo e di garantire al consumatore finale un prodotto sano, durevole e, quindi, di qualità elevata;
– la possibilità di acquisire una visione globale dell'intero sistema e di concentrarsi sulla ricerca dell'ottimo della supply chain: la soddisfazione del consumatore.

Nelle Figg. 8.22 e 8.23 è presentata l'applicazione degli strumenti G.TT e G.TTP al caso dell'attore "cooperativa".

La Fig. 8.22 mostra gli andamenti della temperatura durante il tempo di permanenza dei prodotti presso la cooperativa, in base alle registrazioni effettuate da tutti i tag che hanno transitato presso l'attore. La curva centrale, che si distingue per il maggiore spessore, rappresenta la media di questi andamenti. L'utilizzo dello strumento consente di effettuare alcune valutazioni sulle performance dell'attore cooperativa, sia dal punto di vista della singola spedizione sia da quello della performance complessiva, e di evidenziare eventuali anomalie (*outlier*). Nel caso in esame, un esempio di anomalia è rappresentato dai punti che si mantengono a una temperatura di 25 °C per oltre 5 ore, evidenziando una criticità nella cold chain. Si osserva inoltre come i punti tempo-temperatura non appaiano compatti a ridosso dell'andamento medio, indicando un'elevata variabilità delle prestazioni dell'attore e una sua incapacità di mantenere sotto controllo il processo.

Come precedentemente spiegato, nel grafico tempo-temperatura-probabilità di Fig. 8.23 si osservano quattro diverse curve:

– curva di probabilità;
– curva di tempo massimo;
– curva di tempo medio;
– curva di tempo minimo.

Si supponga, per esempio, di voler conoscere la probabilità che una cassetta di prodotto si sia trovata a una temperatura superiore a 22 °C. In questo caso occorre individuare la temperatura desiderata sull'asse delle ascisse, quindi tracciare a partire da essa una retta verticale fino a intersecare la curva "probabilità". Da tale punto, tracciando una retta orizzontale verso l'asse destro delle ordinate del grafico si ottiene la probabilità cercata. Nell'esempio, vi è il 70% di probabilità che le cassette di prodotto siano rimaste al di sopra di 22 °C.

La curva di tempo massimo rappresenta il massimo intervallo di tempo durante il quale una cassetta è rimasta al di sopra della temperatura di riferimento presso l'attore. Tale intervallo di tempo si ottiene dunque selezionando la temperatura desiderata sull'asse delle ascisse (per esempio, 4 °C) e tracciando da essa una retta verticale fino a intersecare la curva "tempo max.". Da tale punto, tracciando una retta orizzontale verso l'asse sinistro delle ordinate del grafico si ottiene l'intervallo di tempo cercato, in questo caso circa 13 ore. Questo valore corrisponde anche al tempo di attraversamento massimo dell'attore cooperativa, come si deduce dal fatto che il 100% dei prodotti è sempre mantenuto a una temperatura maggiore o uguale a 4 °C.

Sempre alla medesima temperatura è possibile intersecare la curva "tempo medio" e "tempo minimo", che forniscono rispettivamente: (i) l'informazione relativa alla media (circa 7,5 ore) degli intervalli di tempo nei quali una cassetta è rimasta al di sopra di 4 °C; (ii) l'informazione relativa al minimo intervallo di tempo (circa 1,45 ore) nel quale una cassetta è rimasta al di sopra di 4 °C.

Come si è già osservato, il tempo massimo richiesto per l'attraversamento dell'attore cooperativa risulta di 13 ore. I valori minimo e medio si possono ottenere, come precedentemente riportato, leggendo i valori di tempo sulle curve "tempo medio" e "tempo minimo", corrispondenti al 100% della "curva di probabilità" (per semplicità sull'asse delle ordinate).

Bibliografia

Billiard F (1999) Nouveaux développements dans la chaîne du froid au niveau mondial. Compte rendu, 20e Congrès International du Froid

Billiard F (2003) New developments in the cold chain: specific issues in warm countries. Ecolibrium, July: 10-14

Carboni C, Ferretti G, Montanari R (2008) Cold chain tracking: a managerial perspective. Trends in Food Science & Technology, 19(8): 425-431

Davenport TH, Jarvenpaa SL, Beers MC (1996) Improving knowledge work processes. Sloan Management Review, 37(4): 53-65

Dreyer DE (2000) Performance measurement: a practitioner's perspective. Supply Chain Management Review, 4(4): 30-36

Forcino H (2007) Protecting the cold chain. Pharmaceutical Technology, August: 40-44

Harrington HJ (1991) Business process improvement: the breakthrough strategy for total quality, productivity, and competitiveness. McGraw-Hill

Motta M (2006) Avanzate tecniche di controllo della cold chain di prodotti ortofrutticoli tramite ausilio di tecnologia RFID. Tesi di Laurea, Università degli Studi di Parma

Nagurney A (2006) Supply chain network economics: dynamics of prices, flows, and profits. Edward Elgar Publishing

Pun KF, Sydney White A (2005) A performance measurement paradigm for integrating strategy formulation: A review of systems and frameworks. International Journal of Management Reviews, 7(1): 49-71

RFID radio (2004) RFID's reduction of Out-of-Stock study at Wal-Mart. www.rfidradio.com/?p=11

World Health Organization (2005) Manual on the management, maintenance and use of blood cold chain equipment. WHO, Geneva

Glossario

Abbassamento
Ripristino delle referenze necessarie all'interno dello stock di picking.

Accuratezza
Grado di corrispondenza di un dato teorico a un dato reale o di riferimento. Il dato teorico può essere rappresentato, per esempio, da un numero di pallet attesi per una consegna, mentre il dato reale è il numero effettivo di pallet ricevuti in quella consegna.

Agility
Capacità di un sistema logistico di rispondere in tempi rapidi a variazioni di richiesta da parte del mercato.

Ammortamento
Quota annua della spesa sostenuta per l'acquisto di un asset.

Antenna
Elemento atto a trasmettere e/o ricevere onde elettromagnetiche.

Anticollisione
Tecnica per mezzo della quale un reader RFID riesce a isolare e singolarizzare ogni singolo tag all'interno di una popolazione al fine di leggerne o scriverne la memoria.

AS IS (scenario)
Scenario di riferimento; di solito è quello in essere all'interno del sistema oggetto di studio.

Asset
Bene industriale utilizzabile in un orizzonte temporale medio-lungo.

Asset logistico (Returnable transport item o Reusable transport item)
Qualsiasi supporto logistico in grado di assemblare beni per il trasporto, l'immagazzinamento, la movimentazione e la protezione del prodotto nella supply chain, e di ritornare per essere nuovamente utilizzato.

Attualizzazione (Discounting)
Operazione mediante la quale si determina il valore attuale di un ritorno economico futuro.

Bullwhip effect
Effetto che vede un aumento della variabilità della domanda risalendo gli attori della supply chain dal cliente al manufacturer.

Case
Imballaggio secondario.

Cash flow, *vedi* **Flusso di cassa**

Cicli tecnologici obbligati
Processi per i quali l'impianto si presenta come una sola grande macchina, in grado di realizzare un certo volume di produzione di un solo prodotto principale, attraverso trasformazioni prevalentemente di tipo chimico-fisico delle materie prime.

Cicli tecnologici per parti
Cicli nei quali la successione delle varie fasi del processo operativo, pur essendo vincolata alla realizzazione di un particolare prodotto, può ammettere numerose varianti organizzative in funzione di fattori esogeni (volumi da realizzare, disponibilità di manodopera qualificata ecc.), in modo da ottimizzare una certa funzione obiettivo. Il processo viene realizzato con una varietà di macchine, le quali, a differenza del caso di processi operativi a ciclo tecnologico obbligato, potrebbero svolgere altri cicli e fornire altri prodotti.

Cold chain management
Processo di pianificazione, gestione e controllo del flusso e dello stoccaggio di merci deperibili, dei servizi e delle informazioni connessi, da uno o più punti di origine ai punti di distribuzione e consumo.

Compattatore
Attrezzatura meccanica per ridurre il volume degli imballaggi da scartare, in particolare carta e cartone.

Conveyor portal
Varco RFID per l'identificazione dei tag su nastro trasportatore.

Costo totale logistico
Costo complessivo sostenuto da un sistema logistico per generare il flusso di prodotti, dalla produzione al cliente finale.

Dedicated storage
Politica di allocazione dei prodotti a magazzino nella quale il numero di vani di stoccaggio dedicati a un articolo è proporzionale alla giacenza massima dell'articolo stesso.

Desadv (Despatch advice)
Bolla elettronica.

Disallineamento
Differenze tra il dato virtuale presente a sistema informativo e il reale valore dello stock a magazzino.

Discounting, *vedi* **Attualizzazione**

Discovery service (DS)
Servizio che indica tutti gli EPCIS che hanno informazioni su uno specifico EPC.

Door portal
Varco RFID per banchina.

EAN (European Article Number)
Standard utilizzato in Italia per codificare le informazioni all'interno di un barcode unidimensionale.

Efficacia
Caratteristica di un sistema logistico di soddisfare determinati requisiti, che prevedono la consegna del prodotto giusto al cliente giusto, nelle quantità richieste, nello stato richiesto, nei tempi richiesti, nel luogo richiesto.

Efficienza
Caratteristica di un sistema logistico di generare un flusso efficace con i minimi costi logistici totali.

EIRP (Effective Isotropically Radiated Power)
Potenza irradiata da un'antenna isotropica ideale.

EPC (Electronic Product Code)
Codice identificativo del prodotto in formato elettronico.

EPCglobal
Organizzazione che a livello mondiale coordina lo sviluppo degli standard RFID.

EPCIS (EPC Information Services)
Servizi informativi relativi alla gestione dei codici EPC.

ERP (Effective Radiated Power)
Potenza irradiata da un'antenna a dipolo.

Errore di documentazione
Incongruenza tra il prodotto e la documentazione allegata allo stesso.

Errore di mix
Differenze, in termini di tipologia di prodotto, tra l'atteso e quello effettivamente presente.

Errore di quantità
Differenze, in termini di quantità di prodotto, tra l'atteso e quello effettivamente presente.

Field
Campo elettromagnetico prodotto da un'antenna ricetrasmittente.

Flusso di cassa
Insieme delle entrate e delle uscite di denaro da una cassa "virtuale" associata all'investimento effettuato per l'acquisto di un asset.

GDO (Grande distribuzione organizzata)
Moderno sistema di vendita al dettaglio effettuato attraverso una rete di punti vendita.

Gen2
Dispositivi RFID che aderiscono agli standard di seconda generazione rilasciati da EPCglobal.

GRAI (Global Returnable Asset Identifier)
Standard di codifica del sistema GS1 per l'identificazione degli asset logistici.

GS1
Associazione internazionale che si occupa della progettazione e dell'implementazione di standard globali e soluzioni volti a migliorare l'efficienza e la visibilità della supply chain.

GTIN (Global Trade Item Number)
Codice GS1 utilizzato per l'identificazione delle unità di vendita destinate al consumatore.

HF
Acronimo di High Frequency, banda di frequenza che si estende da 3 MHz a 30 MHz.

Identificazione
Processo con il quale un reader RFID segrega e isola un tag dagli altri in una popolazione.

Interferenza
Sovrapposizione di un'informazione non desiderata che crea disturbo alla corretta interpretazione di un segnale.

Internal rate of return (IRR), *vedi* **Tasso interno di redditività**

Interscambio (o Scambio alla pari)
Rappresenta la metodologia più diffusa per la gestione del parco pallet.

Interscambio differito
Nell'interscambio differito l'addetto al ricevimento merci presso il punto di consegna genera un buono pallet valido per il ritiro in un secondo momento di un numero di bancali pari a quello non interscambiato in diretta.

Interscambio immediato
Restituzione contestuale di un numero di pallet equivalenti in quantità e qualità a quelli ricevuti.

Inventario di riallineamento
Attività di inventario svolta al fine di ridurre le differenze tra i dati di inventory presenti a sistema informativo e quelli reali.

Lettura
Processo con il quale un reader accede ai dati sensibili del tag.

LF
Acronimo di Low Frequency, banda di frequenza che si estende da 30 kHz a 300 kHz.

Lineare
Area espositiva nel punto vendita.

Long-term asset, *vedi* **Asset**

Make to order
Produzione di prodotti le cui progettazione e ingegnerizzazione sono anticipate rispetto al momento dell'acquisizione dell'ordine, mentre la realizzazione dello stesso avviene effettivamente al momento nel quale giunge all'azienda la specifica richiesta del cliente.

Make to stock
Produzione di prodotti standard per il magazzino. La produzione viene eseguita su una previsione di vendita dei prodotti.

Markdown
Deprezzamento di un prodotto.

Matching automatico
Controllo automatico tra due flussi informativi: solitamente relativo a dati su prodotti attesi ed effettivamente ricevuti.

Memoria
Dispositivo elettronico in grado di registrare più o meno permanentemente informazioni elettroniche.

Modalità batch
Modalità non continua nella gestione dei dati che, memorizzati in un determinato intervallo temporale, vengono trasmessi tutti insieme al sistema informativo.

Net present value (NPV), *vedi* **Valore attuale netto**

Object Name Service (ONS)
Servizio di rete che, invocato da un apposito client con un codice EPC, restituisce l'indirizzo di rete dell'EPCIS del produttore di quell'EPC.

Order selection, *vedi* **Picking**

Out-of-stock (OOS)
Mancanza di prodotto nel momento in cui lo stesso è richiesto dal cliente.

Packing & marking
Attività che comprende una serie di operazioni necessarie per rendere idonee alla spedizione le linee d'ordine prelevate in fase di retrieving o di picking.

Pallet "alla spina"
Quantità di prodotto posta su un pallet e disponibili per il prelievo.

Payback period (PBP)
Tempo necessario affinché un investimento di durata e tasso di interesse fissati ripaghi l'esborso iniziale.

Picking
Prelievo di una certa quantità di imballaggi secondari per allestire pallet misti, secondo quanto indicato in una picking list, in risposta agli ordini ricevuti dai clienti.

Picking list
Documento nel quale sono raccolte tutte le informazioni necessarie per la realizzazione del carico.

Pooling
Sistema a noleggio degli asset (tipicamente utilizzato per i pallet) che prevede un contratto tra la società di noleggio e l'utilizzatore.

Portante
Onda elettromagnetica, generalmente sinusoidale, con caratteristiche di frequenza, ampiezza e fase note, che viene modificata da un segnale modulante contenente informazione per poi essere trasmessa via etere o via cavo.

Prontezza, *vedi* **Agility**

Range
Distanza che separa fisicamente l'antenna del reader e il tag, valutata in termini di distanze massima e minima nelle tre dimensioni spaziali.

Rate
Numero di tag processati nell'unità di tempo.

Reader
Dispositivo in grado di leggere e scrivere informazioni su tag RFID.   •

Replenishment, *vedi* **Abbassamento**

Reso
Prodotto restituito da un attore a valle a un attore a monte della supply chain.

Retrieving
Prelievo di un pallet intero da un vano di stoccaggio del magazzino per l'evasione di un ordine cliente.

Returnable transport item
Supporto logistico utilizzato per la movimentazione dei prodotti.

RFID (Radio Frequency IDentification)
Identificazione mediante l'impiego di sistemi in radiofrequenza.

Ricevimento
Attività nella quale si effettua lo scarico fisico dei mezzi di trasporto arrivati a un sito e si realizzano le necessarie operazioni di identificazione e controllo della merce in ingresso.

Richiamo selettivo
Richiamo di prodotti dal mercato svolto in modo mirato e non estensivo.

Rifornimento del lineare
Processo mediante il quale un addetto posiziona il prodotto sugli scaffali di un punto vendita.

ROE (Return on equity)
Indice di bilancio che misura la redditività del capitale proprio. Esprime il rapporto tra il reddito netto e il capitale netto, o capitale proprio aziendale.

ROI (Return on investment)
Indice di bilancio che misura la redditività del capitale investito. Indica la redditività della gestione caratteristica dell'azienda, a prescindere dalle fonti utilizzate, ed esprime il rapporto tra il risultato operativo e il capitale investito.

Saturazione a peso
Riempimento completo del vano di carico di un mezzo di trasposto sfruttandone la massima capacità in termini di peso (non necessariamente coincidente con quella di volume).

Saturazione a volume
Riempimento completo del vano di carico di un mezzo di trasposto sfruttandone la massima capacità in termini di volume (non necessariamente coincidente con quella di peso).

Scrittura
Processo con il quale un reader scrive le informazioni desiderate all'interno della memoria del tag.

Sensore
Dispositivo in grado di trasformare una grandezza fisica in un segnale elettrico facilmente misurabile ed elaborabile.

SGTIN (Serialized Global Trade Item Number)
Codice identificativo del prodotto serializzato.

SSCC (Serial Shipping Container Code)
Codice seriale dell'unita di carico, composto da 18 caratteri numerici, che consente l'identificazione univoca di un'unità logistica all'interno di una supply chain.

Shared storage
Politica di allocazione dei prodotti a magazzino nella quale il numero di vani di stoccaggio dedicati a un articolo è proporzionale alla giacenza media dell'articolo stesso.

Shelf life
Vita utile di un prodotto (tipicamente deperibile). Comprende l'orizzonte temporale compreso tra il momento in cui il prodotto è realizzato fino a quello in cui non è più accettabile per il consumatore finale.

SHF
Acronimo di Super High Frequency, banda di frequenza che si estende da 3 GHz a 30 GHz.

Shrinkage
Perdite di prodotto lungo la supply chain in seguito a furto, smarrimento, errore di consegna, scadenza ecc.

Sorter
Dispositivo in grado di smistare i prodotti in modo automatico seguendo le specifiche picking list trasferite dal sistema informativo.

Spedizione
Attività con la quale i pallet allestiti vengono caricati su mezzi di trasporto in uscita per comporre un carico.

Staging
Zona di sosta temporanea all'interno dell'area di ricevimento.

Stoccaggio intensivo (o Storage)
Processo con il quale le referenze ricevute sono spostate dall'area di ricevimento (o da un'eventuale zona di sosta temporanea) all'area di magazzino intensivo, all'interno del quale verrà loro assegnata una specifica postazione.

Stoccaggio retro-negozio
Deposito dei prodotti in un'area di norma piuttosto limitata non accessibile ai clienti. La prassi prevede di destinare la maggior parte della superficie disponibile ad area espositiva, direttamente accessibile ai clienti, e di collocare i prodotti ricevuti direttamente sullo scaffale.

Storage, *vedi* **Stoccaggio intensivo**

Supply chain lead time
Tempo complessivo che un prodotto impiega per percorrere la pipeline logistica, da quando vi entra sotto forma di materia prima a quando ne esce per essere venduto al cliente finale sotto forma di prodotto finito.

Tag
Etichetta o altro supporto contenente un microchip RFID e un'antenna in grado di identificare univocamente un oggetto.

Tasso interno di redditività
Valore del tasso di interesse che rende nullo il valore attuale netto dell'investimento al termine della vita utile dello stesso.

Tasso interno di rendimento (TIR)
Tasso di attualizzazione che uguaglia i valori dei flussi positivi e dei flussi negativi di un investimento.

Tempo di attraversamento, *vedi* **Supply chain lead time**

Terminale wearable
Dispositivo di lettura (barcode o RFID) indossato dall'operatore in modo che questi possa utilizzare le mani per le operazioni di movimentazione dei prodotti.

TO BE (scenario)
Scenario ottenuto dall'ottimizzazione della situazione AS IS.

Transponder (transmitter and responder), *vedi* **Tag**

UHF
Acronimo di Ultra High Frequency, banda di frequenza che si estende da 300 MHz a 3 GHz.

Valore attuale netto (VAN) o **Net present value**
Somma di tutti i flussi di cassa relativi all'investimento, attualizzati in funzione dell'anno in cui sono osservati.

Ventilazione
Prelievo di un pallet intero, presente a stock nei vani del magazzino, al fine di smistare i case in esso contenuti su diversi legni, linkati ciascuno a un particolare ordine cliente.

Voice picking
Sistema di picking basato su una comunicazione verbale tra l'operatore e il sistema informativo per limitare gli errori in fase di realizzazione dell'ordine.